見方・かき方

油圧／空気圧回路図

坂本俊雄・三木一伯［共著］

改訂にあたって

本書は2003年に発売されて以来，多くの読者の方々にご愛読をいただいてきた．油圧・空気圧回路の「見方・かき方」を具体的に解説するという企画趣旨をエンジニア各位にご支持いただいてきたからであると思い，実に20年以上にもわたって版を重ねることができたことは，著者らにとって望外の喜びである．長年の研究開発の現場あるいは教育経験に基づいての技術書として著したのであるが，油圧・空気圧システムを理解するうえでの要点は，現在においても同じであるからと思う．

一方，この間の技術の進展や規格の変更への対応は必要であり，加筆・修正を行って，改訂版として出版の運びとなった．また，せっかくの機会であるので，システムの動きをより明確化するように努めた．ただし，職業能力開発大学校／職業能力開発短期大学校（ポリテクカレッジ）や高専，大学等で教科書として使用されていることを踏まえ，基本的な構成・流れは大きく変更しないよう注意した．

今回の改訂にあたり，油圧回路に関しては，最近多く使用されている比例電磁式制御弁・簡素化としてのモジュラー弁について説明を追加し，空気圧回路に関しては，マニホールド配管，省エネルギーを意識した低圧化などについて説明を追加した．

発行にあたり，多大なるご協力をいただいたメーカーの方々や，改訂出版にご尽力いただいたオーム社編集局の方々に心から感謝を捧げたい．

2025年1月

著者らしるす

はしがき

油圧・空気圧システムは，産業，交通，土木建設をはじめ，医療，住宅など，広い分野でそれぞれの特徴を生かしながら活用されている．これらのシステムに要求される機能は年々高度化しており，それに対応するために，絶えざる技術改良が行われている．そのため油圧・空気圧システムに関する技術書は，基礎技術，実用技術またはトラブルシューティングなど数多く存在する．しかし，これらのシステムの基本となる油圧・空気圧回路の「見方・かき方」に関して具体的に解説した技術書は皆無に近い．

本書は「油圧回路編」と「空気圧回路編」の2編構成からなり，各編でそれぞれのシステムの概要および基礎，回路の仕組みを解説したうえで，実際の回路の見方やかき方を，機械の動きと対応させながら図表を用いてわかりやすく解説したものである．

また本書では，単に回路構成の解説に始終せず，実際に作動しているシステムの圧油・圧縮空気の作用状態を回路図からどのように読みとるのか，あるいは要求されるシステムの機能を満足させるために，各油空圧機器をどのように利用して回路を構成するのかなどについても解説し，システムの動きをより明確にしている．

したがって本書は，これから油圧・空気圧システムを学ぼうとする初心者の方々はもとより，実際に業務に携わっている技術者の方々にとっても最適な実用書になると考えている．

最後に，本書の出版に際して貴重な技術資料，写真，カタログなどを快く提供してくださった各企業の方々に対して深甚なる敬意を表するとともに，本書が完成に至るまでいろいろと御協力いただいたオーム社出版部の関係各位に対して御礼を申し上げる．

2003年6月

著者らしるす

目 次

I編 ✿ 油圧回路

Ⅱ編 ✿ 空気圧回路

1章 空気圧の基礎知識

2章 空気圧源装置

3章 空気調質機器

4章 制御弁

5章 アクチュエータ

6章 アクセサリおよびその他の機器

7章 空気圧の基本回路

8章 空気圧システムの設計手順

1編

油圧回路

1章

油圧の基礎知識と特徴

■自動化への適用例 ― マシニングセンター

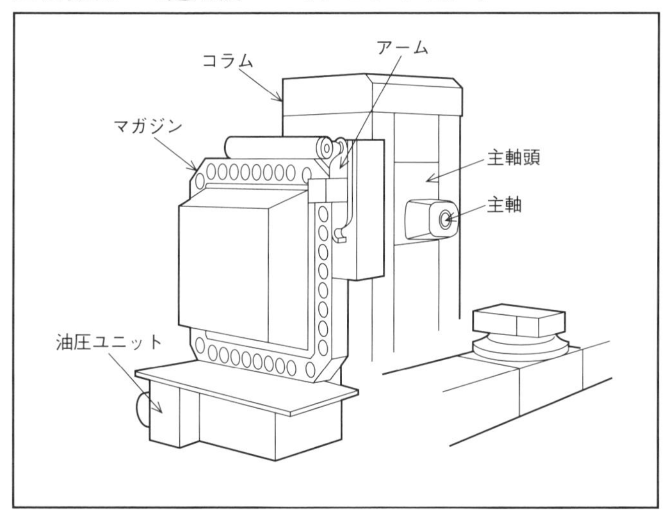

油圧システムは，ACT 装置（自動工具交換装置）の駆動に適用されており

・工具の着脱や交換のためのアーム駆動

・工具を格納しておくマガジンの回転

・工具の主軸への取付け，取外し

などの動作を行う．

1.1　圧力と流量

✿圧　力

図 1.1（a）は，断面積 A の水槽に水を水深 H まで入れた状態を表している．水を入れた水槽は床により支えられており，水と床の反力の関係は，床の反力を R_0 とすると，式（1.1）のように表すことができる．

$$R_0 = \rho gHA = P_W A \tag{1.1}$$

ここで，ρ　：密度

g　：重力の加速度

A　：水槽の断面積

P_W：水底の圧力（水圧）[*1]

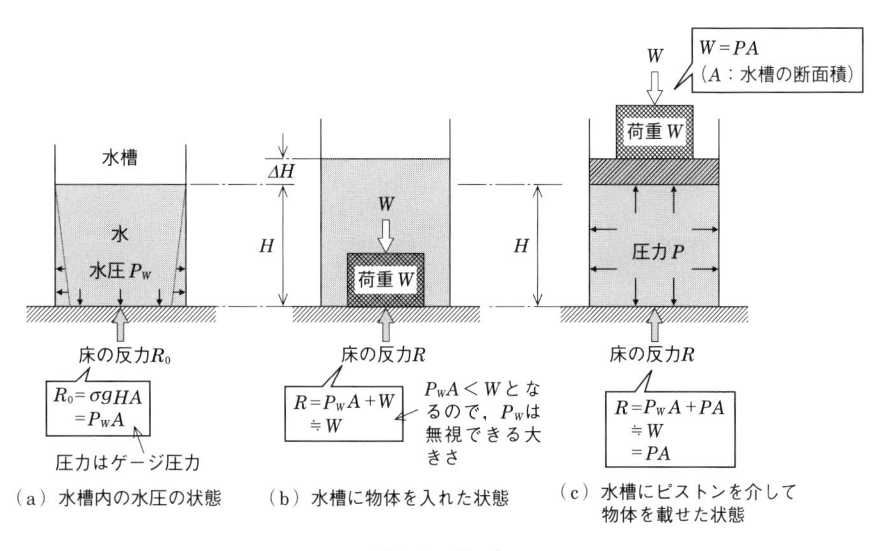

（a）水槽内の水圧の状態　（b）水槽に物体を入れた状態　（c）水槽にピストンを介して物体を載せた状態

図 1.1　圧　力

＊1　水圧は水深に比例し，容器内の全方向に等しく発生する．

この水槽に，荷重 W の物体（密度は水より大きい）を入れると，図 1.1 (b) に示すように容器の底に沈み，容器内の水位が上昇する．このときの床の反力 R は

$$R = P_W A + W \tag{1.2}$$

となるが，水圧に変化はない．

しかし，図 1.1 (c) に示すように，水槽の水をピストンにより密封状態にして荷重 W をピストンの上に載せると，水位が変わることなく水は物体を支えている．これは，水に物体を支える力が発生したことを示しており，この水が荷重によって発生した力（反力）の単位面積あたりの大きさを**圧力**と呼んでいる．

ここで，ピストンの面積を A〔m^2〕，物体の重量を W〔N〕とすると，圧力 P は

$$P = \frac{W}{A} \text{〔N/m}^2\text{〕} \tag{1.3}$$

で表され，単位はパスカル〔Pa〕である．この圧力は，容器の形状に関係なく，密封された容器であれば，容器の中の液体の一部に圧力を加えると流体の全ての部分にそのまま伝わり，同じ大きさの圧力となる*2．これを**パスカル**（Pascal）**の原理**と呼び，油圧を扱う際の基本的な考えとなる．

容器内に発生した水の圧力は，どの場所でも同じ大きさで容器の面に直角に作用し，このときの床の反力 R は

$$R = P_W A + W = P_W A + PA \tag{1.4}$$

となるが，油圧においては，P_W が圧力としては小さいため，$P_W A \ll W$ となるので

$$R \simeq PA \tag{1.5}$$

として扱うことが一般的である．

*2　当然，ピストンに載せた荷重を取り除けば，圧力もなくなることとなる．

✿流　量

流量は，容器内（管路内）を移動する（流れる）液体の単位時間あたりの量（容積）で，〔m^3/s〕や〔l/min〕などで表す．

図 1.2 に示す断面積が異なる管路における流れの場合，断面 A と断面 B を考えると，質量保存の法則による**連続の方程式**[*3] から，それぞれの断面を通過する液体の質量 M_A と M_B は等しくなる．したがって**非圧縮性流体**[*4] であれば，流量 Q_A と Q_B は等しくなることから

$$Q_A = Q_B = Q \tag{1.6}$$

となる．これはつまり，圧力状態が変わっても流量は一定として扱えることを表している．しかし，各断面の流速 V は断面積で変わるので

$$V_A = \frac{Q_A}{A} = \frac{Q}{A} \tag{1.7}$$

$$V_B = \frac{Q_B}{B} = \frac{Q}{B} \tag{1.8}$$

となる．

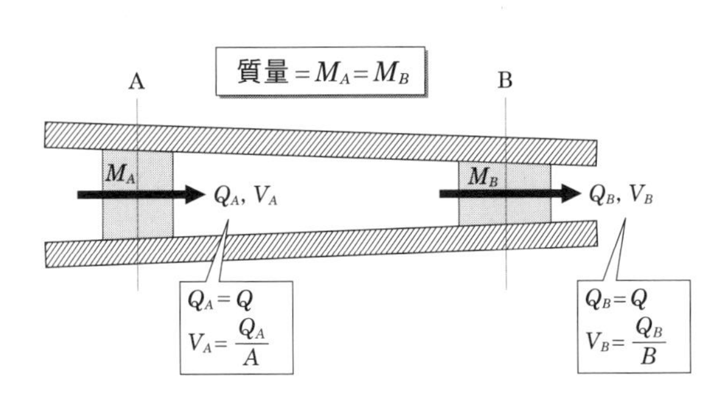

図 1.2　流　量

＊3　断面積が変わっても，流れる量（質量）は一定であるという法則．

＊4　力を加えても圧縮しない流体のこと．水，油などがこれにあたる．

1.2　油圧の特徴

✿ 大きな力が容易に出せる

油圧は，1.1 節で示したパスカルの原理の応用といえる．これについて，**図 1.3** を用いて詳しく説明する．

図 1.3 において，断面積が A〔m^2〕と B〔m^2〕の二つの容器を導管で接続し，断面積 B に載せた荷重 W〔N〕は断面積 A に加えた力 F〔N〕とつり合ったとする．このとき，栓 1 と栓 2 により密封された容器の中の液体の一部に加えた圧力はすべての容器内の液体に同じ大きさで伝わるため，容器内の圧力 P は等しいので

$$\frac{F}{A}=\frac{W}{B}=P \text{〔Pa〕} \tag{1.9}$$

となる．このことから

$$F=W\frac{A}{B} \text{〔N〕} \tag{1.10}$$

となるので，$A<B$ であれば，力 F は荷重 W より小さい力で荷重を支えられることになり，力の増幅ができることを表している．

いま，$\dfrac{A}{B}=0.1$ とすると，加える力 F の 10 倍の荷重を動かすことができることになり，これが小さな力を加えて大きな力が出せる理由である．

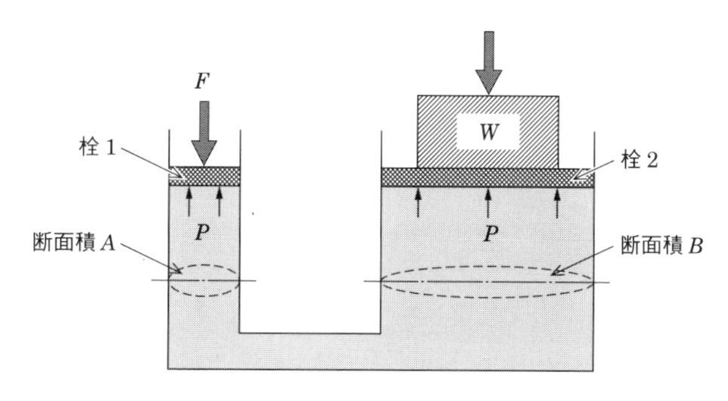

図 1.3　静止状態のつり合い

✿ 正確な位置制御ができる

水や油の圧縮率は非常に小さいため，一般的には**非圧縮性流体**として扱う．したがって，物体の重量が大きく圧力が高くなった場合でも，容器の液体の容積は一定と考えるので，ピストン1の動いた距離からピストン2の動いた距離を求めることができる．すなわち，**図1.4**において，ピストン1の移動による液体の移動量とピストン2の移動による液体の移動量は同じである．ピストン1およびピストン2の断面積をそれぞれAおよびBとし，ピストンそれぞれの移動する量をSおよびLとすると

$$AS = BL \ \text{〔m}^3\text{〕} \tag{1.11}$$

から

$$S = L\frac{B}{A} \ \text{〔m〕} \tag{1.12}$$

または

$$L = S\frac{A}{B} \ \text{〔m〕} \tag{1.13}$$

となる．このことから，荷重Wの移動量Lはピストン1の移動量Sで決まるので，ピストン1の移動量を正確に行えば荷重Wの位置制御は確実に行えることになる[*5]．

ただし，$A<B$であればピストン1の移動量Sは荷重Wの移動量Lより大きくなり，力の増幅とは逆の関係になる．

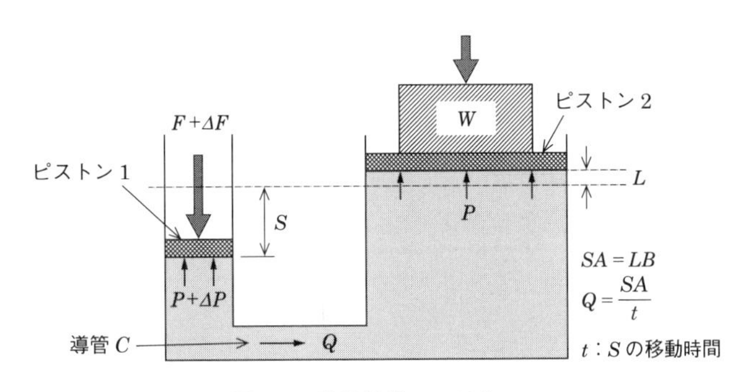

図1.4　動的状態のつり合い

＊5　前述したが，これはあくまで液体が非圧縮性流体だからである．

✿ 遠隔制御が容易にできる

液体は固体と異なり，形状は自由であるので，導管により遠隔地への圧力の伝達が可能となる．したがって，**図1.5**に示すように，圧力や流量の制御により遠隔地における負荷の制御を容易に行うことができる．

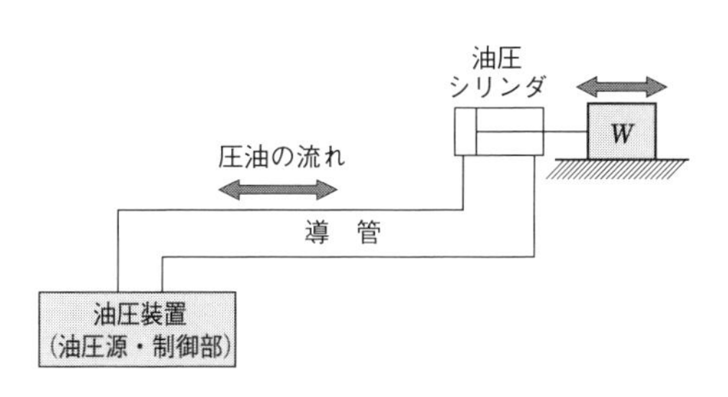

図1.5　油圧の遠隔制御

コラム 圧力損失

液体が管路を流れる場合は，流れ抵抗により圧力損失が生じる．この圧力損失は粘性からも影響を受ける．図1.4でピストン1に力$F+\Delta F$を加え，図1.3の静止状態のつり合い状態を動的状態にしてピストン2を持ち上げる場合，ピストン1の下げ移動に応じた液体の移動する量$Q\left(=\dfrac{SA}{t}, t：時間\right)$があると，導管$C$にも流量$Q$なる流れが生じる．導管の断面積を$C$とすると，導管内の流速は，$V_C=\dfrac{Q}{C}$〔m/s〕となり，流れが層流と考えた場合は，式(1.14)に示すように，油の粘性，管路長さ，流速などに影響を受ける圧力損失が発生する．

$$\text{圧力損失}\ \Delta P=\lambda\frac{l}{D}\cdot\frac{\rho}{2}V_C^2 \tag{1.14}$$

ここで，λ：管摩擦係数，ρ：流体の密度，l：管路の長さ，D：管の直径

このため，式(1.9)は圧力損失を考慮すると

$$\frac{F+\Delta F}{A}-\Delta P=\frac{W}{B}\quad \text{から}\quad F+\Delta F=\left(\frac{W}{B}+\Delta P\right)A \tag{1.15}$$

となるので，実際の油圧システムにおいては圧力損失を十分に念頭に置かなければならない．また，油の粘性は温度によって変化し，温度が低いほど大きくなる．

2章

油圧要素機器の種類と図記号

■自動化への適用例 ── 搬出成形機械

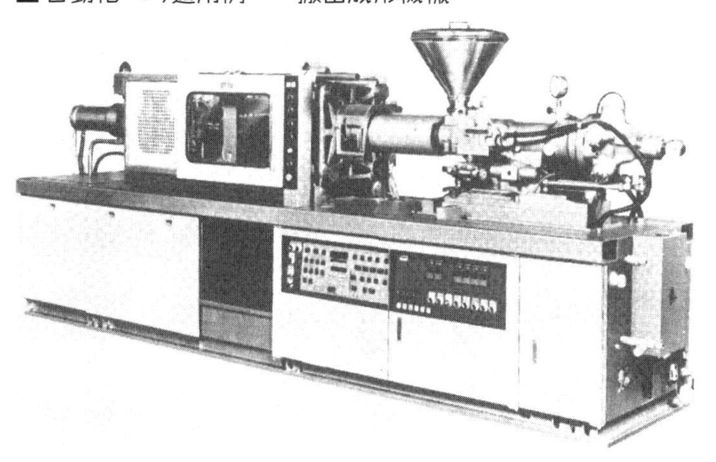

プラスチック製品は，金型に溶けたプラスチックを射出によって押し込み成形する．射出機械の一連の動作は

・二つの金型の合わせ（型締め）

・スクリューによる押込み（射出）

・金型の離型

などがある．

2.1　油圧ポンプ

油圧ポンプは，油圧装置を動かす圧力油を送り出す油圧発生源である．以下に，その分類と構造，性能を示す．

ポンプの分類

(1) 機能による分類

① **定容量形ポンプ**：1回転あたりの押しのけ容積が一定で，回転数により吐出し量が定まるポンプ．

② **可変容量形ポンプ**：1回転あたりの押しのけ容積を変化させることができる機構を持ち，回転数が一定でも吐出し量を調整できるポンプ．

③ **可逆形ポンプ**：同一の回転方向で吸込みと吐出しを逆にできる機構を持ち，流れ方向を入れ替えることができるポンプ．

(2) 構造による分類

ポンプの構造による分類を，**図 2.1** に示す．

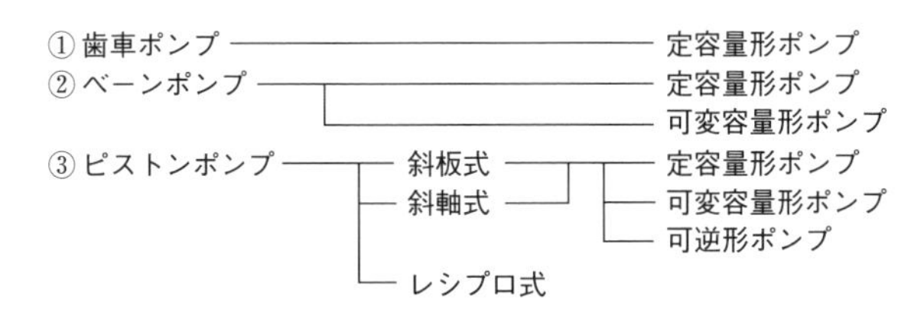

図 2.1　ポンプの構造による分類

ポンプの構造

(1) 歯車ポンプ

歯車ポンプは比較的単純な構造をしており，堅固であるため，建設機械などで多く採用されている．歯車ポンプには**外接形**と**内接形**があり，外接形の構造を**図 2.2** に示す．

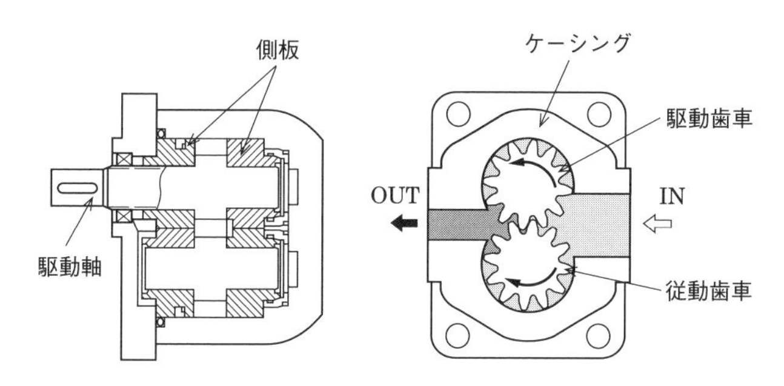

図 2.2 外接形歯車ポンプの構造

歯数を Z，モジュールを m，歯幅を b とすると，外接形歯車ポンプの押しのけ容積 q は，近似的に

$$q = 2\pi b m^2 Z \ \text{〔cm}^3\text{/rev〕} \tag{2.1}$$

となる．

(2) ベーンポンプ

ベーンポンプには回転軸の軸荷重をバランスさせた**平衡形ベーンポンプ**と軸荷重が不平衡な**偏芯形ベーンポンプ**がある．それぞれの構造を**図 2.3** と**図 2.4** に示す．

平衡形ベーンポンプは，吸込み性と吐出し性に優れており，脈動や騒音が小さく，工作機械などの設備機械に多く採用されている．

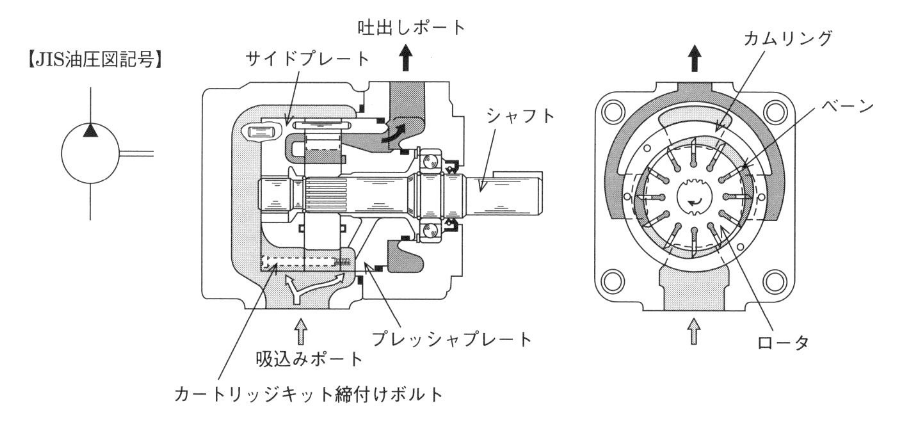

図 2.3 平衡形ベーンポンプの構造

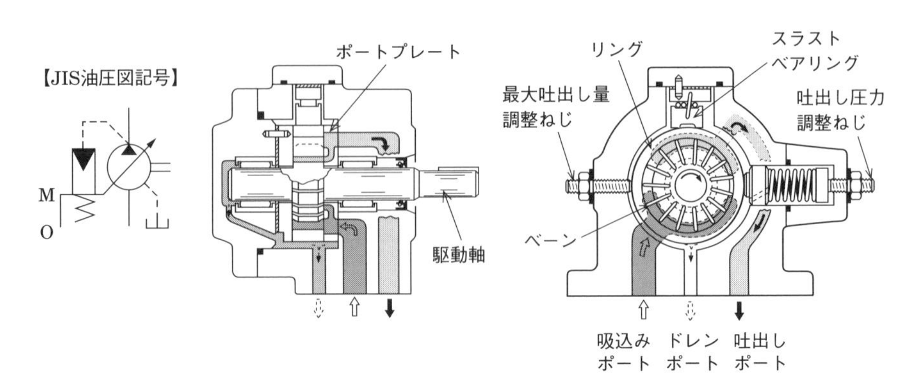

図 2.4　偏芯形ベーンポンプの構造

カムリング長径を $2R_1$，短径を $2R_2$，幅を b，ベーン枚数を Z，厚さを t とすると，平衡形ベーンポンプの押しのけ容積 q は

$$q = 2\pi b\,(R_1{}^2 - R_2{}^2) - 2bZt\,(R_1 - R_2)\ \text{〔cm}^3\text{/rev〕} \tag{2.2}$$

となる．

(3) ピストンポンプ

ピストンポンプには，**斜板式ピストンポンプ**と**車軸式ピストンポンプ**がある．斜板式ピストンポンプの構造を**図 2.5** に示す．

ピストン径を d，ピストン数を Z，シリンダブロックピストン挿入中心径を $2R$，斜板角度を α とすると，押しのけ容積 q は

$$q = \frac{\pi}{2}\,d^2\,ZR\tan\alpha\ \text{〔cm}^3\text{/rev〕} \tag{2.3}$$

となる．車軸式ピストンポンプはシリンダブロック回転軸がポンプ軸と α の傾きを持つもので，作用は斜板式と同じである．

ピストンポンプは可変容量形として高圧仕様が可能であるため，最近では広い分野で採用されている．

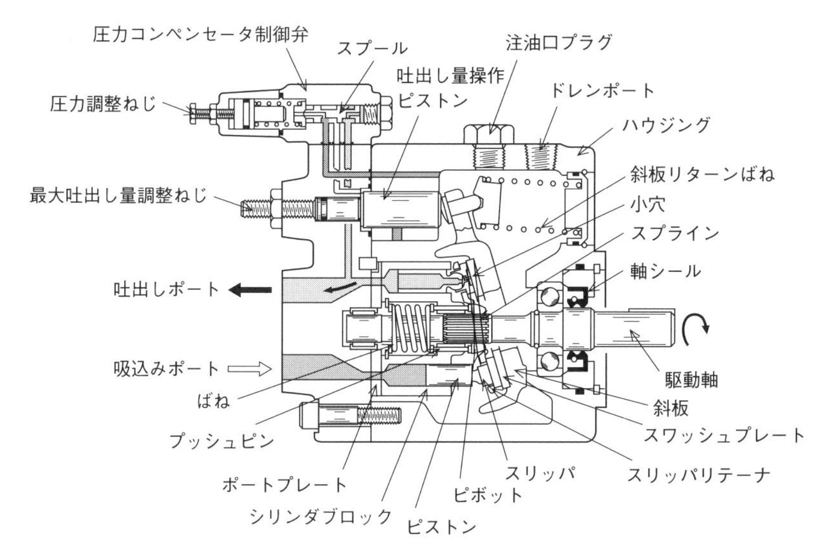

図 2.5　斜板式ピストンポンプの構造

✿ ポンプの性能

(1) 一般性能

ポンプの性能は，圧力-流量特性や吸込み性能で表している．

圧力-流量特性として，平衡形ベーンポンプの特性例を**図 2.6** に，斜板式ピストンポンプの特性例を**図 2.7** に示す．

これらの特性例は作動油の粘度 $\upsilon = 34$〔cSt〕*1 のときであり，油温上昇に伴う粘度の低下があれば，ポンプの内部漏れが増加するので容積効率は低下する．また逆に，粘度が増大すればポンプの内部漏れは少なくなり，容積効率は高くなるが，吸込み抵抗が大きくなり，キャビテーション（圧力が低下することにより油に溶解している空気が気泡となって分離し，この気泡が急激に加圧されてつぶれ，大きな音を発生する現象）の発生によって容積効率は減少する．**図 2.8** に，ポンプの押しのけ容積別の粘度に対する容積効率の変化を示す．

---

*1　ストークス（St）は，動粘度の単位として古くから用いられてきた．1〔St〕= 1〔cm²/s〕で，この $\frac{1}{100}$ をセンチストークス（cSt）と定義している．SI 単位では m²/s を採用しているが，ストークスは補助単位として認められており，いまだ現場では広く用いられていることから，本編では cSt を使用している．

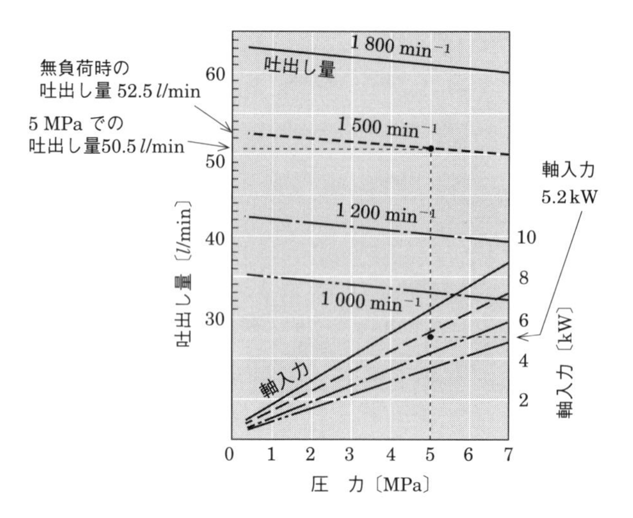

図 2.6　平衡形ベーンポンプの圧力-流量特性例

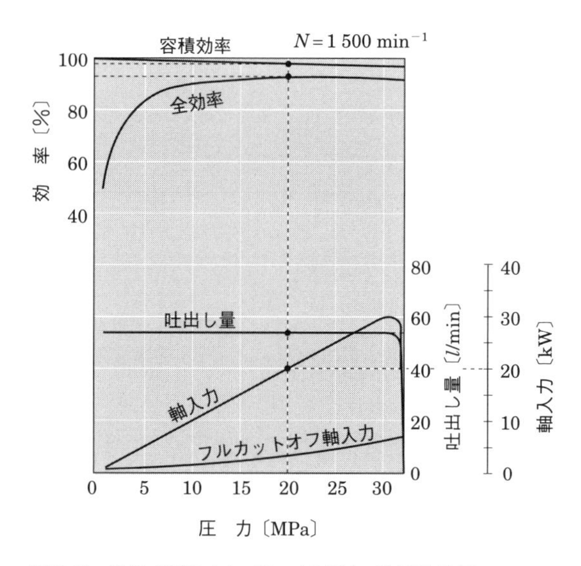

図 2.7　斜板式ピストンポンプの圧力-流量特性例

(2) キャビテーションの問題

ポンプのキャビテーションは，次の状況において発生する．

① 油温の低下により粘度が増大した場合

② サクションフィルタが目詰まりした場合

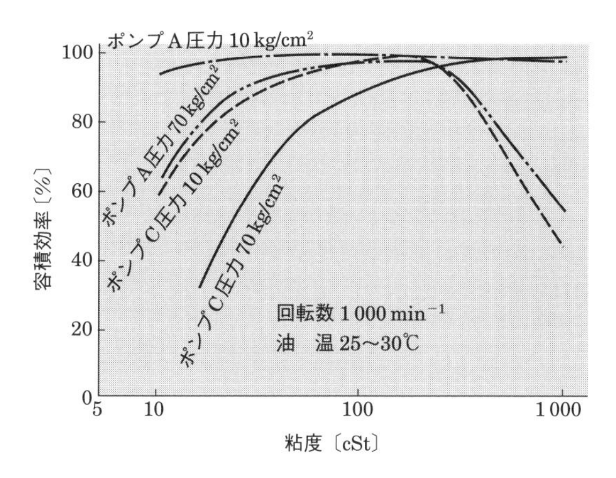

図 2.8　粘度に対する容積効率の変化

③　吸込部から空気を吸い込んだ場合*2

キャビテーションが発生しないように，油圧ポンプの選定にあたっては運転状況や環境を十分検討する必要がある．

(3) 各種ポンプの比較

各種ポンプの比較をまとめて**表 2.1** に示す．

表 2.1　各種ポンプの比較

		ピストンポンプ	ベーンポンプ	歯車ポンプ
ポンプ作用の原理		ピストンの往復による容積変化	ベーンとカムリングの相対運動による容積変化	歯溝とケーシングに囲まれた容積の移動
効率	平均効率	一般に，最も高い	平均して高い	プレッシャローディング方式は高い
	粘度の影響	影響は小さい	影響は大きい	最も影響が大きい
	摩耗の影響	摩耗とともに低下	ベーンおよびカムリングの摩耗は補償され，低下が小さい	摩耗とともに低下
ゴミの影響		摺動面の隙間が小さく，最も影響を受けやすい	ピストンより影響が小さい	プレッシャローディング形は影響を受けやすい
可変容量形		あり	あり	なし
全効率〔%〕		85〜95	75〜90	75〜90

*2　これをエアレーションという．

2.2 方向制御弁

方向制御弁は，ポンプから送り出された圧力油の流れの方向を制御することにより，物体の発進・停止，動く方向の上下左右への変化，あるいは位置の保持などを制御する弁である．**方向切換弁**と呼ばれるものが主体であるが，位置保持などに使用される**チェック弁（逆止弁）**も方向制御弁の一つである．

✿ 方向切換弁の分類

(1) 基本的な弁形式

基本的な弁形式を**図 2.9** に示す．

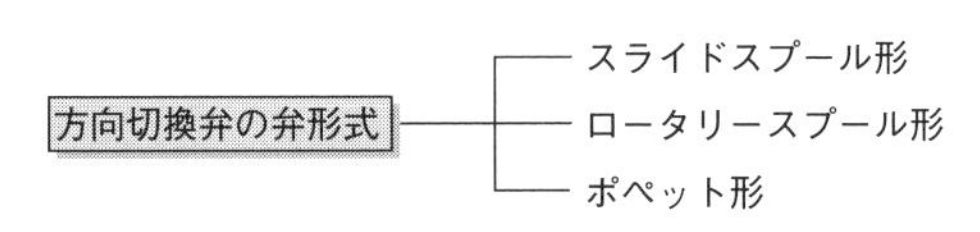

図 2.9　方向切換弁の弁形式

スライドスプール形は，スプールを左右に移動させて，圧力油の流れを切り換える．**ロータリースプール形**は，スプールを回転させて流れ方向を切り換える．いずれの場合も，本体とスプールの間に隙間があるので，漏れ（内部漏れ）が生じることになる．

ポペット形は，円錐状あるいは球状のポペットとシート面との開閉により流れの通路を切り換えるもので，ポペットとシート部が密着するため漏れが極めて少ない特徴があるが，制御形式によっては構造が複雑になる．

(2) スプール形方向切換弁の機能上の分類

方向切換弁は機能上の種類が多いので，**図 2.10** のように分類されている．

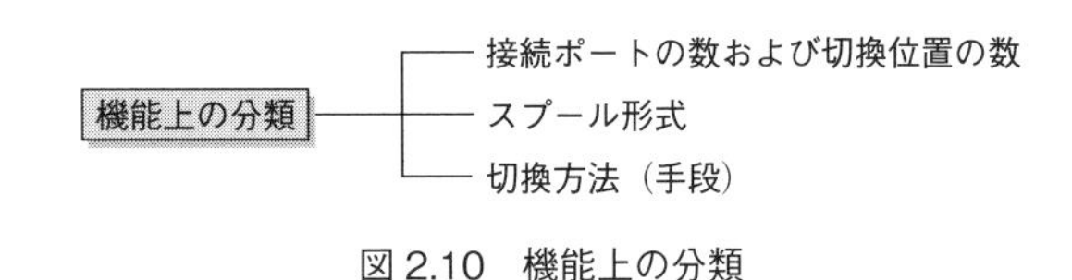

図 2.10　機能上の分類

✿ 電磁切換弁

電磁切換弁は，流れの方向を制御するために**電磁石（ソレノイド）**を用いてスプールを切り換える方向切換弁で，通常，**電磁弁**と呼ばれる．油圧装置において，最も多く使用されている．

(1) 構造と作用

代表的な電磁弁の構造を**図 2.11** に示す．この電磁弁は汎用形 4 ポート・3 位置・クローズドセンター形・スプリングセンター・電磁式切換弁で，通常，クローズドセンター形電磁弁と呼んでいる．

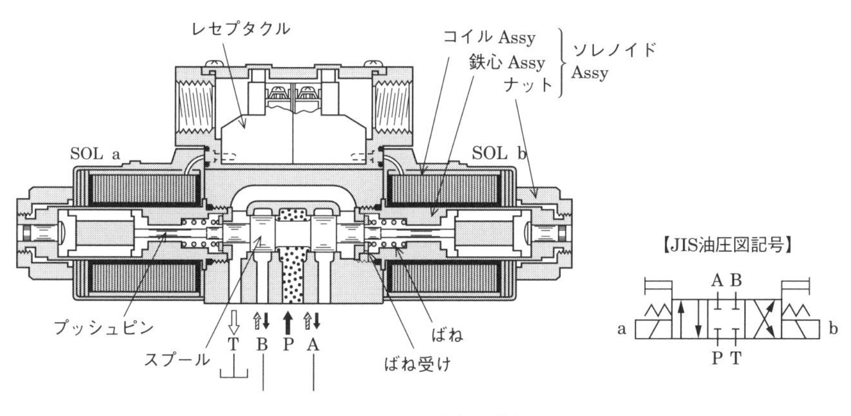

図 2.11　電磁弁の構造

(2) 方向制御弁の種類

方向制御弁の種類として，接続ポート数と切換位置の種類を**表 2.2** に，スプール形式による分類を**表 2.3** に示した．

(3) ソレノイドの種類

ソレノイドには，交流用ソレノイドと直流用ソレノイドおよび交直変換形の 3 種類がある．

(a) 交流用ソレノイド

・長所：電源が得やすく，切換速度が速い．

・短所：切換音が大きく，長い時間通電を続けたり，スプールが異物で固着すると焼損する危険がある．

表 2.2　接続ポート数と切換位置の種類

分　類		記号表示	備　考
ポートの数（接続の数）	2 ポート		2 個の接続口を有する弁で，油路の断続を行う場合に使われる
	3 ポート		3 個の接続口を有する弁で，ポンプポートより 2 方向へのみの切換えなどに使われる
	4 ポート		4 個の接続口を有する弁で，アクチュエータの前進，停止，後退などの目的に広く使用されている
	多ポート		5 個以上の接続口を有する弁で，特殊な目的のために使用される
切換位置の数	2 位置		2 個の切換位置を有する弁
	3 位置		3 個の切換位置を有する弁
	多位置		4 個以上の切換位置を有する弁で，特殊目的のために使用される

表 2.3　スプール形式による分類

スプール形式	油圧図記号	スプール関係図（中立位置）	機能および用途
2（クローズドセンタ）	A B P T	T B P A	中立位置でポンプ圧およびシリンダ位置を保持する．2 位置形の場合には，切換え途中で各ポートはブロックになるのでショックを発生する．したがって，注意が必要である．
3（オープンセンタ）	A B P T	T B P A	中立位置でポンプをアンロードし，かつ，アクチュエータはフローティングとなる．2 位置形の場合には，切換え途中で各ポートはタンクへ開放されるのでショックは小さくなる．
4（ABT 接続）	A B P T	T B P A	中立位置でポンプ圧を保持し，かつ，アクチュエータはフローティングとなる．2 位置形としては，切換え途中に回路圧を保持したい場合に使用される．切換え途中のショックは 2 形に比べ小さくなる．
40（絞り付き ABT 接続）	A B P T	T B P A	4 形の変形で，A → T，B → T ポート間に絞りを設けた形式で，アクチュエータの停止を早くすることができる．

表 2.3 スプール形式による分類（つづき）

5 （PAT 接続）	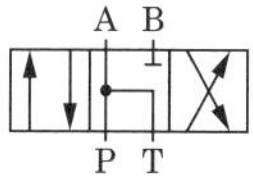 A B P T	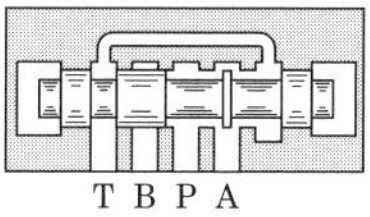 T B P A	中立位置でポンプをアンロードし，かつ，一方向のみの送油でアクチュエータを停止させておきたい場合に使用される．
6 （PT 接続）	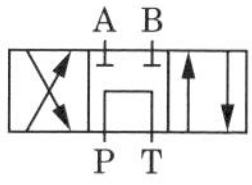 A B P T	 T B P A	中立位置でポンプをアンロードし，かつ，アクチュエータの位置を保持する． 弁を直列に接続して使用することもできる．
60 （PT 接続）	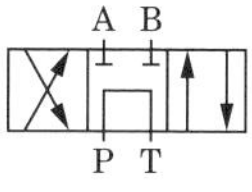 A B P T	 T B P A	6 形の変形で，切換え途中各ポートはタンクへ開放されるのでショックは小さくなる．
7 （絞り付き オープンセンタ）	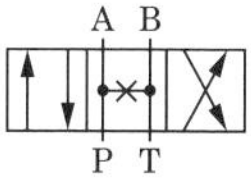 A B P T	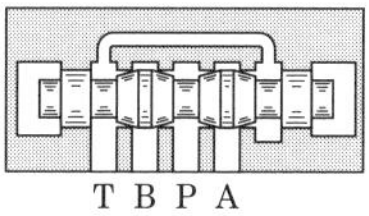 T B P A	主に 2 位置形に使用され，切換え途中のショックが少なくなる．
8 （2 ウェイ）	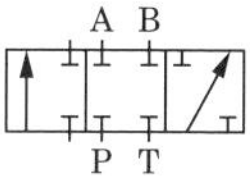 A B P T	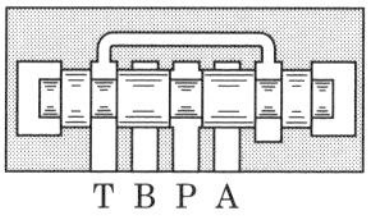 T B P A	2 形と同様に中立位置では，ポンプ圧およびシリンダ位置を保持する． 2 ウェイ切換弁として使用される．
9 （PAB 接続）	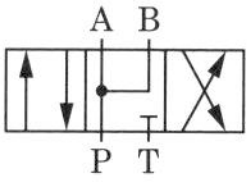 A B P T	 T B P A	中立位置で差動回路を構成できる．
10 （BT 接続）	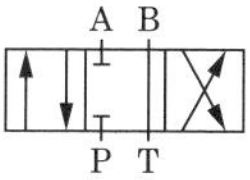 A B P T	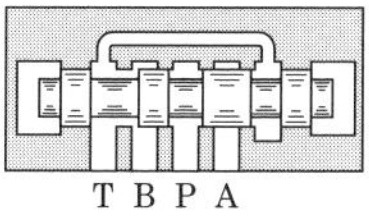 T B P A	中立位置で，P ポートの漏れによるアクチュエータの一方向の微動を防止できる．
11 （PA 接続）	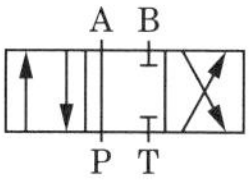 A B P T	 T B P A	中立位置において，一端をブロックし，一方向から圧油を送り込みアクチュエータを確実に停止させる．
12 （AT 接続）	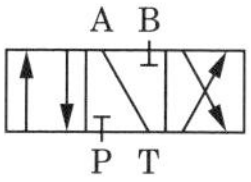 A B P T	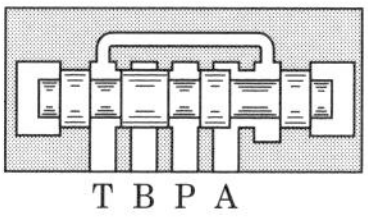 T B P A	中立位置で，P ポートの漏れによるアクチュエータの一方向の微動を防止できる．

(b) 直流用ソレノイド

・長所：ソレノイドの焼損はなく，切換音も小さい．

・短所：直流電源を必要とし，切換時間が長い．

(c) 交直変換形ソレノイド[*3]

・長所：電源（交流）が得やすく，焼損しない．

・短所：交流から直流への変換素子が必要で，高価になる．

(4) 性　能

電磁弁の性能は，最大流量および最大圧力，切換時間，圧力損失，内部漏れで評価する．

(a) 最大流量および最大圧力

最大流量は，弁による切換えが可能な最大の流量を表し，フローフォース（流動力）などによる影響でスプール形式により異なる．また，最大圧力は弁により制御できる最大の圧力を表し，31.5 MPa が一般的である．性能例を**表 2.4** に示す．

表 2.4　口径 1/8 インチ電磁弁の性能

機　種	最大流量〔l /min〕	最高使用圧力〔MPa〕	タンク側許容背圧〔MPa〕	最高切換頻度〔cycle / min〕
汎用形	63	31.5	16.0	300
ショックレス形	40	16.0	16.0	120
省電力形	40	16.0	16.0	300

切換時間は，ソレノイドおよびばねによるスプールが切り換わる時間を表す．ソレノイドの切換えは，直流より交流のほうが速い．性能例を**図 2.12** に示す．

機　種	ソレノイド種類	切換時間〔s〕	
		ON時	OFF時
汎用形	交流	0.01～0.02	0.02～0.04
	直流	0.03～0.045	0.02～0.03
	交直変換	0.04～0.05	0.1 ～ 0.2

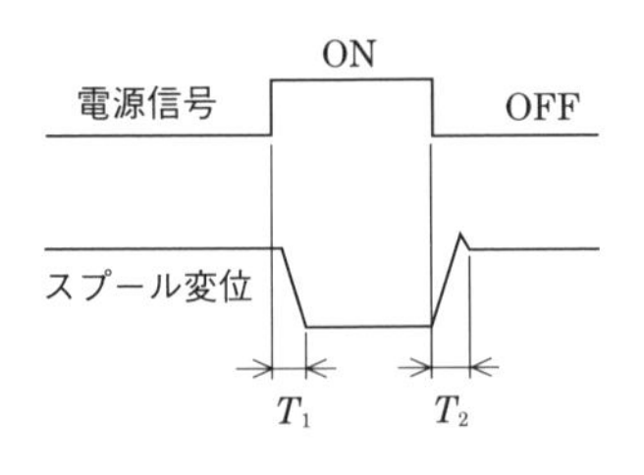

図 2.12　切換時間

＊3　直流ソレノイドを交流電源で作動させる方向制御弁．

(b) 圧力損失

圧力損失は，切換弁を通過するときの流れ抵抗で，流量および粘度で変化する．粘度に対する**損失係数**[*4] を**表 2.5** に示す．

表 2.5 粘度に対する損失係数

粘度											
粘度	cSt	15	20	30	40	50	60	70	80	90	100
	ssu[*5]	77	98	141	186	232	278	324	371	417	464
係数		0.81	0.87	0.96	1.03	1.09	1.14	1.19	1.23	1.27	1.30

(c) 内部漏れ

スプール形式の電磁弁においては，シール部には隙間があるため漏れが生じる．漏れ量についての規定は特にないが，口径 1/8，圧力 14 MPa，粘度約 30 cSt において，1 通路で 25 ml/min 程度である．

コラム 内部漏れ

図に示す円筒状の漏れ量 q は

$$q = \frac{\pi D h^3 (P_1 - P_2)}{12 \mu L} \times 1.02 \times 10 \quad 〔\mathrm{cm^3/s}〕$$

で求められる．

ただし，D：スプール径〔cm〕
L：隙間の長さ〔cm〕
h：隙間〔cm〕
P_1：入口圧力〔MPa〕，P_2：出口圧力〔MPa〕
μ：粘性係数（0.102 N・St/cm²）

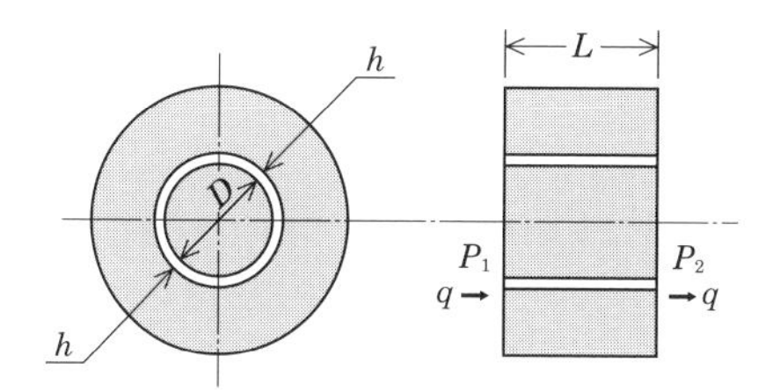

*4 35 cSt の場合を 1 として表した数値．

*5 粘度計測に用いられる．セイボルトユニバーサル秒の略．

✿ 電磁パイロット切換弁

電磁パイロット切換弁は，大流量用，または流量は比較的少ない場合でも，切換え時の衝撃を緩和させる必要がある場合に用いられる．

(1) 構造と作用

電磁パイロット切換弁の代表的な構造を**図 2.13** に示す．

図の電磁弁（1）がパイロット弁となり，下部の油圧操作切換弁（2）が主切換弁である．中間にあるパイロットチョーク弁（C1，C2）は，主切換弁スプール（3）の動きを制御する流量制御弁である．

パイロットチョーク弁の調整により，メインスプールの切換速度を制御し，切換え時の衝撃を緩和させる特徴がある．

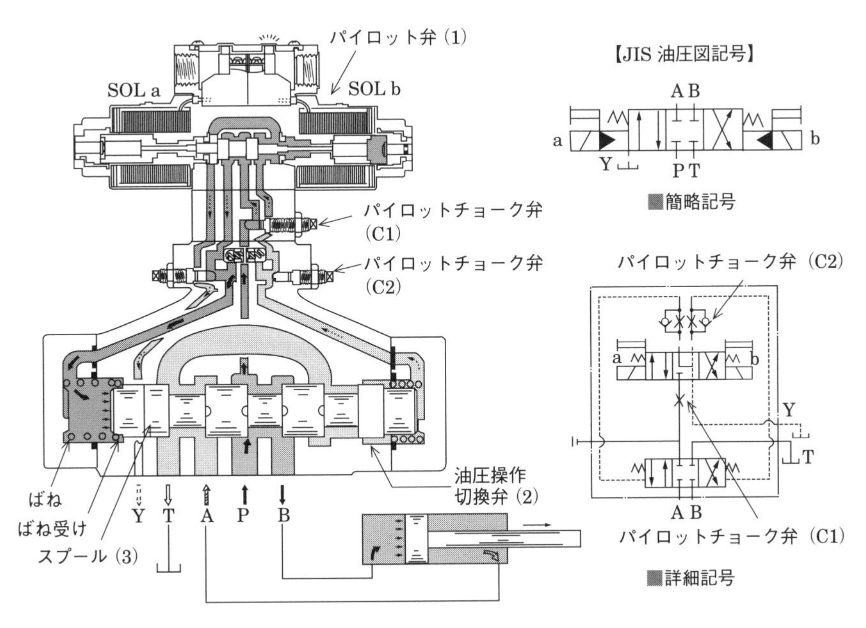

図 2.13　電磁パイロット切換弁の構造

(2) 性　能

(a) 最大流量と最大圧力

最大流量は，口径 11/4，最大圧力 31.5 MPa 用で 1 100 l/min，口径 3/4，圧力 21 MPa 用で 2 400 l/min のものがある．

(b) 切換速度

切換速度はパイロット圧力などで変化し，口径 3/4 で 0.05 ~ 0.3 s 程度である.

(c) 圧力損失

口径 3/4，500 l/min，粘度 30 cSt で 0.7 MPa 程度である.

✿ その他の切換弁

方向切換弁の操作方法は，電磁操作あるいは電磁パイロット操作によるものが主流であるが，この他に**手動操作**および**カム操作**によりスプールの切換えを行う切換弁がある．なお，手動操作切換弁は主に建設機械や産業機械で使用されており，切換弁を並列に結合した多連式も多い.

(1) 手動操作切換弁

手動操作切換弁はスプールの位置を決める機構として，**ノースプリングデテント形**，**スプリングセンター形**および**スプリングオフセット形**がある．いずれもハンドルを左右に操作し，スプールを切り換える．ノースプリングデテント形の構造を**図 2.14** に示す.

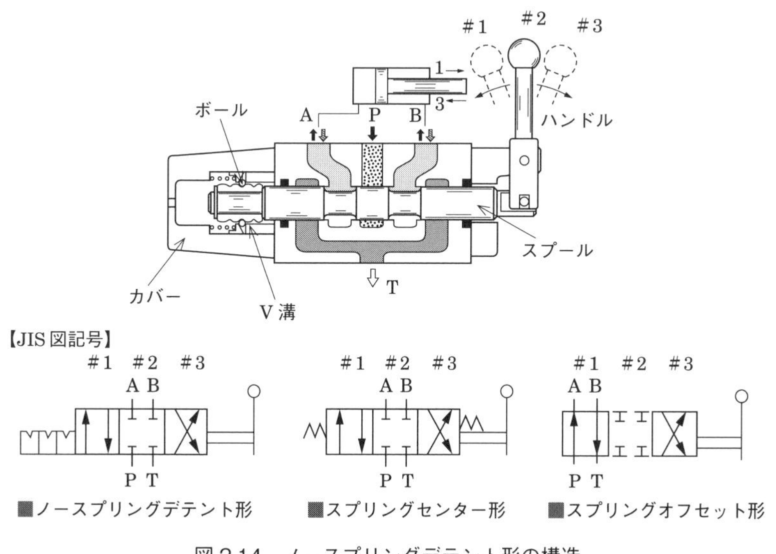

図 2.14　ノースプリングデテント形の構造

(2) カム操作切換弁

カム操作切換弁は，レバー部分にローラ（回転体）を取り付け，ローラと接するカムの凹凸にあわせて切換弁が動くもので，物体に固定して使用したり，あるいは動く物体に取り付けて使用する．

一例として，カムロータリー式切換弁の構造を**図 2.15** に示す．

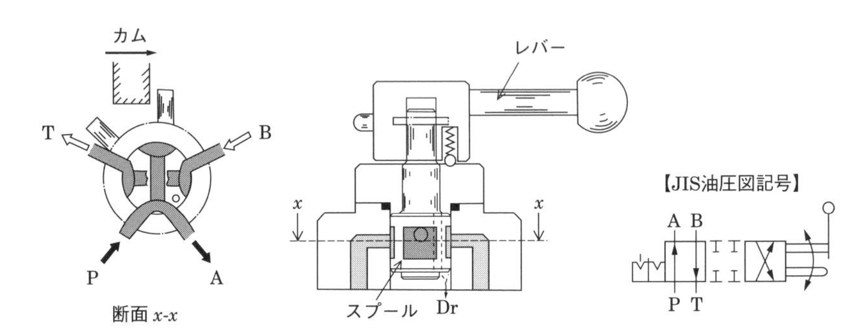

図 2.15　カムロータリー式切換弁の構造

✿ チェック弁

チェック弁は，流体が逆方向に流れることを防止し，一方向のみに流れるように制御する逆止弁である．チェック弁には直線状に流れる**インライン形**と，90°に曲がる**アングル形**がある．

(1) 構造と作用

アングル形チェック弁の構造を**図 2.16** に示す．

入口ポートから圧油が流入し，圧力がばね力以上になるとポペットを押し上げ，出口ポートへと流れる．この際のばねを押し上げる圧力（チェック弁開き圧力）を**クラッキング圧力**という．

(2) 性　能

(a) 圧力損失

チェック弁の圧力損失は，ポペットの開き始め圧力と流れ抵抗の和で，圧力降下値で表示される．**図 2.17** にアングル形の圧力降下値の一例を示す．

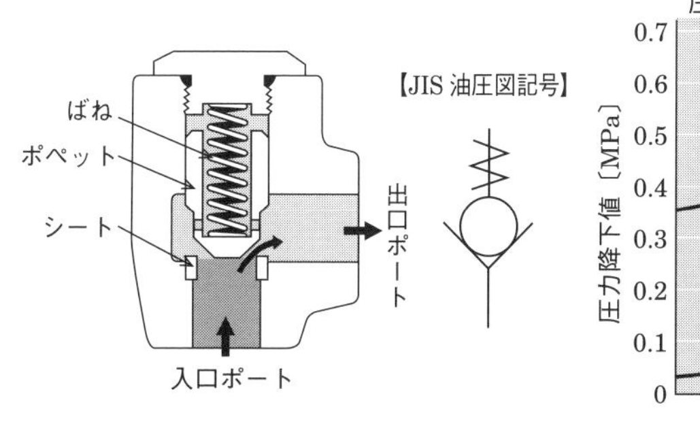

図 2.16　アングル形チェック弁の構造

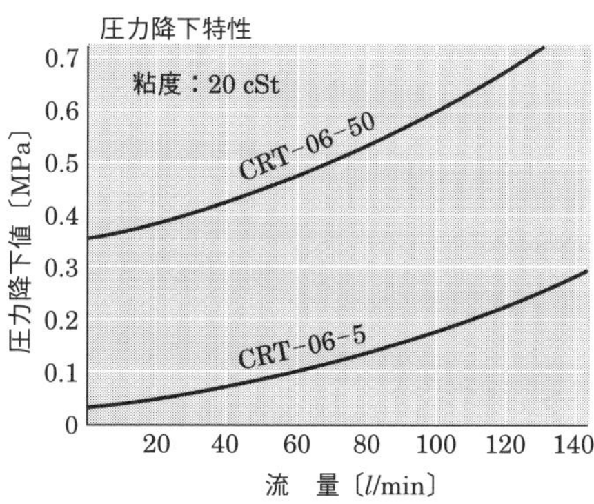

図 2.17　圧力降下特性

(b) 許容漏れ

チェック弁の内部許容漏れ量は，油空圧工業会で規格化されている（JOHS）．内部許容漏れ量を口径別に**表 2.6** に示す．

表 2.6　チェック弁の内部許容漏れ量

弁の大きさの呼び	03	06	10	16	24
内部許容漏れ量	0.05	0.10	0.15	0.25	0.40

（単位：cm^3/min）

✿ パイロットチェック弁

パイロットチェック弁は，逆流防止のために閉じているチェック弁にパイロット圧力を導通し，弁を開放する．つまり，必要に応じて逆流を可能にしたチェック弁である．

パイロットチェック弁として一般的に用いられているものは**図 2.18**（a）に示す構造をしているが，特殊なものとして図 2.18（b）に示す**デコンプレッション形**と呼ばれるものがある．

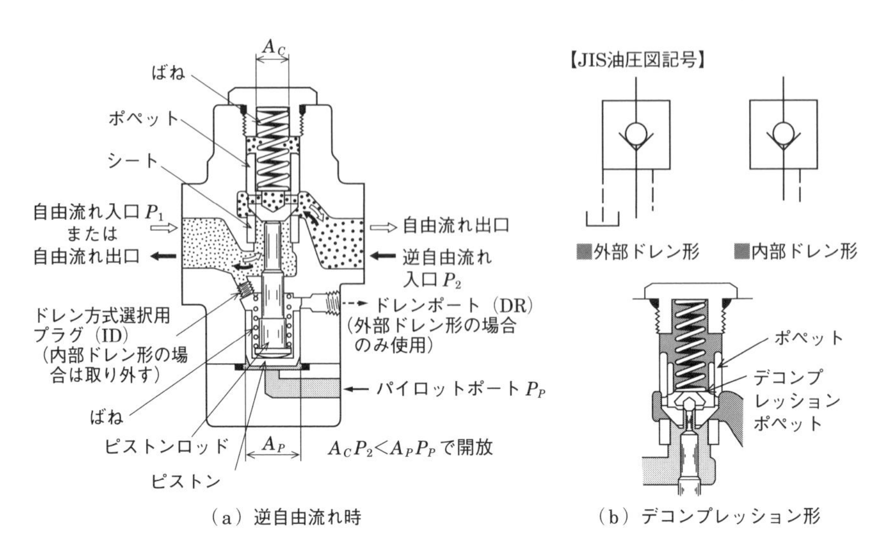

（a）逆自由流れ時　　（b）デコンプレッション形

図 2.18　パイロットチェック弁の構造

(a) 一般的なパイロットチェック弁

内部ドレン方式は，自由流れ入口側がタンクに通じており，ドレンポート ID を開放し，DR を閉鎖する方式である．また，外部ドレン方式は，自由流れ入口側に流量制御弁などがあり，ドレンポート ID を閉鎖し，外部ドレンポート DR を開放する方式である．

(b) デコンプレッション形パイロットチェック弁

減圧形とも呼ばれるパイロットチェック弁で，ポペット内に子弁を設けてあるのが特徴である．ドレン方式は，一般的なパイロットチェック弁と同じである．

2.3 圧力制御弁

✿ 圧力制御弁の種類

圧力制御弁は，物体を動かす力を制御するために使用される．その目的に応じ，さまざまな種類がある．

① **リリーフ弁**：ポンプやシリンダ，あるいは各種制御弁の最大圧力を規制し，過度の圧力から保護すると同時に，その油圧系統の圧力を一定に制御する場合に使用される．定容量形ポンプを駆動源とする場合は，必ず必要となる

② **減圧弁**：回路内の一部を低圧にしたい場合に，回路圧力を減圧する圧力制御弁

③ **シーケンス弁**：シリンダなどの順序動作を回路圧力により制御したり，パイロット圧力を確保するための抵抗弁として使用する圧力制御弁

④ **カウンタバランス弁**：油圧で荷重を支える目的で，シリンダに背圧を持たせて自重落下を防止する場合に使用される圧力制御弁

⑤ **アンロード弁**：ポンプの無負荷運転（動力の消費を低減する）などに使用される圧力制御弁

⑥ **ブレーキ弁**：慣性力の大きなアクチュエータの停止時に使用される制御弁

⑦ **圧力スイッチ**：油圧回路の圧力を検出してスイッチを作動させ，電気回路の開閉（ON/OFF）を行う圧力制御弁

✿ リリーフ弁

リリーフ弁は，油圧回路の圧力を制御する弁である．

(1) 構　造

(a) 直動形リリーフ弁

小流量回路の最高圧力調整や安全弁として使用される，単純な構造のリリーフ弁である．**図 2.19** に直動形リリーフ弁の構造を示す．

(b) パイロット作動形リリーフ弁

直動形リリーフ弁の性能を向上させ，オーバライド圧力を極力小さくしたリリーフ弁である．パイロット作動形リリーフ弁の構造を**図 2.20** に示す．

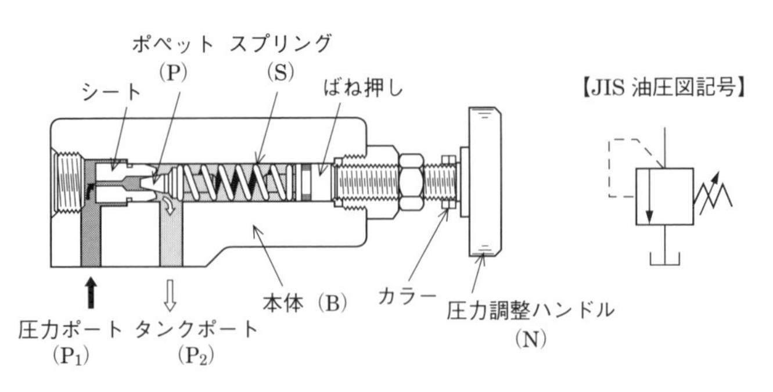

図 2.19　直動形リリーフ弁の構造

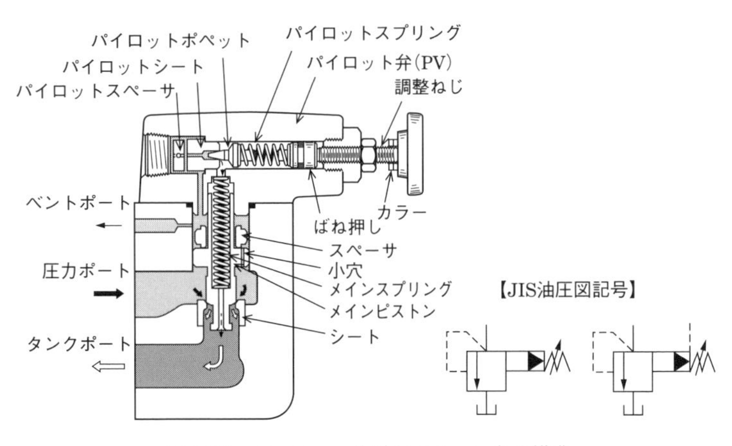

図 2.20　パイロット作動形リリーフ弁の構造

(2) リリーフ弁の特性

(a) リリーフ量と圧力の関係

圧力制御とリリーフ弁から流れる流量には密接な関係がある．**図 2.21** に直動形リリーフ弁の圧力-流量特性を示す．リリーフ弁の設定圧力は全量リリーフするときの圧力であり，図 2.21 からもわかるように，流れ始めの圧力と全量流れたときの圧力には差がある．

この圧力の差を**オーバライド圧力**，流れ始めの圧力を**クラッキング圧力**という．

(b) 圧力オーバライド特性

図 2.22 は 1/4 口径の直動形リリーフ弁と 3/8 口径のパイロット作動形リリー

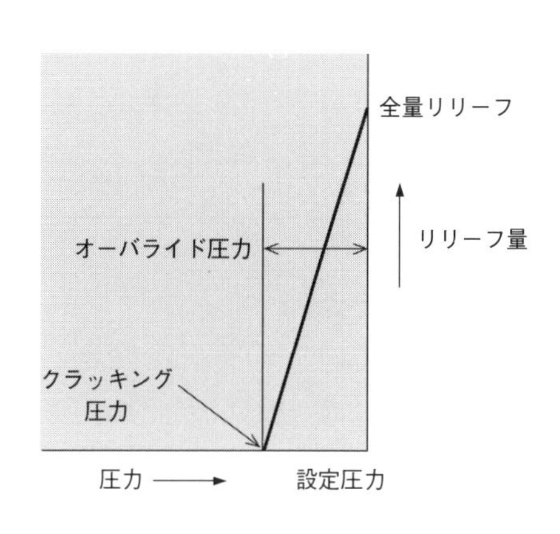

図 2.21 直動形リリーフ弁の圧力-流量特性

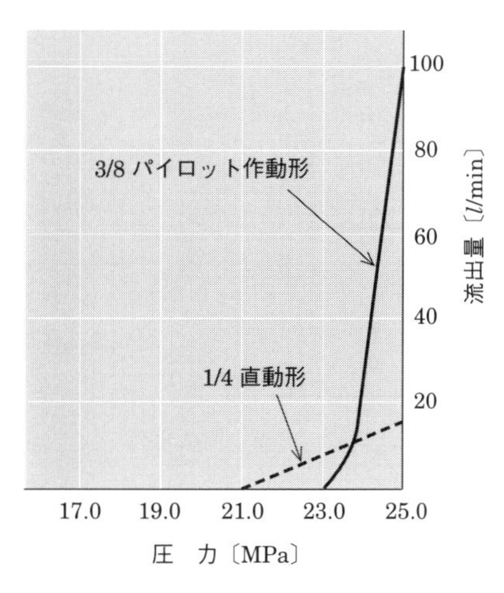

図 2.22 圧力オーバライド特性比較

フ弁のリリーフ特性を示したものであるが，オーバライド圧力の違いが明確にわかる．リリーフ弁の最大流量は直動形で 18 l/min，パイロット作動形で 100 l/min，最高設定圧力はそれぞれ 25 MPa の仕様である．

(c) 応答性

リリーフ弁の応答性は，回路圧力を無負荷から負荷状態へと切り換えたときと，負荷状態から無負荷へと切り換えたときにおけるリリーフ弁の追随性である．**図 2.23** に示す応答性は，電磁弁の開閉で無負荷と負荷状態を作り，パイロット作動形リリーフ弁の圧力変化を測定したものである．

✿ 減圧弁

減圧弁は，回路内の一部の圧力をリリーフ弁の設定圧力以下に減圧する制御弁で，ノーマルオープン形バランスピストン形式である．

(1) 構造と作用

減圧弁の構造を**図 2.24** に示す．二次側圧力ポートの圧力（P_2）によってスプール弁（S）が減圧部（R）の開閉動作を行い減圧するもので，減圧力の調整は，リリーフ弁と同じようにパイロットスプリングの設定で行っている．チェック弁は，フリーフロー用の弁である．

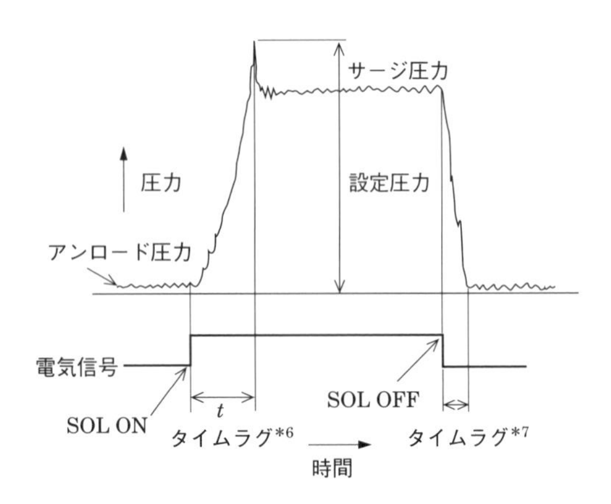

図 2.23　リリーフ弁の応答性

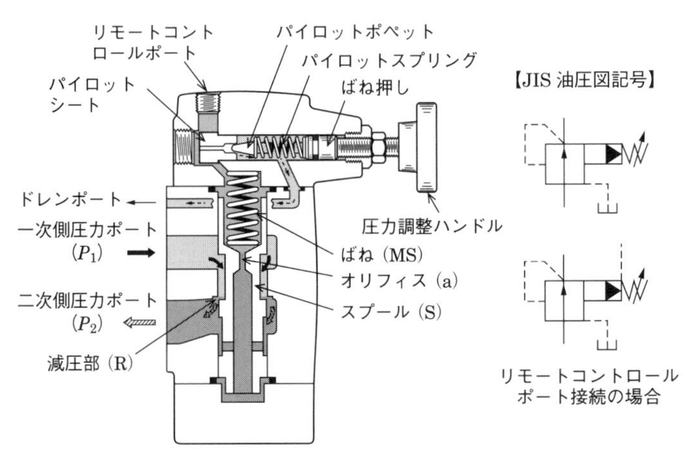

図 2.24　減圧弁の構造

(2) 特　性

図 2.25 に流量ならびに一次側圧力 P_1 に対する減圧圧力 P_2 を示す．減圧圧力は，一次側圧力や流量に影響されない特性を持っている．

＊6　作動遅れの時間のこと．タイムラグが大きいとサージ圧力も大きくなり，油圧回路に悪影響が出るため，応答性は重要な性能である．

＊7　タイムラグによる衝撃（異常）圧力．設定圧力の 5 ～ 10％程度である．

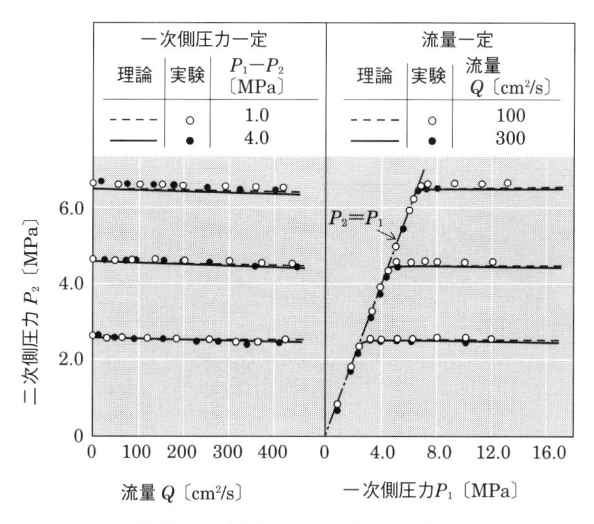

図 2.25 流量と一次側圧力 P_1 に対する減圧圧力 P_2 *8

✿ シーケンス弁，カウンタバランス弁，アンロード弁

シーケンス弁，カウンタバランス弁およびアンロード弁は，**HC 形**[*9] **圧力制御弁**とも呼ばれる油圧緩衝機能の付いた直動形制御弁である．HC 形圧力制御弁は，弁の作動時に衝撃を緩和し，パイロットあるいはドレンの取り方により使用目的に応じた使い分けをする．**表 2.7** に示すとおり，それぞれに固有の名称がついている．

(1) 構造と作用

図 2.26 に，カウンタバランス弁としての機能を持った HC 形圧力制御弁の基本構造図を示す．

(2) 特 徴

① シーケンス弁の二次側圧力≃一次側圧力の状態で作用するので，ドレンは外部ドレン方式となる

② カウンタバランス弁の二次側圧力は，通常タンク圧力となる

③ アンロード弁の一次側圧力を無負荷状態にする制御弁であるので，外部パイロット・内部ドレン方式である

*8 市川，大島，萩本：減圧弁の特性に関する研究，日本機械学会講演論文集 740-B.

*9 ハイドロクッション形の略.

表 2.7　HC 形圧力制御弁の弁形式

1形：カウンタバランス弁	2形：チェック弁付シーケンス弁	3形：チェック弁付シーケンス弁	4形：カウンタバランス弁
内部パイロット，内部ドレン	内部パイロット，外部ドレン	外部パイロット，外部ドレン	外部パイロット，内部ドレン
補助パイロット付き	補助パイロット付き	補助パイロット付き	補助パイロット付き
アクチュエータの戻り側に圧力を発生させ，自重落下を防止する場合に使用される．一次側圧力が設定圧力以上になると圧油を逃がし，圧力を一定に保持する．逆方向の流れはチェック弁により自由に流れる．	2個以上のアクチュエータの作動順序を制御する場合に使用される．一次側圧力が設定圧力以上になると二次側へ有効圧油を送る．逆方向の流れはチェック弁により自由に流れる．	2形と同じ目的に使用されるが，一次側圧力には関係なく，外部パイロット圧力により作動する．逆方向の流れはチェック弁により自由に流れる．	1形と同じ目的に使用されるが，一次側圧力には関係なく，外部パイロット圧力により作動する．逆方向の流れはチェック弁により自由に流れる．

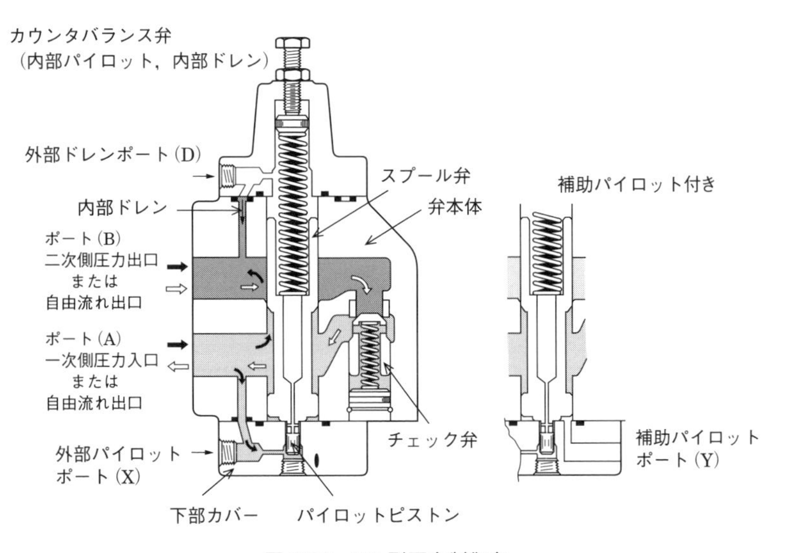

図 2.26　HC 形圧力制御弁

✿ ブレーキ弁

ブレーキ弁は，慣性の大きなアクチュエータを急停止させるときに発生する衝撃を緩和させる抵抗弁である[*10]．

(1) 構造と作用

ブレーキ弁は，2個のリリーフ弁と2個のチェック弁で構成されている．その構造を**図 2.27** に示す．

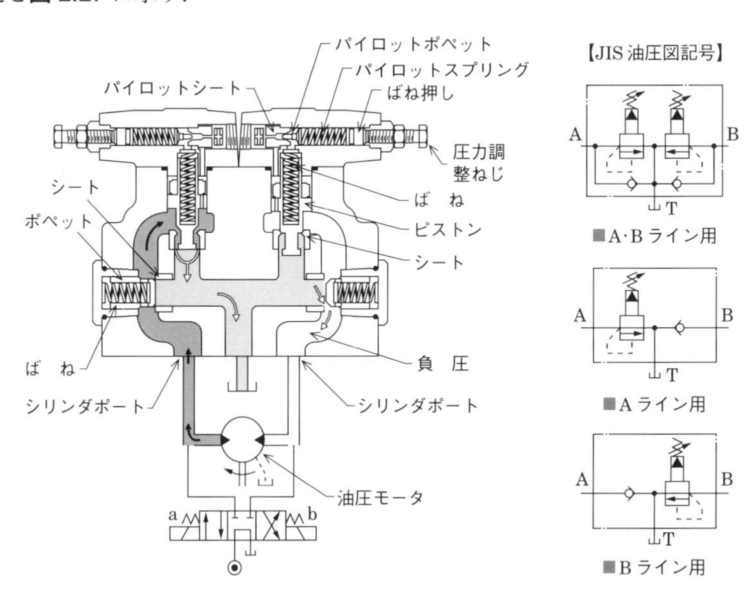

図 2.27　ブレーキ弁の構造

(2) 特 性

ブレーキ弁の特性は，リリーフ弁の特性に大きく左右される．ブレーキ弁の設定圧力が負荷の慣性力により発生する圧力に対して十分高ければ急ブレーキに，低ければゆるやかなブレーキとなる．したがって，設定圧力は負荷の状態に応じて決める必要がある．

＊10　慣性力 F と発生圧力 P の関係は以下のとおりである．

$F = m\alpha$　（m：負荷の質量，α：加速度）

$$\alpha = \frac{(V - V_0)}{t}$$

（V：定常速度，t：減速までの時間，V_0：減速された速度（$V_0 = 0$ で停止））

$$\therefore P = \frac{m(V - 0)/A}{t}$$

（A：シリンダ面積すなわち，停止時間により発生する圧力が異なる．）

2.4 流量制御弁

流量制御弁の分類

流量制御弁は，ポンプから送り出された圧力油の流れる量を制御するためのもので，物体の動く速度を一定にしたり，あるいは速度を変化させたりする役割を持つ．

① **絞り弁**：流路面積をスロットルで絞ることで流れ量を調整する弁である．構造が単純で調整範囲も広く，操作も簡単であるが，絞り部前後の圧力差の変化および温度変化による粘性の変化により制御流量が変動するので，負荷変化の少ない場合や制御精度をあまり必要としない場合に用いられる

② **流量調整弁**：流量調整弁は，絞り部前後の圧力差を一定に保持する圧力補償機能や温度補償機能を備えており，負荷が変動あるいは温度が変動した場合でも高精度な流量制御が可能な制御弁である

③ **デセラレーション弁**：カムなどで絞り弁の絞り面積を変化させ，連続的に流量を制御する制御弁である

④ **フィードコントロール弁**：流量調整弁とデセラレーション弁を組み合わせた高精度の連続的流量制御を行う制御弁であり，特に工作機械の送り装置に有効である

⑤ **パイロット操作流量調整弁**：流量調整弁の流量調整用ハンドル機能を，本体に組み込まれた油圧シリンダで行い，アクチュエータの加速・減速をスムーズに行うための制御弁である

⑥ **パワーセービング弁**：流量制御弁の無駄な圧力損失を少なくするために，流量制御弁入口のポンプ圧力が流量制御弁出口の負荷圧力の変化に応じて変わることができるように，特殊リリーフ弁を組み合わせた制御弁である．負荷感応形とも呼ばれる

⑦ **ニードル弁**：圧力計などの小容量管路の止め弁（ゲージコック）として，あるいはパイロット管路の流量制御に使用される針状の制御弁である

✿ 絞り弁

(1) 構造と作用

絞り弁の構造を，**図 2.28** に示す．

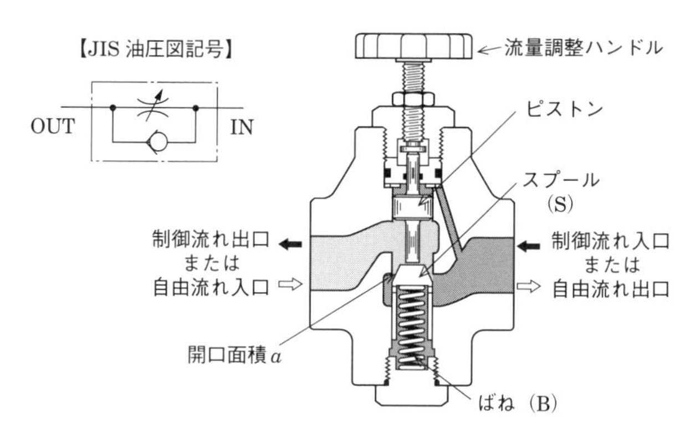

図 2.28　絞り弁の構造

(2) 性　能

作動油の粘性を 30 cSt 一定とし，入口と出口の圧力差 $\varDelta P = P_1 - P_2$ をパラメータとした絞り部開度と制御流量特性の一例（3/8 口径の絞り弁）を**図 2.29** に示す．

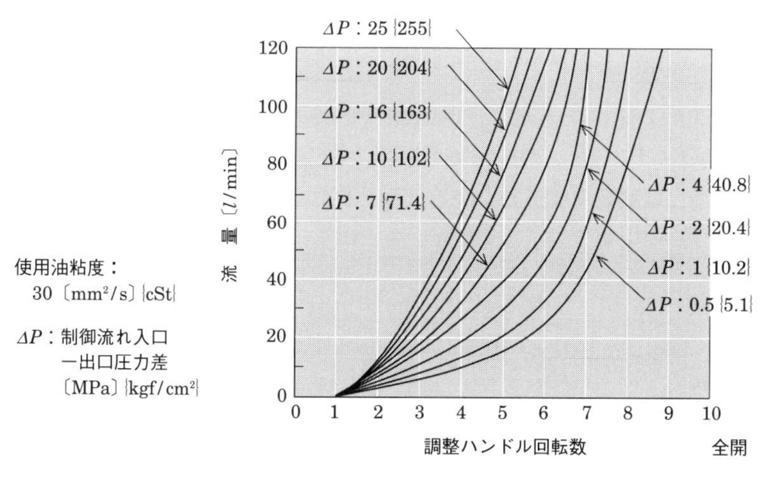

図 2.29　絞り弁流量特性

✿ 流量調整弁

(1) 構造と作用

流量調整弁は，絞り部前後の圧力を一定にするとともに，絞り部が流体の粘度の影響を受けないような構造をした，制御精度の高い流量制御弁である．流量調整弁の構造を**図 2.30** に示す．

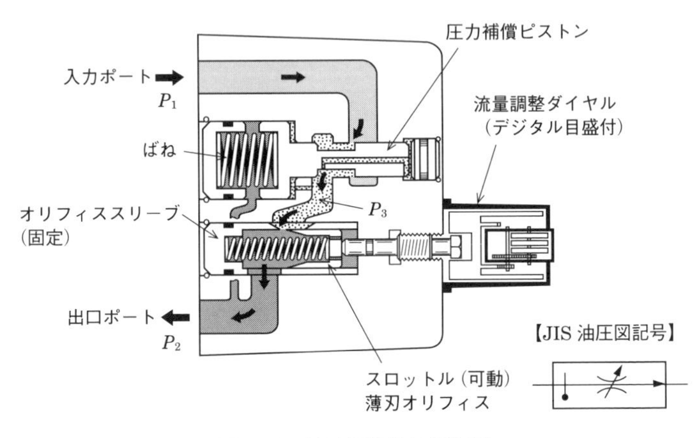

図 2.30　流量調整弁の構造*11

(2) 性　能

(a) 一般性能

流量調整弁の特性として，オリフィス開度（流量調整ダイヤル開度）と調整流量の関係を**図 2.31** に，粘度と制御流量の関係を**図 2.32** に，制御弁入口と出口の圧力差 $\Delta P = P_1 - P_2$ と制御流量の関係を**図 2.33** にそれぞれ示す．圧力差 ΔP が小さい場合は制御精度が悪くなるため，最小必要圧力差が機種により決められているので，使用する際には注意が必要である．

＊11　薄刃オリフィス：薄刃状をした，流体の粘度の影響を受けないオリフィスのこと．また，温度補償として，スロットル（可動）とオリフィススリーブ（固定）を熱膨張の異なる材質を用いて，温度変化に対して絞り部面積を調整する方式もある．なお，制御弁に流れがある場合は，入口圧力 P_1 あるいは出口圧力 P_2 が急変しても圧力補償ピストンの作動遅れは小さいので，フローサージ量は問題となることは少ない．

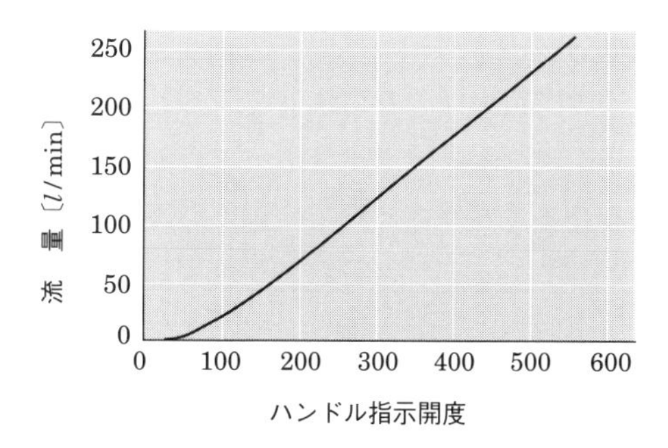

図 2.31 オリフィス開度と調整流量の関係

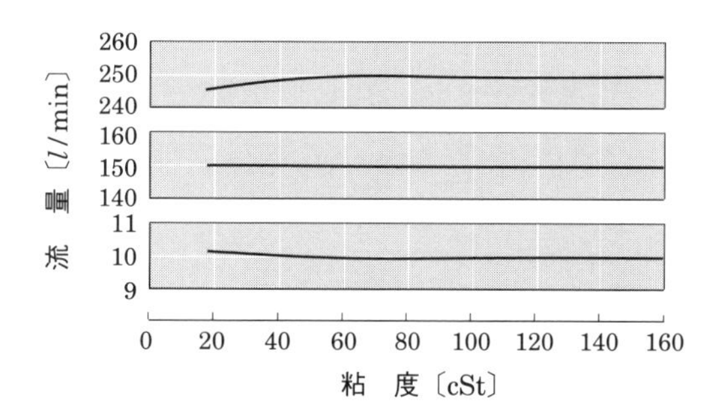

図 2.32 粘度と制御流量の関係

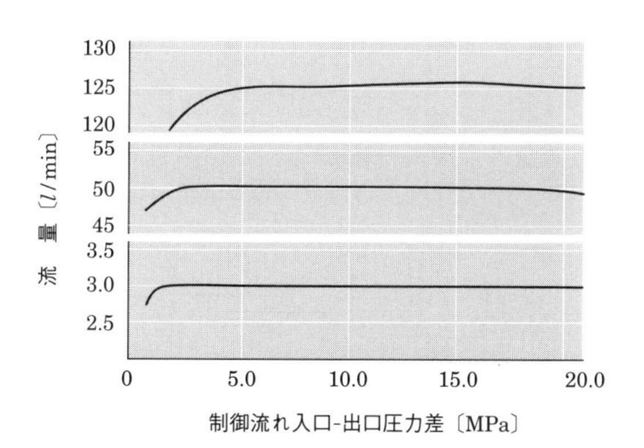

図 2.33 入口-出口圧力差と制御流量の関係

(b) ジャンピング現象

方向制御弁を切り換えて流量調整弁に圧油を流した場合，瞬間的に制御流量以上の流体が流れ，シリンダなどのアクチュエータが動き始めに飛び出す（ジャンプする）ような動作をすることがある．この現象を流量調整弁によるジャンピング（飛出し）現象と呼んでいる．ジャンピング現象は，あらかじめ圧力補償ピストンをばね方向に絞り込むと防止できる．このため，圧力補償ピストン開度調整機構を設ける場合がある．

✿ デセラレーション弁

デセラレーション弁は，シリンダなどの速度を微速から高速へ，あるいは高速から微速へとなめらかに変化させる場合などに用いられる制御弁である．**ノーマルオープン形**[*12]と**ノーマルクローズ形**[*13]があり，それぞれの構造を**図 2.34** (a) および (b) に示す．

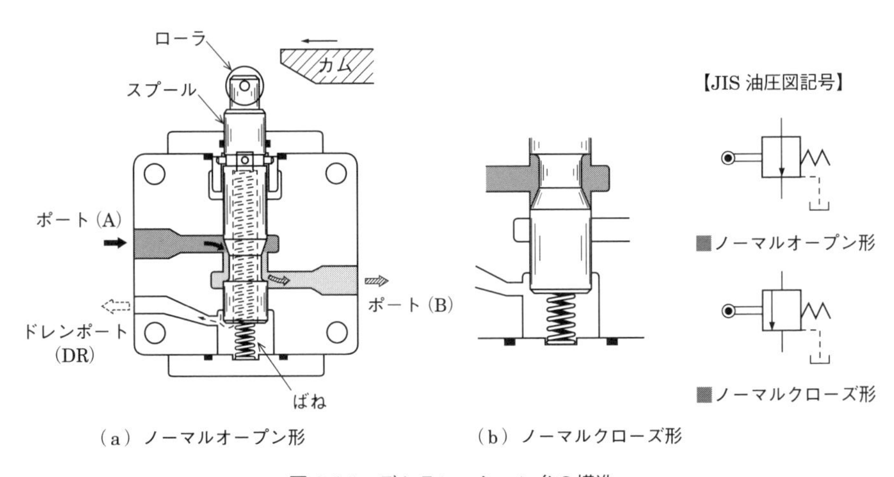

(a) ノーマルオープン形　　(b) ノーマルクローズ形

図 2.34　デセラレーション弁の構造

＊12　スプールを押し下げると，流量を増加させる．
＊13　スプールを押し下げると，流量を減少させる．

✿ フィードコントロール弁

フィードコントロール弁は，工作機械などの早送り（高精度な切削送り）などに用いられている．

(1) 構造と作用

図 2.35 に構造図を示す．図は，チェック弁，ノーマルオープン形デセラレーションスプール，ばねおよび圧力補償と温度補償の付いた流量調整弁などと複合化されたものである．

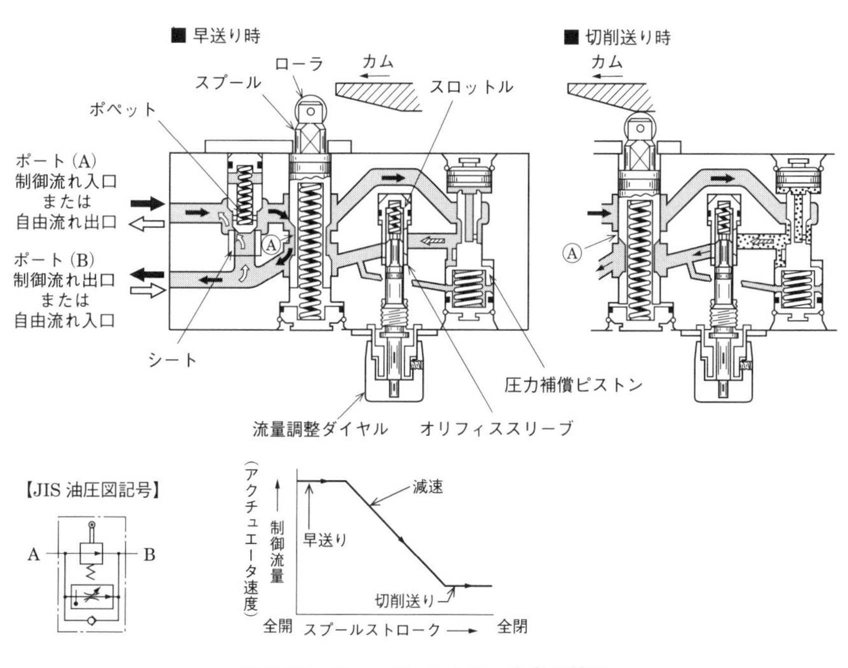

図 2.35　フィードコントロール弁の構造

(2) 性　能

性能は，流量調整弁の性能と同等となる．

✿ パイロット操作流量調整弁

パイロット操作流量調整弁は，流量調整弁の制御を油圧パイロット方式としたものである．

(1) 構造と作用

図 2.36 に構造図を示す．流量調整弁の流量調整ダイヤルをロッド（R）に置き換え，このロッドをテーパの付いたピストンの作用で上下させ，ロッド先端部に連結されているスロットル（S）でオリフィスの開度を調整する．

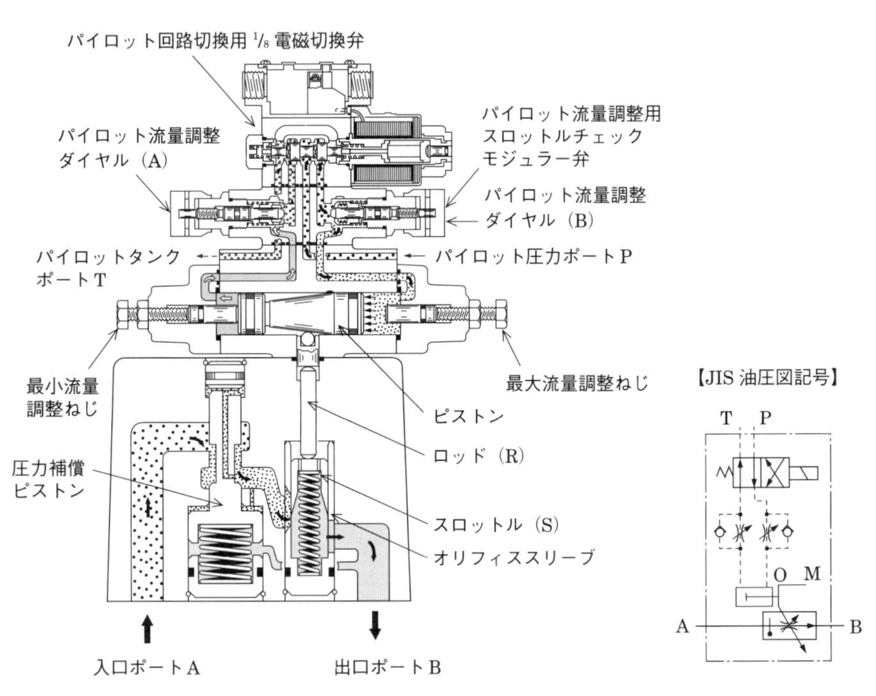

図 2.36　パイロット操作流量調整弁

(2) 性　能

シリンダのピストンストロークと制御流量特性例を**図 2.37** に示す[*14]．

＊14　ピストンストローク“0”は，ピストンが最左端（最小調整ねじが最左端時）の位置にあることを示す．最小流量および最大流量調整範囲は，調整ねじによるピストンストローク範囲で決まる．

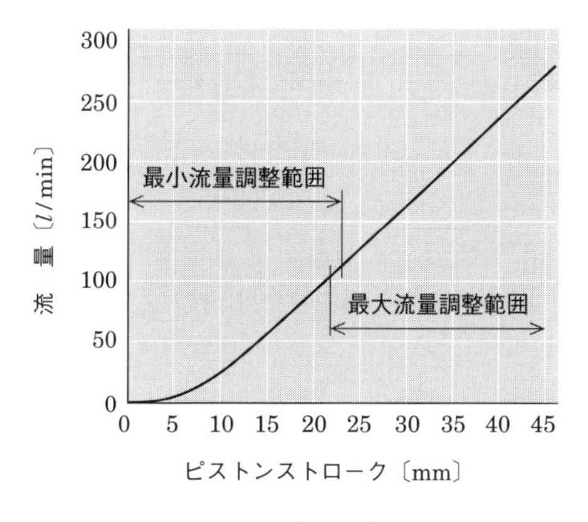

図 2.37　制御流量特性例

✿ ニードル弁

ニードル弁は，圧力計の管路や小容量の管路の止め弁として使用される他，パイロット管路などの流量を規制する絞り弁としても使用される．

その構造を**図 2.38** に示す．絞り部は，絞り弁のスロットルとは異なり針状（ニードル）である．

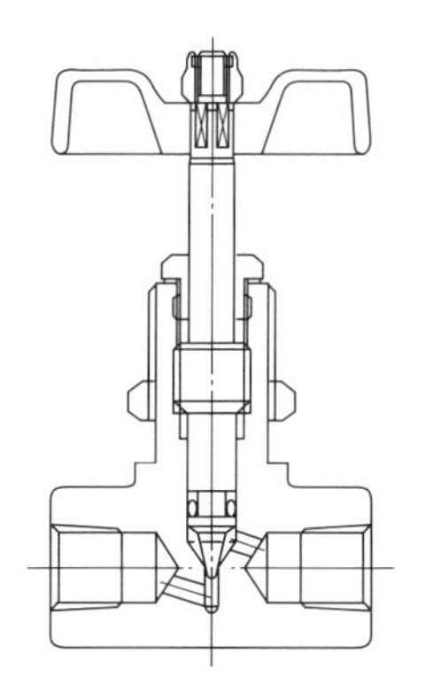

図 2.38　ニードル弁の構造

2.5 サーボ弁

“サーボ”は命令どおりに動かすことを意味しており，電気その他の入力信号(命令) に従った流量または圧力を制御する弁である.

✿ 電気-油圧サーボ弁

(1) 構造と作用

図 2.39 に電気-油圧サーボ弁の構造を示す．サーボ弁は信号電流で動く**トルクモータ**，トルクモータで作動する**油圧増幅用ノズルフラッパ機構**，油圧増幅で圧油の流れ方向と流量を制御する**スプール**，スプールの変位を検知する**フィードバックスプリング**などから構成されている.

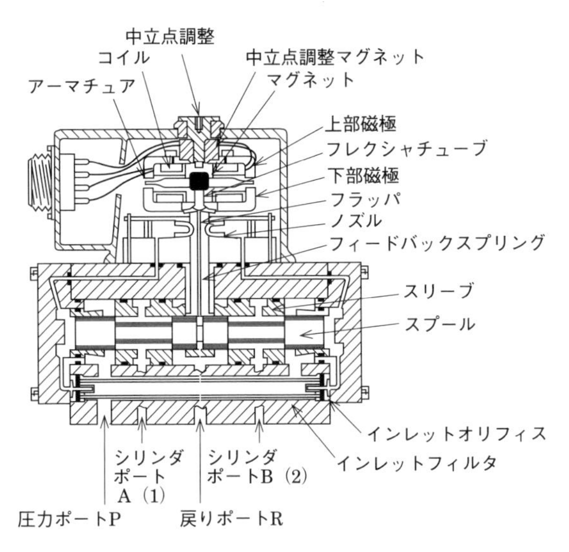

図 2.39　電気-油圧サーボ弁の構造

(2) 特　性

(a) 静特性

以降では，**図 2.40** に示す油圧回路図を参照して記述する．

サーボ弁の制御流量 Q_1 は，式 (2.4) で表される．

$$Q_1 = Ki\sqrt{\frac{(P_S - P_1) + (P_2 - P_R)}{\rho}} \tag{2.4}$$

ここで，K：サーボ弁の定数

i：スプールの開き度

$P_S - P_1$：弁一次側流れの圧力降下

$P_2 - P_R$：弁二次側流れの圧力降下

$(P_S - P_1) + (P_2 - P_R)$：サーボ弁全圧力降下 P_V

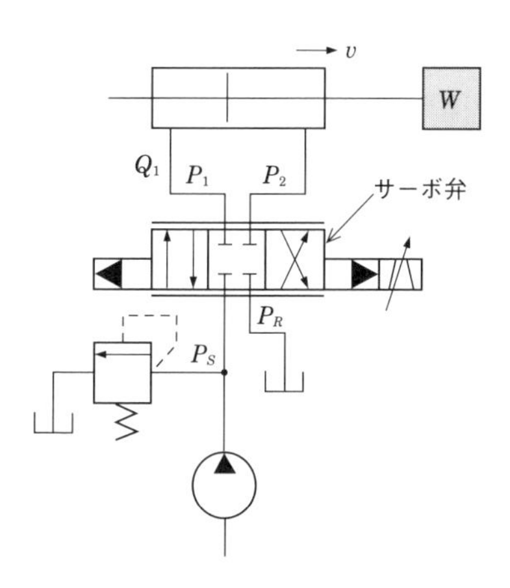

図 2.40　油圧回路図

(b) 無負荷流量特性

$P_1 - P_2 = 0$，すなわち $P_V = P_S - P_R$ のときの制御流量を**無負荷流量特性**という．また，一定の電流を加えたとき，P_V が一定圧力（通常は 7 MPa）の場合の制御流量を定格流量と呼んでいる．$P_V = P_S - P_R = 7$〔MPa〕の場合の入力電流に対する無負荷流量特性を**図 2.41** に示す．

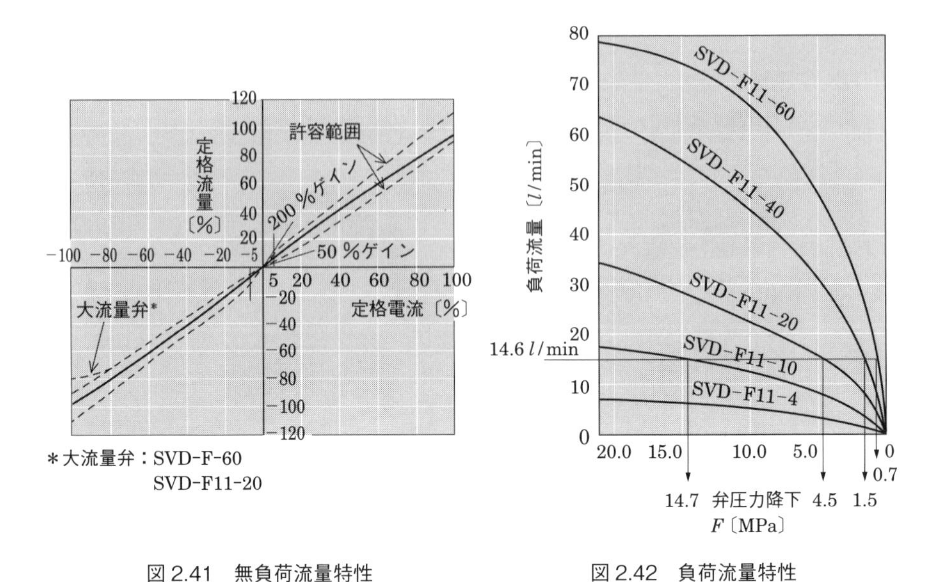

図 2.41　無負荷流量特性

図 2.42　負荷流量特性

(c) 負荷流量特性

$P_1 - P_2 > 0$ の場合の流量特性を**負荷流量特性**という．サーボ弁の制御流量は，負荷により影響を受ける．定格電流を入力したときの負荷流量特性の一例を**図 2.42** に示す．

図 2.42 で，$P_S = 17$〔MPa〕，$P_1 - P_2 = 10$〔MPa〕とすると，$P_V = 7$〔MPa〕（$P_R = 0$ とする）となるので，SVD-F11-60 のサーボ弁では 60 l/min の制御流量となる．また，14.6 l/min の制御流量を必要とする P_V を求めると，SVD-F11-20 のサーボ弁では 4.5 MPa となる．

(d) 動特性

代表的な特性として，**周波数特性**がある．サーボ弁の周波数特性は，一般的には入力振幅が定格入力（定格電流）の ± 25％時の特性を表示する．周波数特性の標準形と高応答形の例を**図 2.43** に示す．

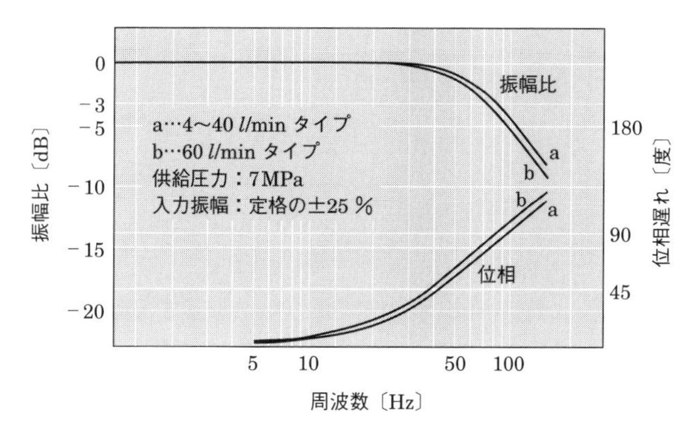

図 2.43　周波数特性の標準形と高応答形

✿ メカニカルサーボ弁

メカニカルサーボ弁は，**図 2.44** に示すように，弁スプールの一端を弁本体の外に出してスタイラスを取り付け，そのスタイラスをばねでテンプレートに押し付ける構造をしている．テンプレートが図の上下に動くとスタイラスはテンプレートに沿って左右に動き，この動きがスプールを操作することになる．スタイラスの動きでスプールが左右に動くと，圧油の流れは P → A，B → T あるいは P → B，A → T となる．

このように，メカニカルサーボ弁はスタイラスを機械的に動かすことで圧油の流れを制御する弁である．

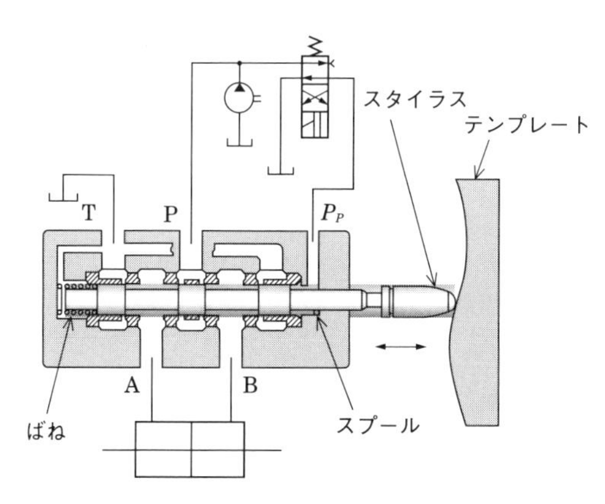

図 2.44　メカニカルサーボ弁の構造

2.6　比例電磁式制御弁

比例電磁式制御弁は，圧力や流量を電気的信号により連続的に遠隔制御する電気-油圧制御弁で，一般的な圧力制御弁や流量制御弁とソレノイドを組み合わせたものである．特に，作動油の汚染（ゴミ等）に強くするため，サーボ弁のフラッパノズル方式と異なり，制御スプールを高吸引力の電磁コイルで駆動し，ソレノイドは直流電磁コイルを用いていることが特徴である．

電磁式制御弁は，一般的な制御弁の調整ハンドル部にソレノイドを取り付ける構造になっているが，ここでは代表的な圧力制御弁の中の**比例電磁式リリーフ弁**と流量制御弁の中の**比例電磁式流量調整弁**について記述する．

✿ コイルの作動原理

図 2.45 に示すごとく，鉄心にコイルを巻いたソレノイドに電流を流すと，電流に比例した力が発生し，ばねと組み合わせることで図の力 F あるいは変位 X が得られる．この F あるいは X は**図 2.46** に示すごとく電流 i に比例するので，圧力制御弁あるいは流量制御弁のパイロット部に直流ソレノイドを設置することにより，電流の制御である量や流量を遠隔的に制御できるのである．

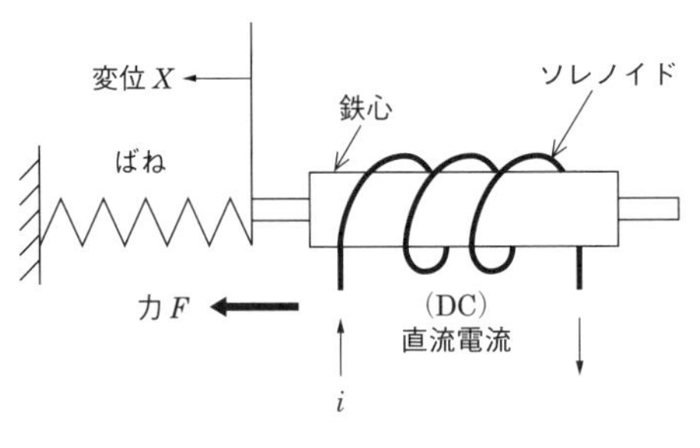

図 2.45　ソレノイド

✿ 電流と圧力および流量

(1) 直動型あるいはパイロット型リリーフ弁

パイロットばねにソレノイドを直接，**図 2.47** のように取り付け，電流 i に比例した力でばねを押し，圧力を制御することができる．電流に対する圧力は

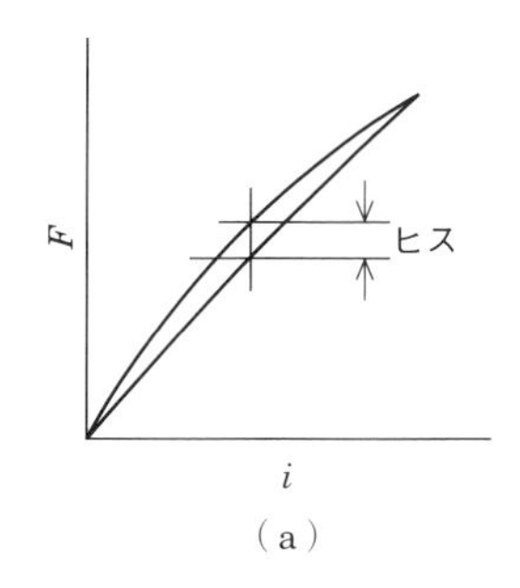

(a)

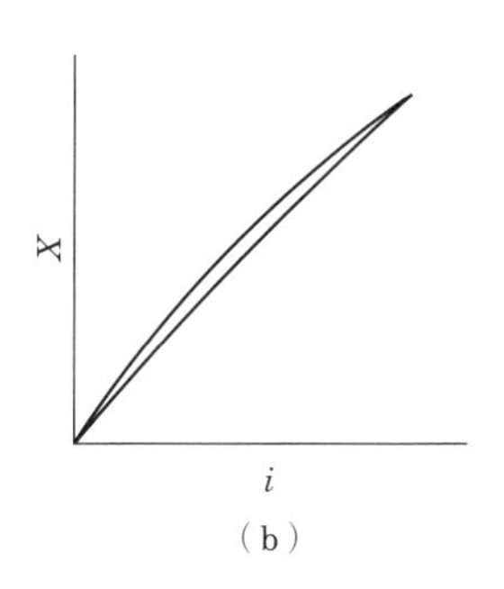

(b)

図 2.46　電流と力と変位

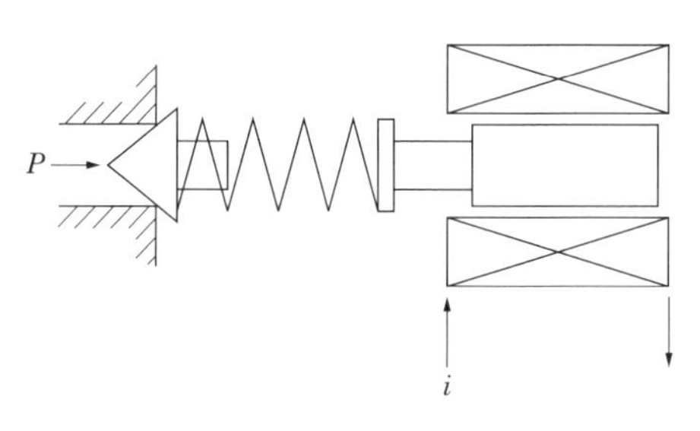

図 2.47　比例電磁式リリーフ弁

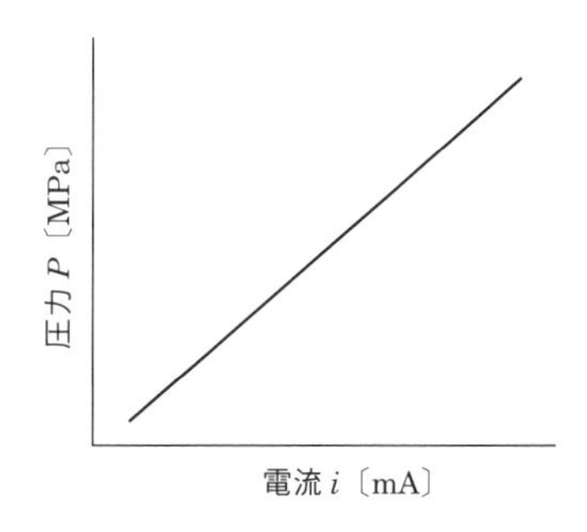

図 2.48　電流と圧力

図 2.48 に示すとおりである.

(2) 流量制御弁の開度調整部

図 2.49 のようにソレノイドを取り付け，電流に比例したソレノイドの力によるばねの変位量で制御部開度を調整し，流量を制御するものである．電流と制御流量の関係は**図 2.50** に示すようになる.

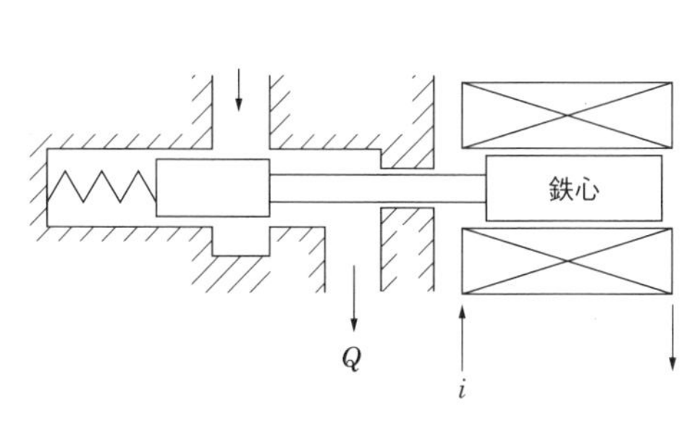

図 2.49　比例電磁式流量制御弁

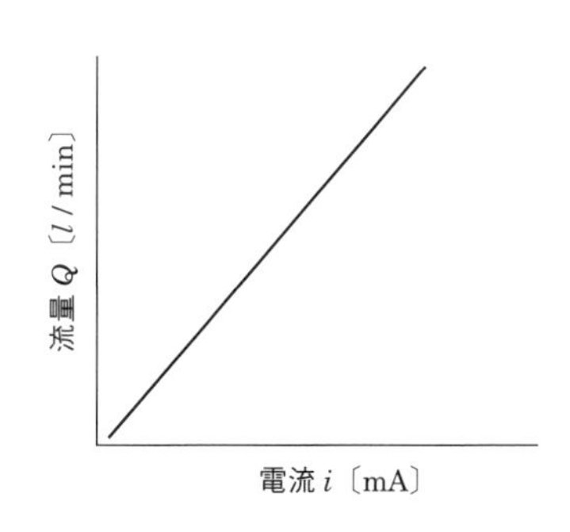

図 2.50　電流と流量

✿ 構造と性能

(1) 比例電磁式リリーフ弁

(a) 構　造

比例電磁式直動型リリーフ弁（あるいはパイロット型リリーフ弁）の構造を**図 2.51** に示す．ソレノイドの力に応じた圧力制御ができる．この図の中の安全弁は最大圧力を手動で設定するもので，電気的トラブルによる調圧不良に対する安全装置である．

この比例電磁式直動型（あるいはパイロット型リリーフ弁）をパイロットした圧力制御弁（パイロット作動型リリーフ弁や減圧弁等）が比例電磁式圧力制御弁である．

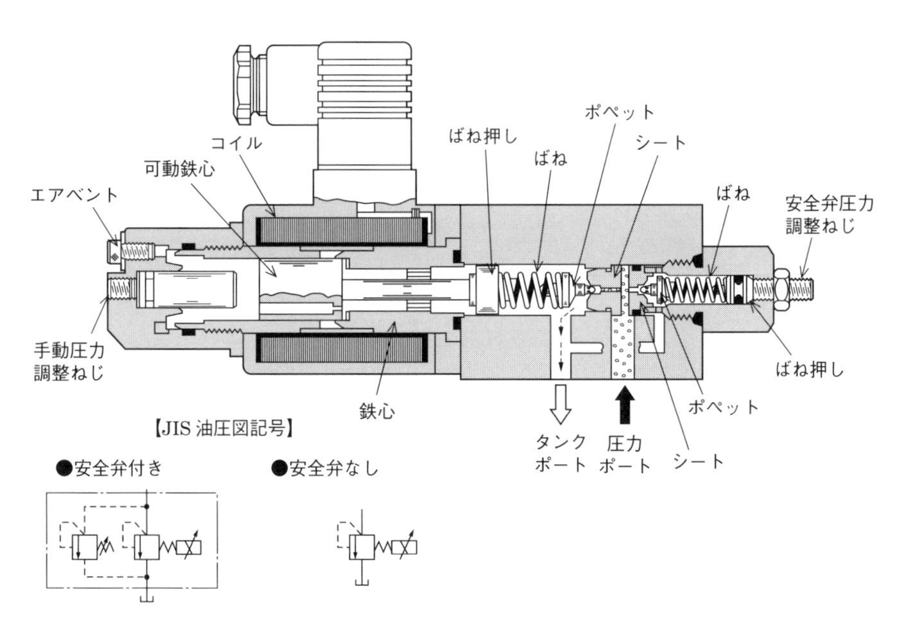

図 2.51　比例電磁式直動型リリーフ弁

(b) 性　能

① **一般性能**＊15：電流と制御圧力の関係を示す一般性能を**図 2.52** に示す

② **ヒステリシス**＊16：ヒステリシスは 3%以内である

③ **周波数特性**＊17：周波数特性を**図 2.53** に示す

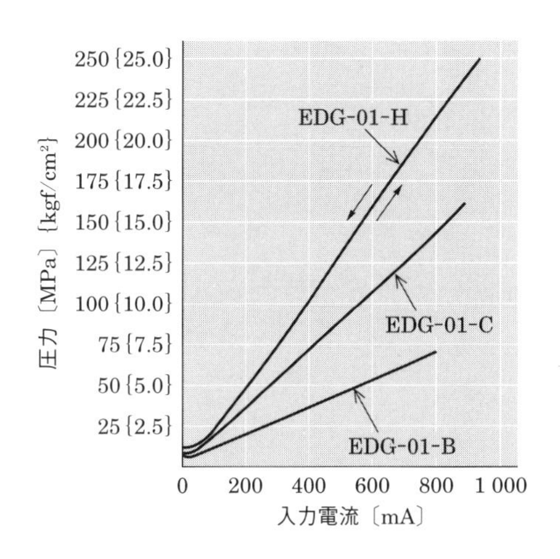

図 2.52　電流-圧力

＊15　静特性の代表的な性能.

＊16　命令信号（電流）の変化に応じて出力（圧力）を変化させる場合，電流を増加させるときと減少させるときの，圧力の変化の経路が異なる現象をいう.

$$\text{ヒステリシス}\ \Delta P\ 〔\%〕= \frac{\Delta P}{P_m} \times 100\%$$

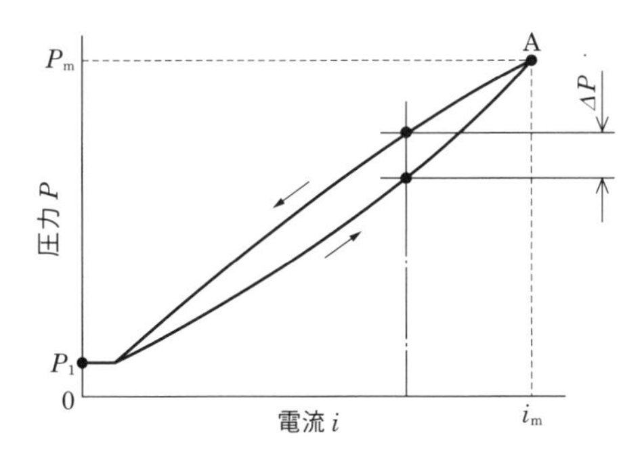

＊17　サーボ弁を参照.

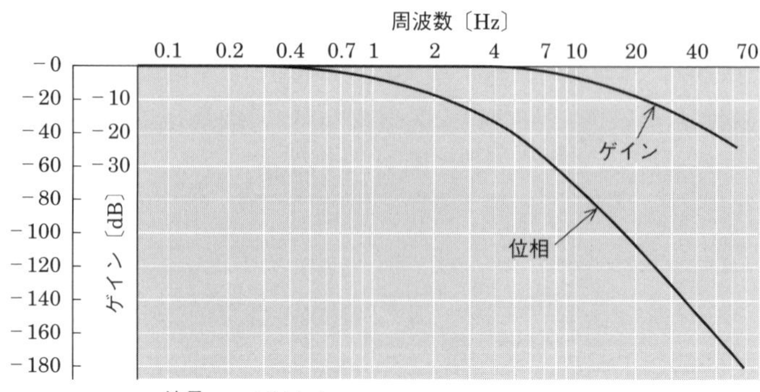

流量　　：2 l/min
圧力振幅：80 kgf/cm² ± 16 kgf/cm² {8 MPa ± 1.6 MPa}
負荷容量：30 cm³
粘度　　：30 cSt {mm²/s}

図 2.53　周波数特性

(2) 比例電磁式流量調整弁

(a) 構　造

一般的流量制御弁のスプール調整ハンドル部にソレノイドを取り付けたもので，**図 2.54** に示す流量制御弁は圧力と温度補償が施されている比例電磁式流量調整弁の構造である．

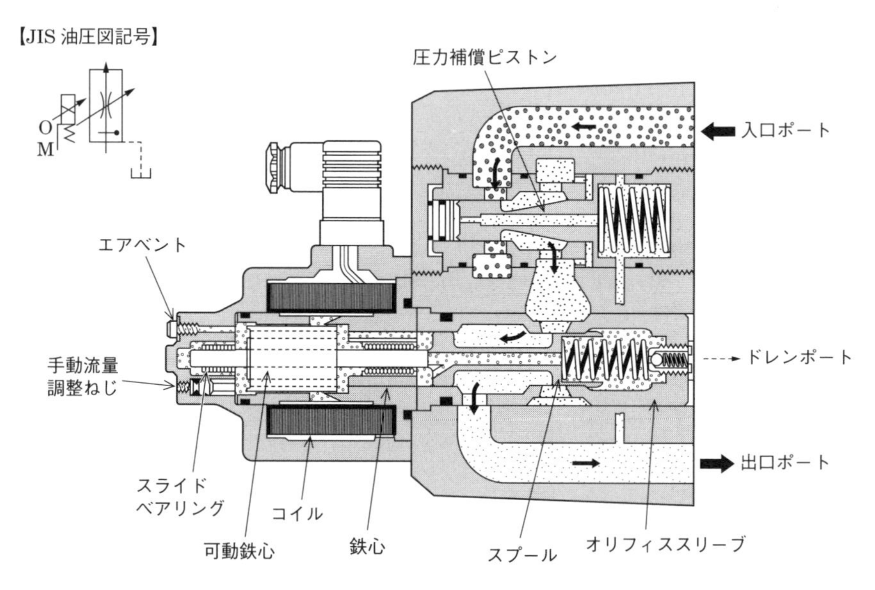

図 2.54　比例電磁式流量調整弁

(b) 性　能

① **一般性能**：電流と制御流量の関係としての一般性能を**図 2.55** に示す

② **ヒステリシス**：ヒステリシス Δ は 5 ～ 7%と大きいが使用電流を大きくする特殊ソレノイドで 3%程度に抑えているものもある

③ **周波数特性**：周波数特性を**図 2.56** に示す

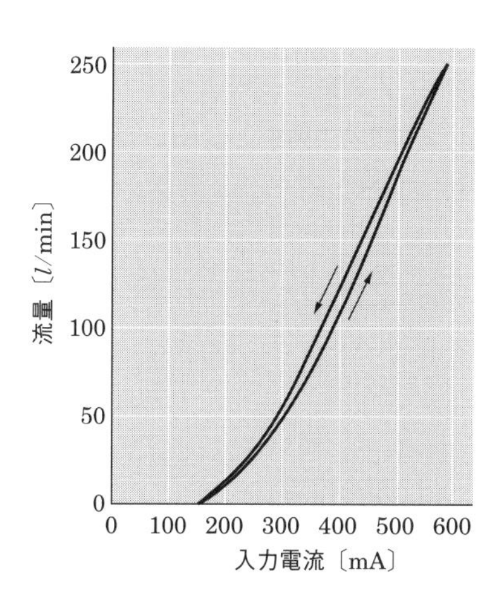

図 2.55　電流-流量

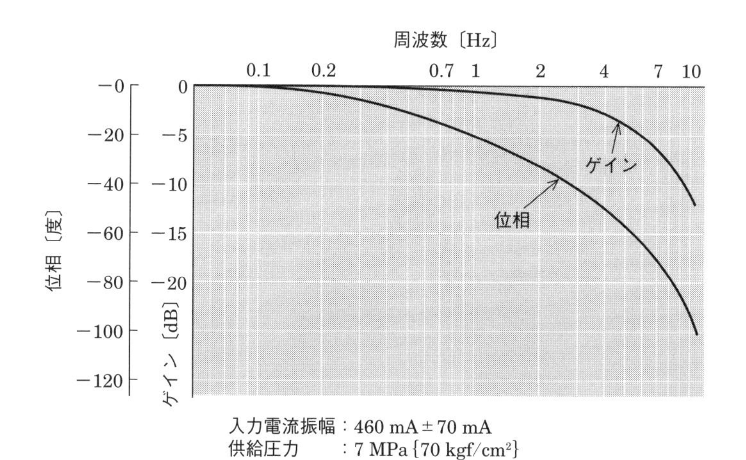

図 2.56　周波数特性

2.7　積層弁（モジュラー弁）

積層弁は油圧制御弁である方向，圧力，流量の制御弁を配管で接続する方式から，配管レスおよびコンパクト化，そして油漏れ（配管の接手部から）防止を指向して生まれた積層型の油圧制御弁である．

図 2.57 は積層弁がベースプレートの上に積み上げられた状態で設置され，一つの油圧装置を形成したものである．油圧装置の配管はポンプとベースプレート，および，ベースプレートと油圧シリンダ間のみである．各種積層弁は電磁切換弁を最上段に設置して積み上げられ，ボルトキットでベースプレートに固定されている．

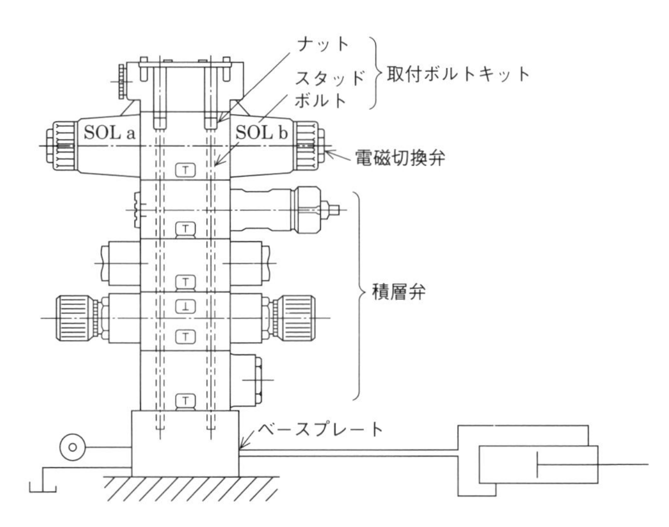

図 2.57　モジュラー弁方式

✿ 種類と構造

(1) 積層弁の種類

圧力制御弁，流量制御弁，方向制御弁（チェック弁等）があるが，積層弁の種類と機能を**表 2.8** に示す．表中の「P ライン用」「A ライン用」「B ライン用」「T ライン用」は，それぞれポンプライン，シリンダ A ポート，シリンダ B ポートの制御用を示している*18.

表 2.8 積層弁の種類と機能（代表例）

機　能	名　称	油圧図記号
圧力制御	リリーフ弁 （P ライン用）	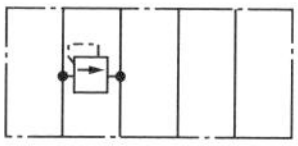
	シーケンス弁 （P ライン用）	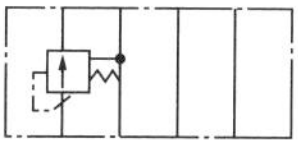
	カウンタバランス弁 （A ライン用）	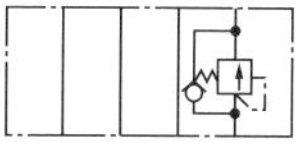
	レデューシング弁 （P ライン用）	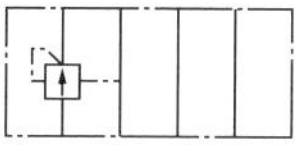
流量制御	スロットル弁 （P ライン用）	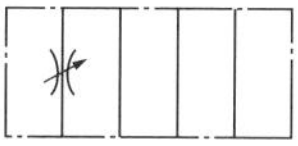
	スロットルチェック弁 （A，B ライン・メータアウト用）	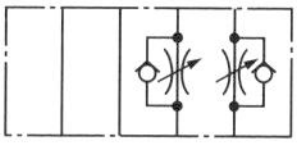
	スロットルチェック弁 （A ライン・メータアウト用）	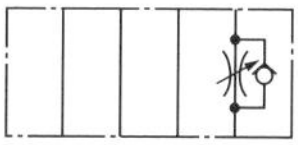
方向制御	チェック弁 （P ライン用）	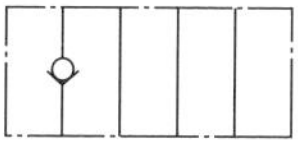
	アンチキャビテーション弁	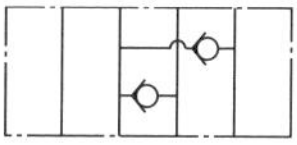
	パイロットオペレートチェック弁 （A，B ライン用）	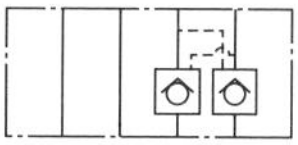

＊18 積層弁のモデル番号表示例：

MBP－01－C

圧力調整範囲　リリーフ弁番号 MBP：P ライン

MBA：A ライン

MBB：B ライン

口径
（01. 03. 06. 10）

(2) 構　造

圧力制御積層弁，流量制御積層弁，方向制御積層弁の代表的な，リリーフ積層弁，スロットルチェック積層弁，パイロットオペレートチェック積層弁の構造を，**図 2.58**，**図 2.59**，**図 2.60** にそれぞれ示した．また，**図 2.61** はベースプレートの一例である．

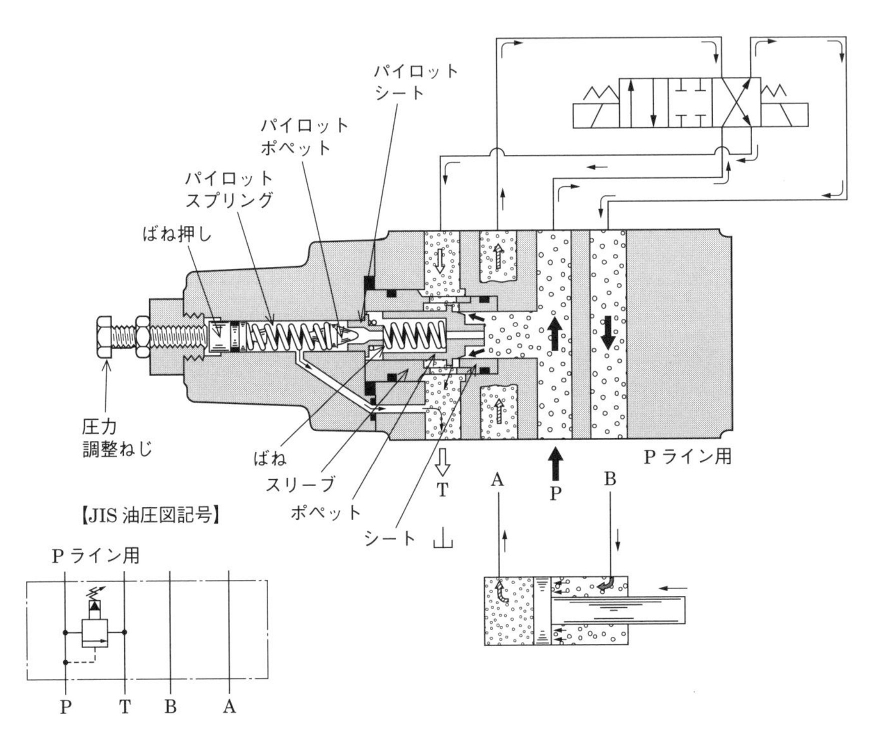

図 2.58　リリーフ積層弁

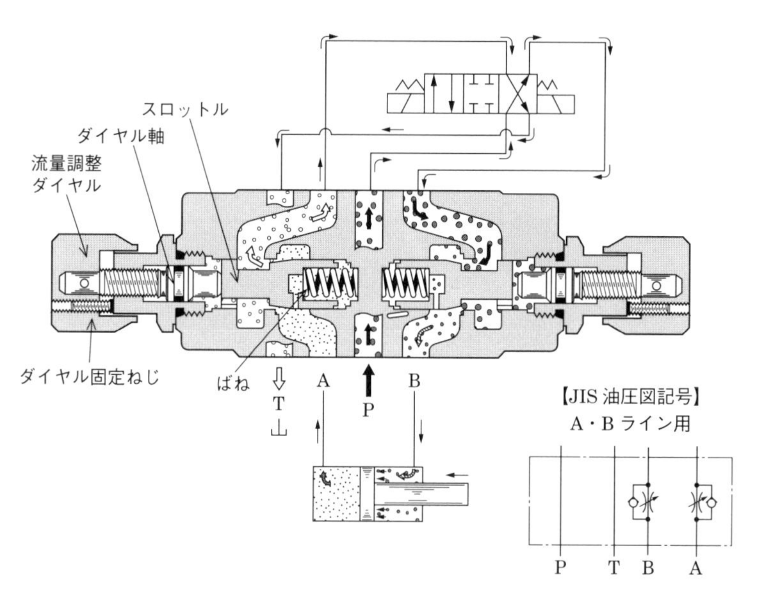

図 2.59　スロットルチェック積層弁

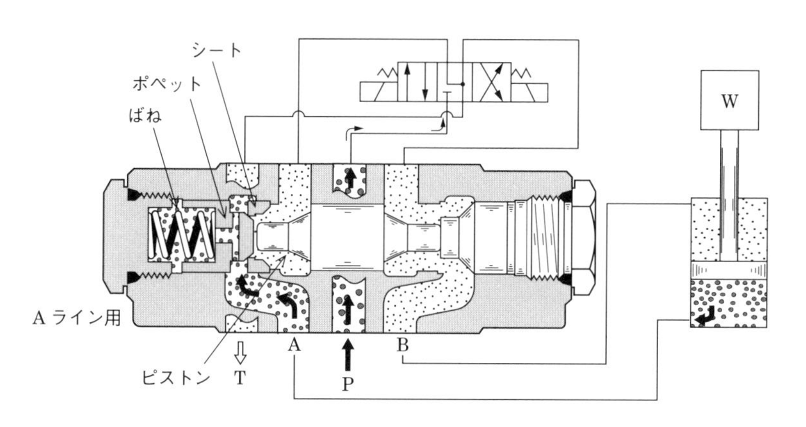

【JIS 油圧図記号】
A ライン用

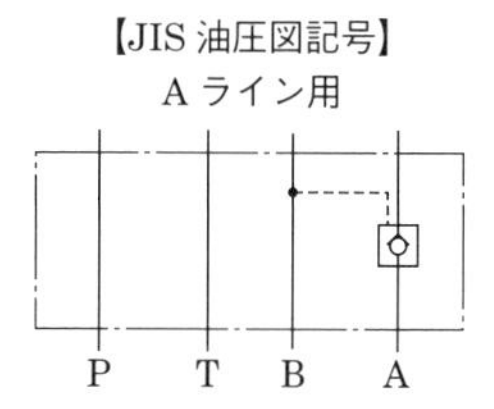

図 2.60　パイロットオペレートチェック積層弁

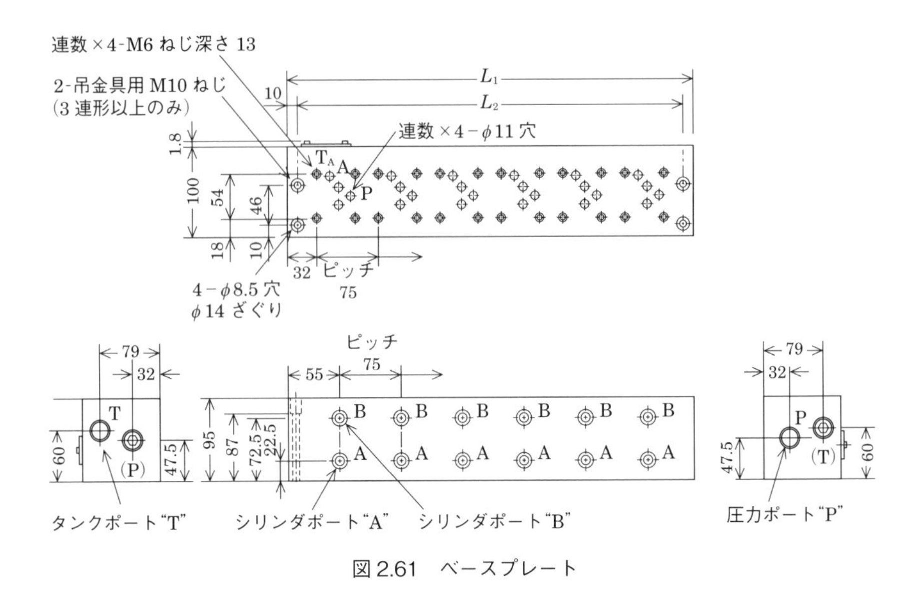

図 2.61　ベースプレート

(3) 性　能

一般的な油圧制御弁の性能と同程度であるが，各積層弁とも P ライン，A ライン，B ライン，T ラインの 4 個の通路を通るため，圧力損失が比較的大きくなり，最大流量に制限があるので注意が必要である．

リリーフ積層弁，スロットルチェック積層弁，パイロットチェック積層弁の圧力損失（圧力降下値）の状況を**図 2.62**，**図 2.63**，**図 2.64** にそれぞれ示した．

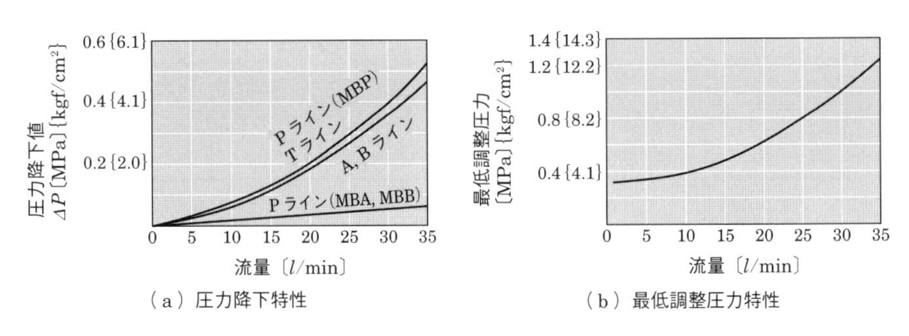

（a）圧力降下特性　　（b）最低調整圧力特性

図 2.62　リリーフ積層弁

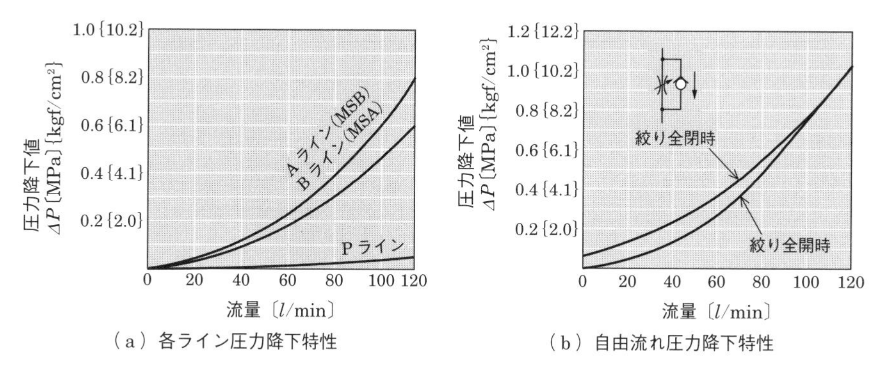

（a）各ライン圧力降下特性　（b）自由流れ圧力降下特性

図 2.63　スロットルチェック積層弁

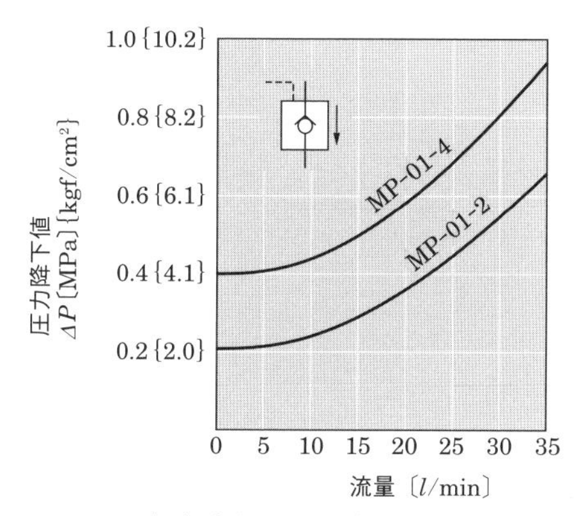

（a）自由流れ圧力降下特性

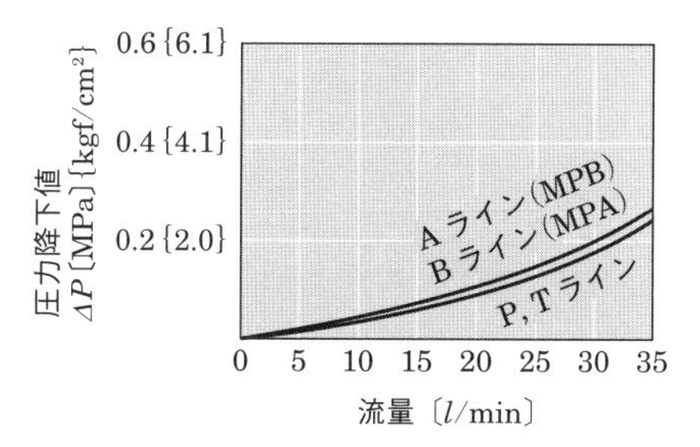

（b）各ライン圧力降下特性

図 2.64　パイロットチェック積層弁

(4) 積層弁を用いた回路構成例

図 2.65 に示した外観図の回路構成例を**図 2.66** に示した.

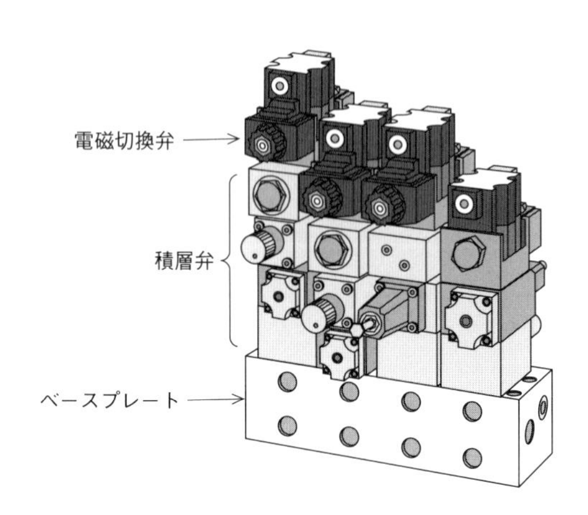

図 2.65　外観図

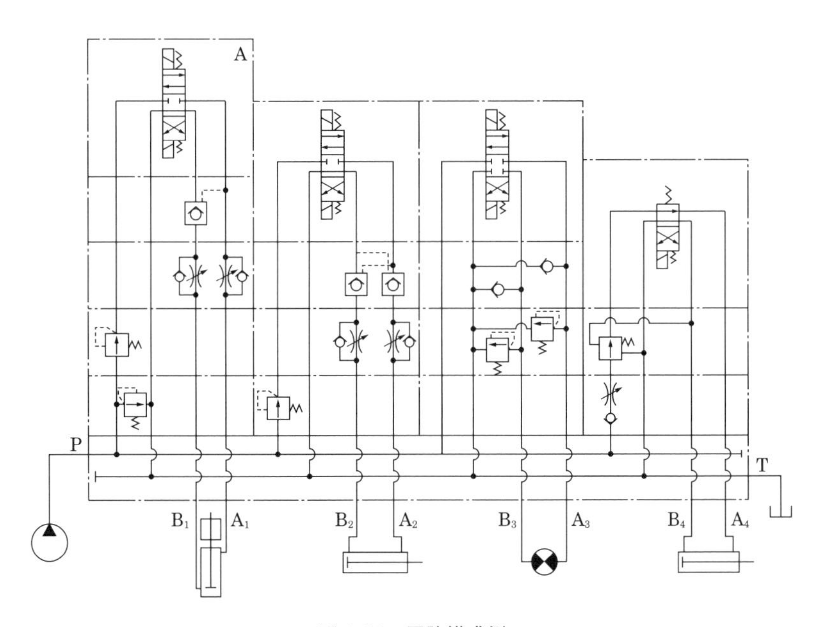

図 2.66　回路構成例

2.8 油圧アクチュエータ

油圧アクチュエータは，油圧システムにおいて，流体のエネルギーを機械的な仕事に換えるという重要な役割を持つ.

油圧アクチュエータには，以下のような種類がある.

① **油圧シリンダ**：直線往復運動用

② **油圧モータ**：回転運動用

③ **揺動モータ**：揺動運動用

✿ 油圧シリンダ

(1) 構　造

油圧シリンダの基本的な構造を**図 2.67** に示す*19．また，**図 2.68** は位置センサ付き油圧シリンダで，シリンダ自身で位置を検出する機能を持ち，自動往復運動などに利用されている.

油圧シリンダの取付け方は，機械にどのような動きをさせるかによって異なってくる．取付け方の代表例を**表 2.9** に示す.

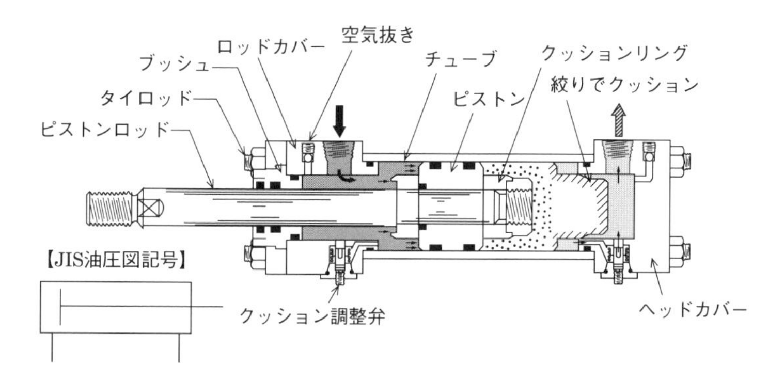

図 2.67　標準的な油圧シリンダの構造

＊19　図 2.67 は，片ロッド形複動シリンダである.

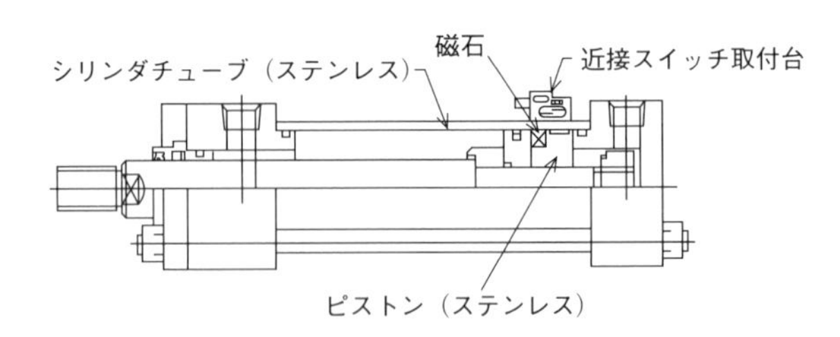

図 2.68　位置センサ付き油圧シリンダ

表 2.9　油圧シリンダの取付け方の代表例

記　号	名　称	略　図
SD	基本形	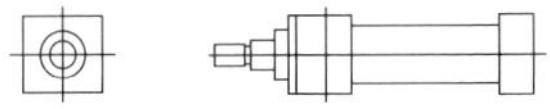
LA	軸直角方向フート形	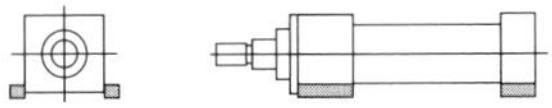
LB	軸方向フート形	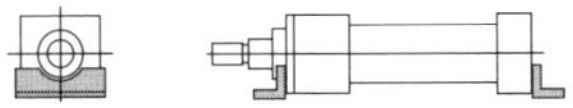
FA	ロッド側 長方形フランジ形	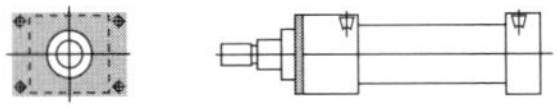
FB	ヘッド側 長方形フランジ形	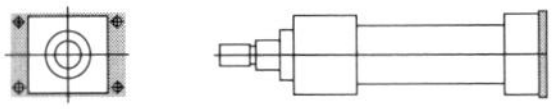
FC	ロッド側 方形フランジ形	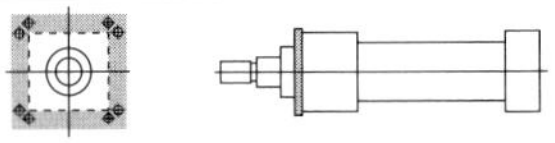
FD	ヘッド側 方形フランジ形	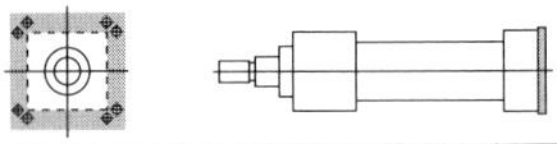
CA	分離アイ形 （1山クレビス形）	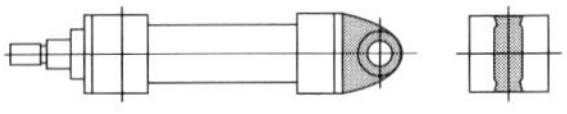
CB	分離アイ形 （2山クレビス形）	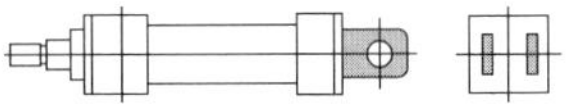
TA	ロッドカバー一体 トラニオン形	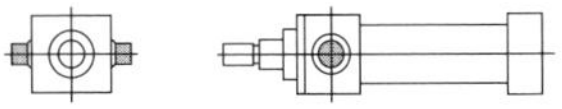
TC	中間固定トラニオン形	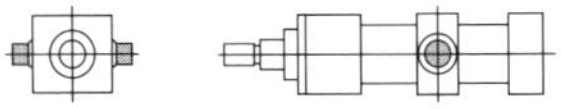

(2) 性　能

代表的な複動片ロッド形油圧シリンダの出力および速度は，**図 2.69** を例にすると次のように求められる．

$$F_1 = (A_1 P_1 - A_2 P_2)\eta \quad \text{[N]} \tag{2.5}$$

$$F_2 = (A_2 P_2 - A_1 P_1)\eta \quad \text{[N]} \tag{2.6}$$

$$V_1 = \frac{10\eta_Q Q_1}{A_1} \quad \text{[m/min]} \tag{2.7}$$

$$V_2 = \frac{10\eta_Q Q_2}{A_2} \quad \text{[m/min]} \tag{2.8}$$

ただし，F_1：シリンダ押し力〔N〕，F_2：シリンダ引き力〔N〕

A_1：ヘッド側受圧面積〔cm^2〕，A_2：ロッド側受圧面積〔cm^2〕

P_1：ヘッド側の圧力〔MPa〕，P_2：ロッド側の圧力〔MPa〕

V_1：ロッド前進速度〔m/min〕，V_2：ロッド後退速度〔m/min〕

Q_1：ヘッド側流入量〔l/min〕，Q_2：ロッド側流入量〔l/min〕

η　：パッキンの摺動抵抗などによる係数*20

η_Q：シリンダの内部漏れなどによる係数*21

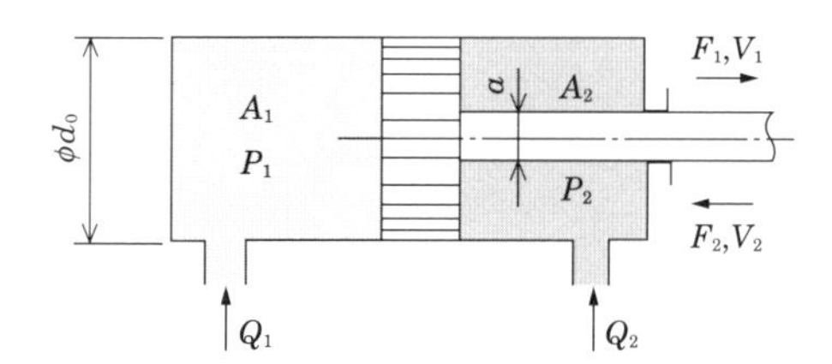

図 2.69　複動片ロッド形油圧シリンダ

(3) 座屈（ストロークの制限）

油圧シリンダのロッド径に対してストロークが長すぎると，荷重の大きさによっては，ロッドが歪曲する**座屈現象**が生じる．このため，座屈の起きないシリンダの選定が必要となる．**表 2.10**，**図 2.70** にストローク長さの計算図表とストロークの求め方を示す．

＊20　一般的には 0.97 程度．

＊21　通常は 1．

表 2.10　ストロークの制限

支持形式	使用条件	端末係数n	支持形式	使用条件	端末係数n
LA形 LB形	S　L_0　L	$\frac{1}{4}$	FB形 FD形 FF形	S　L_0　L	$\frac{1}{4}$
	S　L_0　L	2		S　L_0　L	2
	S　L_0　L	4		S　L_0　L	4
FA形 FC形 FE形 FY形	S　L_0　L	$\frac{1}{4}$	TA形	S　L_0　L	1
	S　L_0　L	2	TC形	S　L_0　L	
	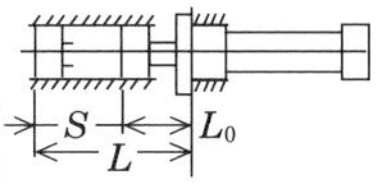 S　L_0　L	4	CA形 CB形	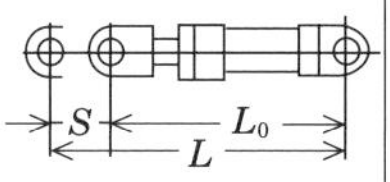 S　L_0　L	

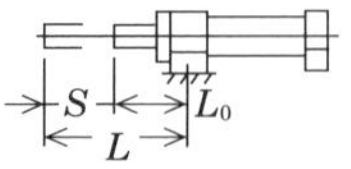

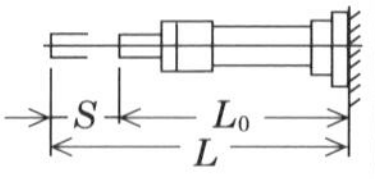

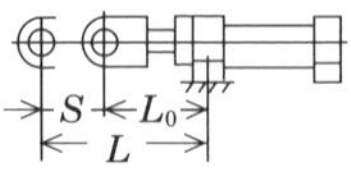

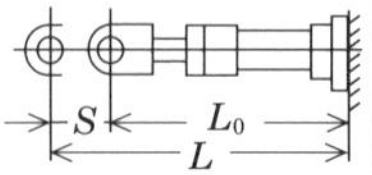

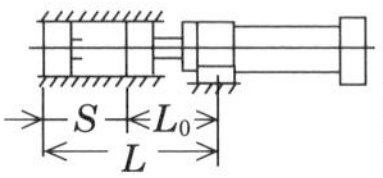

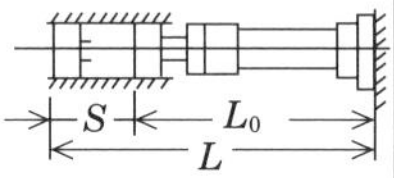

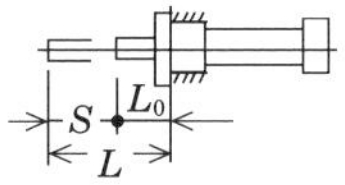

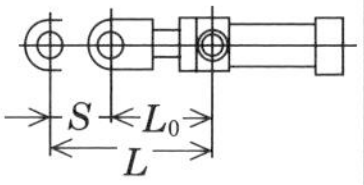

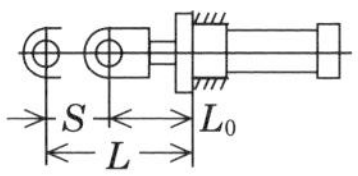

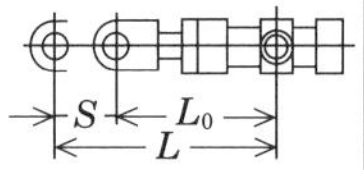

$S = L - L_0$
　S：ストローク〔mm〕
　L：伸長時の取付長〔mm〕

L_0：引込み時の取付長〔mm〕
注）L_0は外形寸法図を参照のうえ，先端金具寸法を加える．

●最大ストロークの求め方

1. 表より，端末係数nを求める．
2. シリンダ内径，ロッド径，圧力，端末係数等の各種数値を図にあてはめて，最大取付長Lを求める．
3. 外形寸法図から引込み時の取付長L_0を求め，$S = L - L_0$の式にて最大ストロークSを求める．

(例）シリンダ内径 100 mm，ロッド径 56 mm，支持形式 TC 形（中間固定トラニオン形）の標準シリンダを圧力 8 MPa (81.6 kgf/cm²) で使用する場合の最大ストロークを求める．

■　表より　$n = 1$
　図より　$L \simeq 1\,980$
外形寸法図および先端金具より
$$L_0 = (156 + 145) + \frac{S}{2}$$
したがって
$$S = L - L_0 = 1\,980 - \left[(156 + 145) + \frac{S}{2}\right]$$
ゆえに $S \simeq 1\,120$〔mm〕

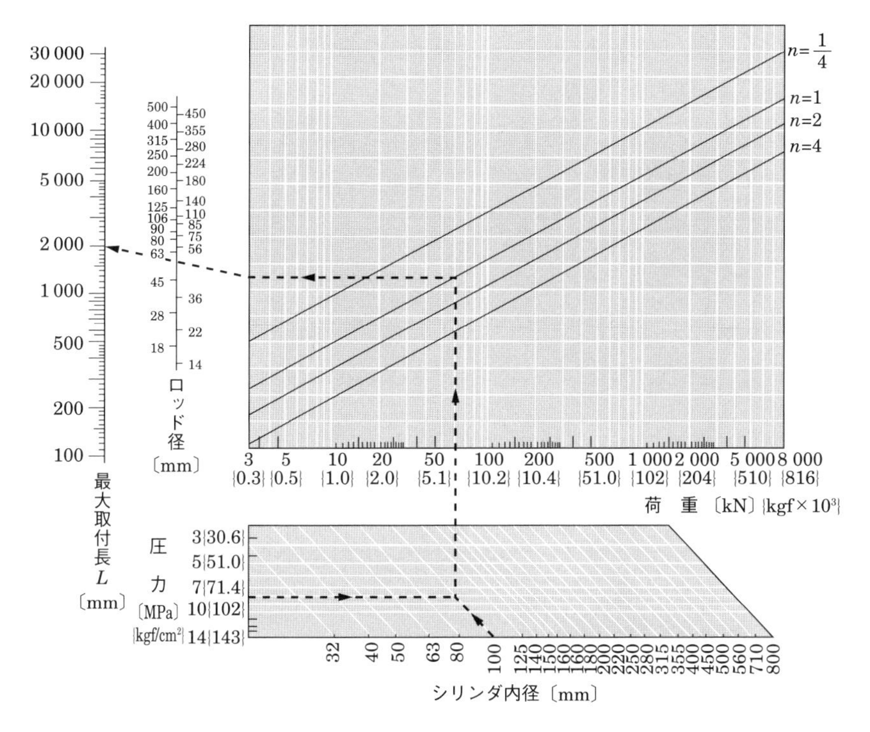

図 2.70 ストロークの制限

✿ 油圧モータ

油圧モータの種類には，油圧ポンプと同じように，歯車モータ，ベーンモータ，ピストンモータがある．

油圧モータは，圧油の流入により回転トルクを利用する，油圧ポンプと逆の作用を行うものである．**図 2.71** に一例を示す．

油圧モータの特性としては，油圧モータの入口と出口の圧力差を ΔP〔MPa〕，油圧モータの回転容積（押しのけ容積）を q〔ml/rev〕，流入量を Q〔l/min〕，トルク効率を η_m，容積効率を η_v，全効率を η_T とすると，回転トルク T，回転数 N，出力 L は

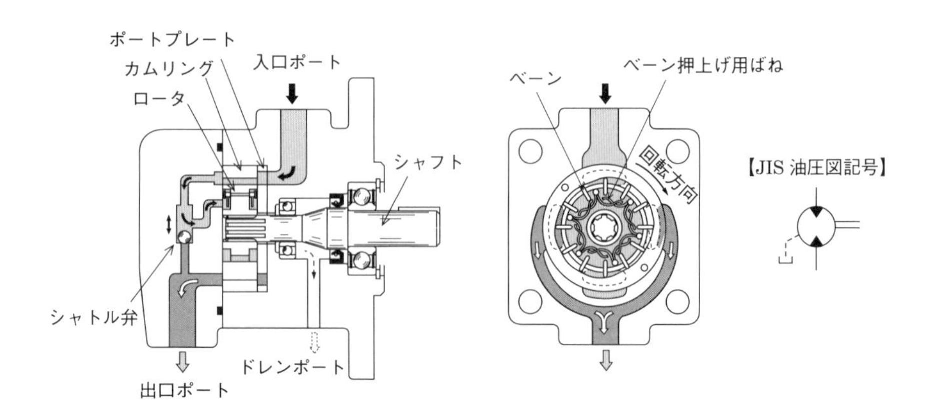

図 2.71　油圧モータの構造

表 2.11　各種油圧モータの性能

形式	名　称	分　類		押しのけ容積〔cm³/rev〕	最高圧力〔MPa〕(kgf/cm²)	最高回転速度〔min⁻¹〕	最高全効率〔%〕
回転式	歯車モータ	外接式	固定側板形	10〜500	9〜14 (90〜140)	1 200〜3 000	65〜85
			可動側板形	4〜220	9〜21 (90〜210)	1 800〜3 500	75〜85
		内　接　形		10〜1 000	3.5〜14 (35〜140)	150〜5 000	60〜80
	ベーンモータ	平衡式	普通ベーン形	10〜220	3.5〜7 (35〜70)	1 200〜2 200	65〜80
			特殊ベーン形	25〜300	14〜17.5 (140〜175)	1 800〜3 000	75〜85
往復式	アキシャルピストンモータ	斜　軸　式		10〜900	21〜40 (210〜400)	1000〜4 000	88〜95
		斜　板　式		10〜250	9〜14 (210〜400)	2 000〜4 000	85〜92
	ラジアルピストンモータ	回転シリンダ形		6〜500	14〜25 (140〜250)	1 000〜1 800	80〜90
		固定シリンダ形		125〜7 000	14〜25 (140〜250)	70〜400	85〜92

$$T=\frac{\Delta Pq}{2\pi}\eta_m \quad [\mathrm{N \cdot m}] \tag{2.9}$$

$$N=\frac{1\,000Q}{q}\eta_v \quad [\mathrm{m^{-1}}] \tag{2.10}$$

$$L=\frac{2\pi NT}{60}\eta_T \quad [\mathrm{kW}] \tag{2.11}$$

で求められる．各種油圧モータの性能を**表 2.11** に示す．

✿ 揺動モータ

図 2.72 に揺動モータの構造を示す．揺動モータには**シングルベーン形**と**ダブルベーン形**があり，ダブルベーン形はシングルベーン形と比べると 2 倍の回転トルクが得られ，高出力が必要な場合に使用されている．ただし，シングルベーン形の揺動角が 270° なのに対して，ダブルベーン形は 100° と回転角が小さくなる．

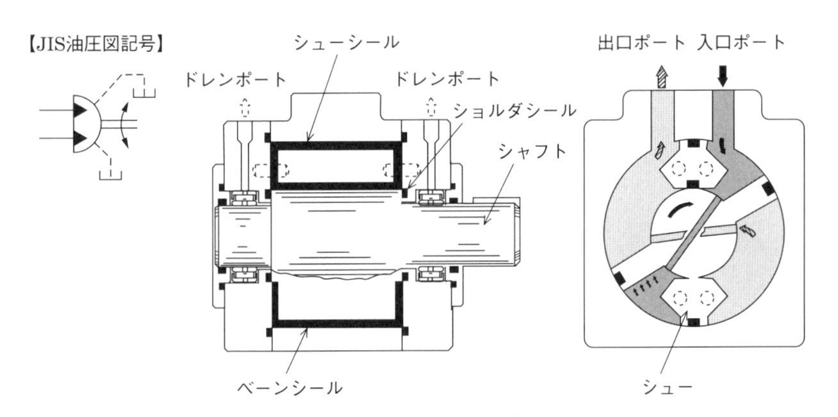

図 2.72　揺動モータの構造

2.9 アキュムレータ

アキュムレータは，気体が圧力の変化に応じて体積が変化する性質を利用して，非圧縮性流体の油のエネルギーを容器に蓄積させるものである．その使用目的に応じて，蓄圧，サージ圧力吸収，脈動防止，回路の漏れ補充などに用いられ，油圧装置の機能向上や省エネルギーに必要な機器である．

✿ 種類と構造

アキュムレータには**気体圧縮式**，**重錘式**，**ばね式**があるが，現在使用されているものは，ほとんどが気体圧縮式である．したがって，ここでは気体圧縮式について記述する．

気体圧縮式アキュムレータには，**ブラダ形**，**ダイヤフラム形**，**ピストン形**，**インライン形**がある．**図 2.73** に代表的なブラダ形の構造を示す．いずれの形式も，耐圧容器の中に気体と油を分離するためのセパレータを持ち，ブラダ形，ダイヤフラム形およびインライン形はゴムを，ピストン形は金属製のピストンを使用している．気体室には給気弁*22 を備え，圧油室には圧油の出入口を備えている．用いる気体は，安全性，経済性の点から窒素ガス（N_2 ガス）が一般的である．

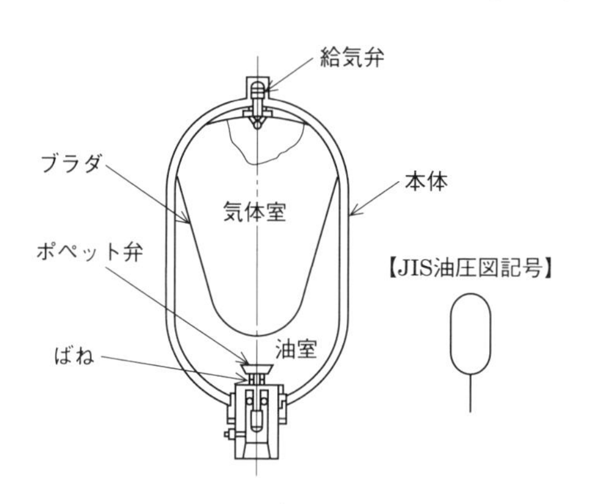

図 2.73　ブラダ形の構造

＊22　タイヤのムシ弁と同様な弁．

✿ 作用と特性

以下に，アキュムレータの作用を，**図 2.74** を用いて説明する．

a の状態：内容積 V_1 の容器に，圧力 P_1 の気体を封入した状態

b の状態：a の状態の容器に圧力 P_2（$P_2 > P_1$）の圧油を送り込むと，気体の圧力も P_2 に上昇し，気体体積は V_2 に変化する．このとき送り込まれた圧油量は，V_2' となった状態

c の状態：b の状態から圧油を放出し，圧油圧力が P_3（気体圧力も同じ），気体の容積が V_3，圧油量が V_3' になった状態

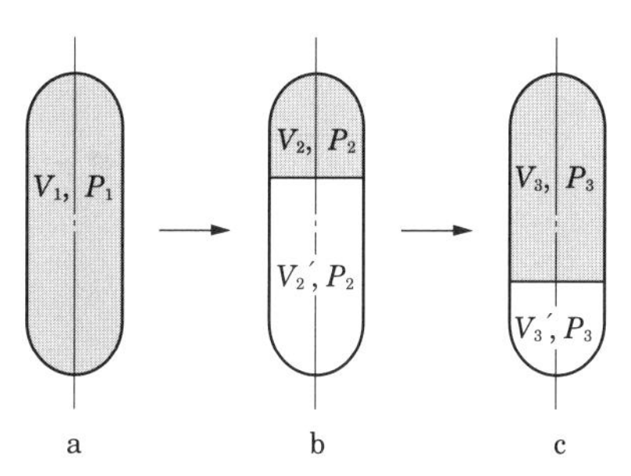

a：気体が充てんされた状態
b：圧油が流入し最大圧力の状態
c：圧油が吐出され最小圧力の状態

図 2.74　アキュムレータの作用

以上を前提に，圧力と気体体積，あるいは圧油量の関係を示すと，気体が**ポリトロープ変化**[*23] の場合は

●**気体**：$P_1 V_1^n = P_2 V_2^n = P_3 V_3^n$　(2.12)

●**圧油**：$P_1 V_1^n = P_2 (V_1^n - V_2'^n) = P_3 (V_1^n - V_3'^n)$

となる．ここで，n は断熱変化では 1.4，ポリトロープ変化では 1.2，**等温変化**[*24] では 1 が適用される．

＊23　圧力の速い変化．

＊24　圧力のゆるやかな変化．

(1) 蓄圧用

蓄圧用は，油圧装置の補助的な油圧源としての役割を備えており，利用圧油量 V は，圧力を $P_2 \sim P_3$ の範囲とすると

$$V = (V_1 - V_2) - (V_1 - V_3) = P^{\frac{1}{n}} V_1 \left\{ \left(\frac{1}{P_3} \right)^{\frac{1}{n}} - \left(\frac{1}{P_2} \right)^{\frac{1}{n}} \right\} \tag{2.13}$$

で求められる．

図 2.75 に，等温変化とした場合の利用圧油量を求めるグラフを参考として示す．例えば，10 l の容量のアキュムレータを $P_1 = 3$〔MPa〕，$P_2 = 7$〔MPa〕，$P_3 = 4$〔MPa〕で使用すると，利用できる圧油量（放出量）V は，図から $V = 5.7 - 2.6 = 3.1$〔l〕と求められる．

一般に，気体の封入圧力 P_1 は圧油最低作動圧力 P_3 の 80 ~ 90%が適切である．

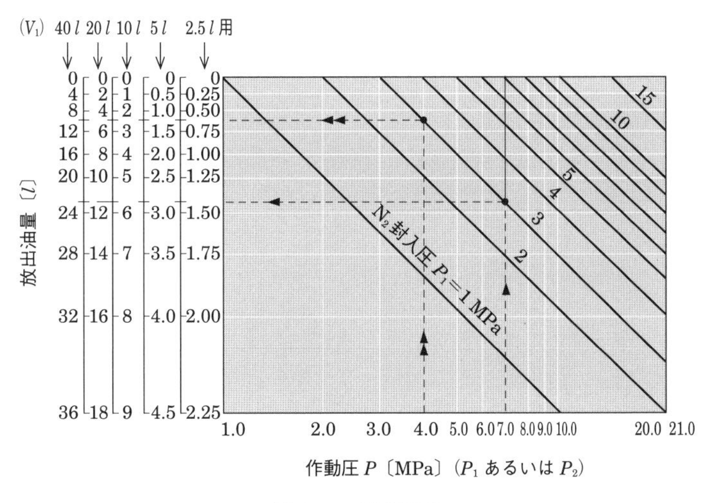

図 2.75　計算図表

(2) サージ圧力吸収用

管路内を流れている圧油を切換弁により急に遮断すると，運動のエネルギーが圧力のエネルギーに変化するため，サージ圧力が発生する．サージ圧力を吸収するアキュムレータ容量を，米国グリヤー社が式 (2.14) のように提案している．

$$V = \frac{4 \times 10^{-3} \times QP_2 (0.0164L - T)}{P_2 - P_1} \tag{2.14}$$

ここで，V：アキュムレータ容量，L：管路長さ，Q：管路内流量，T：切換弁切換時間，P_1：許容サージ圧力，P_2：作動圧力

サージ圧力吸収効果について，筆者が実際に行った実験結果を**図 2.76** に示す．一般に，気体封入圧力 P_1 は作動圧力の 60 ～ 70％が適切である．

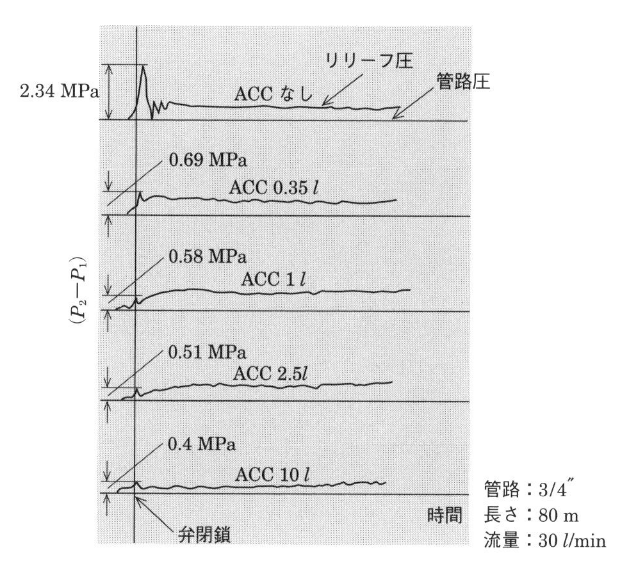

図 2.76　衝撃圧力の実験オシログラフ（坂本・トキコレビュー）

(3) 脈動防止用

管路内で発生している脈動を吸収する機能を持つ．また，水道の**ウォータハンマ防止**[*25] にも効果があるといわれている．一般に，気体封入圧力 P_1 は作動圧力 P_2 の 60％程度が適切である．

＊25　水による衝撃作用のこと．配管内の流れを急閉した場合などに，流体が管壁にぶつかり，振動や騒音を発する現象．

2.10 オイルクーラ

油圧装置において，作動油の温度が高くなりすぎると，粘度が低下して油圧機器各部署での漏れを増加させるとともに，油膜が切れたり，酸化物を生成しスラッジを発生，あるいはキャビテーションを起こし，油圧装置の機能を低下させる．このため，油温上昇が予想される使用の場合には，油温を下げる**オイルクーラ**が使用される．また逆に，油温が低すぎると粘度が増大し，ポンプの吸込み不良（キャビテーションによる）や，油圧機器内部・管路の圧力損失を増加させ，油圧装置の機能低下をもたらす．この場合には，油温を高めるために**オイルヒータ**が使用される．

ここでは，オイルクーラについて記述する．

✿ 種類と構造

(1) 種　類

オイルクーラには，**水冷多管式オイルクーラ**，**空冷式オイルクーラ**がある．熱交換量は水冷式のほうが大きいので，通常は水冷式オイルクーラが使用され，小形油圧装置あるいはドレンの冷却には空冷式が使用されることが多い．

(2) 構　造

(a) 水冷多管式オイルクーラ

水冷多管式オイルクーラは，多数の小口径伝熱管を円筒板に挿入し導通させ，本体に納めたもので，小口径の伝熱管の内部に冷却水を，管の外側に油を流す方法が採られている．水冷多管式オイルクーラの構造を**図 2.77** に示す．

(b) 空冷式オイルクーラ

空冷式オイルクーラは，多数のフィンとこれを貫通する管で構成されたラジエータを，ファンモータで強制的に空気を吹き付けて冷却するものである．

(3) 冷却能力

オイルクーラの冷却効果（熱交換量）は，水量，水温，冷却管の表面状態に影響を受け，熱交換量は次のように求められている．

(a) 油が放出する熱量 Q_0

$$Q_0 = (T_1 - T_2) \cdot C_S W_S \tag{2.15}$$

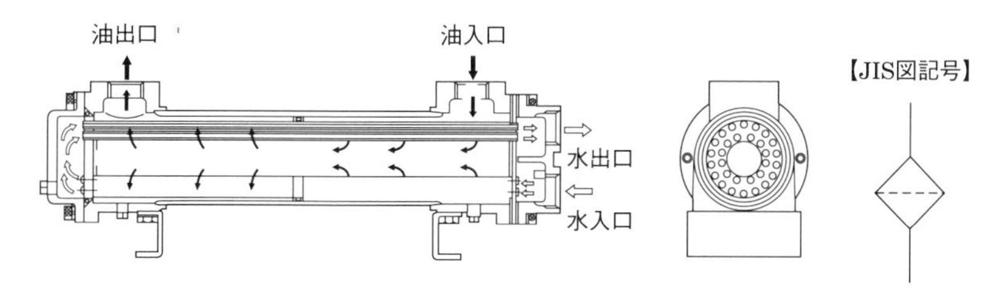

図 2.77　水冷多管式オイルクーラの構造

ここで，T_1：油の初期温度〔℃〕，T_2：冷却後の油の温度〔℃〕

　　C_S：油の比熱〔J/kg・℃・h〕，W_S：油の質量〔kg〕

(b) 水が奪う熱量 Q_W

$$Q_W = (t_1 - t_2) \cdot C_W W_W \tag{2.16}$$

ここで，t_1：上昇した水の温度〔℃〕，t_2：水の初期温度〔℃〕

　　C_W：水の比熱〔J/kg・℃・h〕，W_W：水の質量〔kg〕

(c) 熱交換量 H〔J/h〕

$$H = A \Delta t_m K \tag{2.17}$$

ここで，A：クーラ伝熱面積〔m²〕，K：熱貫流係数〔J/m²・℃・h〕

$$\Delta t_m = \frac{(T_1 - t_2) + (T_2 - t_1)}{2} \quad 〔℃〕$$ *26

あるいは，より正確に

$$\Delta t_m = \frac{(T_1 - t_2) + (T_2 - t_1)}{\ln\{(T_1 - t_2)/(T_2 - t_1)\}} \quad 〔℃〕$$

以上の関係から，油温 T_1，T_2，水温 t_1，t_2 を想定して必要交換熱量を求め，オイルクーラを選定している．

*26　Δt_m は平均温度差．K の熱貫流係数は，クーラの管形状，表面状態あるいは水量により異なるが，一般的には

フィン状

　500 ～ 650〔J/m²・℃・h〕

チューブ状

　200 ～ 300〔J/m²・℃・h〕

である．

2.11　油圧作動油

油圧装置は非圧縮性の流体を媒体としてエネルギーを伝達し，仕事を行うもので，各油圧機器の機能を出すための重要な要素であり，特別な条件を除けば，潤滑性，防錆(ぼうせい)性や漏れ等の関係から石油系の作動油が一般的に使用されている．油圧作動油として使用されている作動油の概要について記述する．

作動油に求められる特性は，油圧装置の使用条件において次のようなものである．

① 十分な非圧縮性を有すること
② 十分な流動性があること
③ 適度な粘性があり，温度に対して変化しにくいこと
④ 低温でも流動性を持ち，高温でも変質しにくいこと
⑤ 防錆能力があり，金属を腐食させないこと
⑥ ゴムや塗料を侵さないこと
⑦ 酸化安定性やせん断安定性がよいこと
⑧ 消泡性がよいこと

✿ 作動油の分類

一般的な作動油には石油系の作動油が用いられているが，火災の危険がある場所では燃えにくい難燃性の作動油として，乳化系作動油・水グリコール系作動油，リン酸エステル系作動油，脂肪酸エステル系作動油などが使用されている．

油圧作動油の分類を**図 2.78** に示す．

✿ 作動油の圧縮率と粘度

(1) 圧縮率

作動油には十分な非圧縮性を有することが求められているが，5 ~ 8%の空気を溶解しており，完全な非圧縮流体ではない．

作動油の**圧縮率**は

$$\text{圧縮率}\ \beta = \frac{1}{V}\ \frac{dV}{dp}\quad 〔\mathrm{cm^2/kgf}〕$$

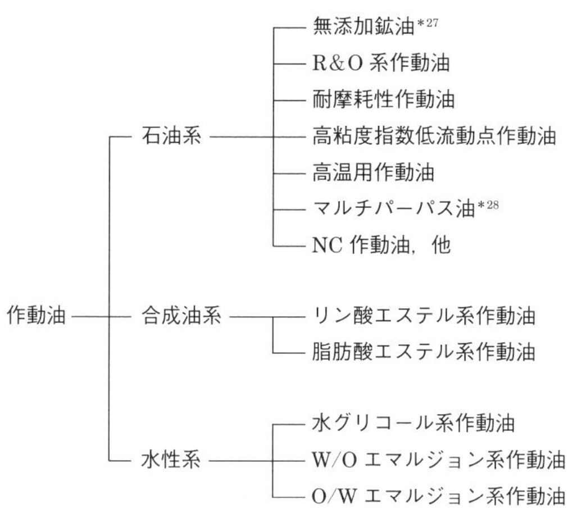

図 2.78　作動油の分類

で求められ，石油系の作動油で

$$\beta = 6 \times 10^{-5} \quad [\mathrm{cm^2/kgf}]$$

程度である．

このように作動油は圧力により体積の圧縮が起こるので，物体の位置制御をする場合には注意が必要である．

また，一定の圧力保持時（一定の容積で）に作動油の温度上昇があると，作動油の熱膨張により圧力の上昇が起こるので注意が必要である．

また，空気含有量が多くなると空気の分離がしやすく，ポンプなどのキャビテーションの原因になるので要注意である．

(2) 粘　度

作動油の粘度は作動油の種類や温度により変化し，流れによる油圧機器の圧力損失や内部漏れが増減し，油圧装置の機能に影響を与える性質がある．

粘度が増大すると圧力損失が大きくなり，有効圧力が減少し，粘度が低下すると漏れの増加による機能低下が生じるので，油圧装置の使用条件により作動油の選定や温度管理が必要となる．

＊27　機能向上の添加剤を付加しない純鉱物油．

＊28　作動油を機械の摺動面潤滑兼用としたもの．

図 2.79 に一例として作動油メーカから提出される温度に対する作動油の粘度変化図を作動油の種類別に示したが，これらにより使用条件に合った作動油の選定が行える.

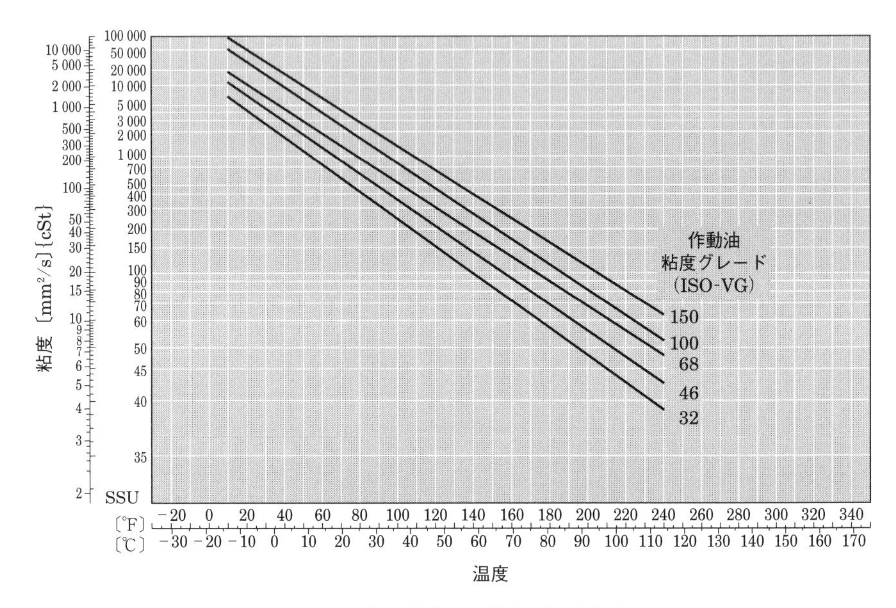

図 2.79　各種作動油の粘度・温度特性

また，温度に対する粘度変化が小さいことが望まれるが，温度に対する粘度変化の度合いを示すものとして次に示す**粘度指数** V.I が定義されている.

$$\mathrm{V.I} = \frac{L - U}{L - H} \times 100$$

ここで，U：粘度指数を求めようとする試料油の 40℃における動粘度〔cSt〕

L：100℃において試料油と同一動粘度を持つ粘度指数 0 の油の 40℃における動粘度

H：100℃において試料油と同一動粘度を持つ粘度指数 100 の油の 40℃における動粘度

粘度指数が大きいほど温度に対する粘度変化が小さい作動油である.

3章 油圧回路の見方

■自動化への適用例 ― プレス機械

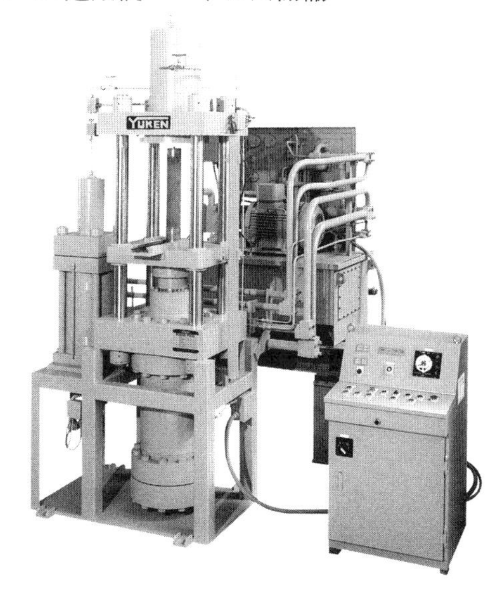

工作物を金型に大きな圧力で押し付け，所定の形状に加工する油圧プレスは，油圧の持つ大きなパワーが有効に利用されている．

油圧系としては，受圧面積の大きいラムシリンダが使用され，またラムシリンダ自体の上下に径の小さいサイドシリンダが用いられている．

3.1　油圧回路の構成

機械が物を運んだり，持ち上げたり，あるいは圧搾などの仕事をする場合には，機械はその仕事に応じて，力の大きさ，速さ，方向を制御する必要がある．この制御は，種々の油圧機器および電気機器を組み合わせて油圧システムを構築することで，効率的に，かつ精度よく行うことができる．この油圧システムを，具体的に油圧図記号を用いて表現したものが油圧回路である．

油圧回路の構成，すなわち油圧システムの構成を**図 3.1** に示す．図からもわかるように，油圧回路は

電気エネルギー → 流体エネルギー → 機械エネルギー

という一連のエネルギー変換により機能するものである．構成する要素としては，基本となる圧力油（流体エネルギー）を発生する**油圧発生源**，圧力油の圧力・流量・方向を制御する**流体の制御部**，制御された圧力油で機械が必要とする力・速度・方向の仕事を行う**流体エネルギーから機械エネルギーへの変換機**より成り立っている．

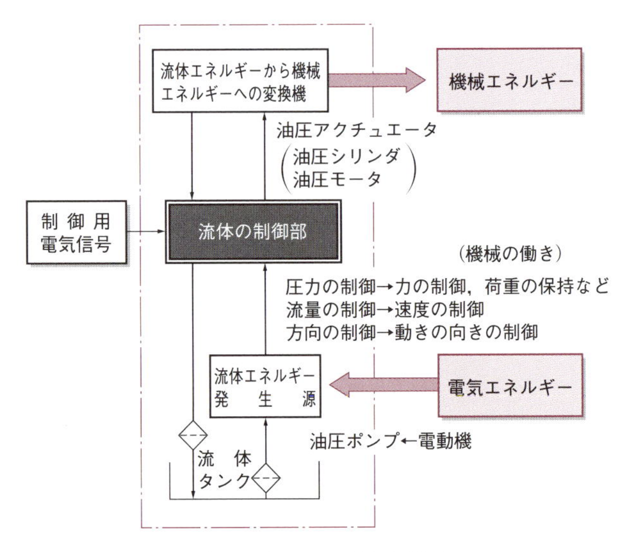

図 3.1　油圧システムの構成

この油圧システムの構成要素をもとに，例えば昇降装置において，装置が要求する作動状態（サイクル線図などで表す）とその油圧回路図を**図 3.2** および**図 3.3** に示す．

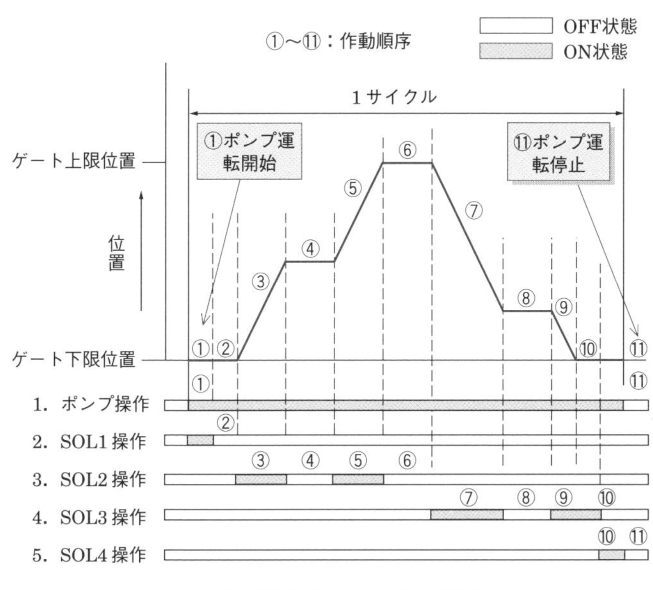

図 3.2　作動順序とサイクル線図

油圧発生源は，油タンク，電動機（または原動機），油圧ポンプ，タンク用フィルタなどで構成され，電気エネルギー → 機械エネルギー → 流体エネルギーの変換部である．

流体の制御部は，圧力，流量，方向の各制御弁で構成され，油圧回路の頭脳的役割を果たしている．

流体エネルギーから機械エネルギーへの変換機は，流体エネルギーを機械エネルギーに換えて手足として働く役割を持ち，直線運動には油圧シリンダが，回転運動には油圧モータが用いられている．

これらの油圧機器は，配管やマニホールドなどで接続（導通）され，油圧ポンプから送り出された圧力油は，各制御部，油圧シリンダなどを経由して油タンクに戻される方式が一般的で，このような回路を**オープン回路**と呼ぶ．これに対して，戻り油が油タンクに戻されずに油圧ポンプに戻される回路を**クローズド回路**

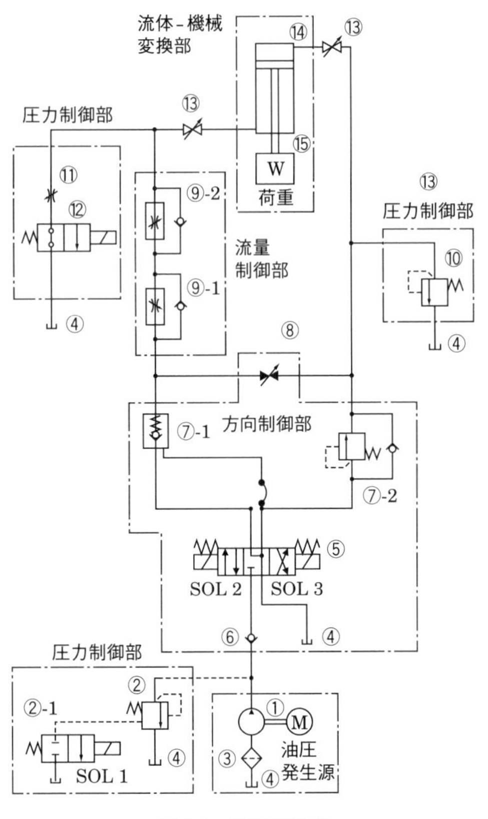

図 3.3　油圧回路例

と呼び，建設機械などで採用されている．

クローズド回路はオープン回路と比較して回路効率がよく，油タンクも補助的な小容量でよいことが特長であるが，回路内の異常高圧やキャビテーションの防止策，あるいは油温の上昇防止策などが必要になる．

3.2 基本的な油圧回路

✿ 方向制御回路

(1) 電磁弁回路

方向制御は，**電磁弁**による方法が一般的である．油圧シリンダの方向制御の基本的な回路と制御例を**図 3.4**，**図 3.5** に示す．図 3.4 はシリンダが停止状態にあり，図 3.5 (a) は SOL a を ON にし，油圧シリンダが左へ移動する状態，(b) は SOL b を ON にした場合の油圧シリンダが右へ移動する状態を示している．

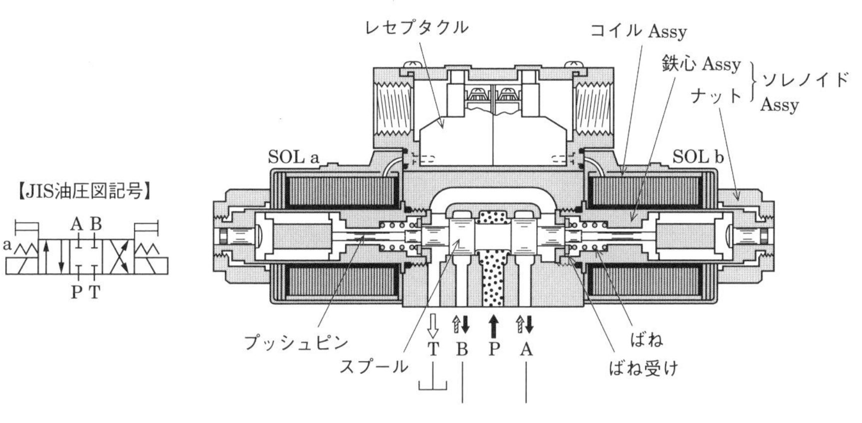

図 3.4 電磁弁

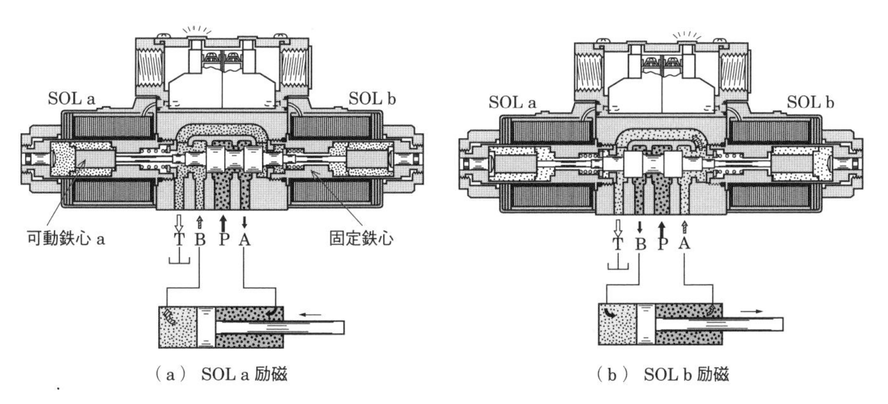

(a) SOL a 励磁 (b) SOL b 励磁

図 3.5 ソレノイドに通電した状態

なお，図 3.4 は電磁弁のスプール形式がクローズドセンター形であるため，油圧シリンダを長時間停止させておくと，内部漏れによりシリンダが荷重により動く場合がある．このような場合には，**ABT 接続形式**を用いて $P_A = P_B = P_T = 0$ としてシリンダを動かす圧力を発生させないようにし，使用状況に応じてスプール形式を選択する必要がある．

(2) パイロットチェック弁による落下防止回路

停止時に荷重がその自重により落下することを防止するため，**図 3.6** に示す**パイロットチェック弁**による回路が用いられる．パイロットチェック弁は，落下防止と，パイロット圧力でチェック弁を開放し荷重を下降させる役割を持つ．

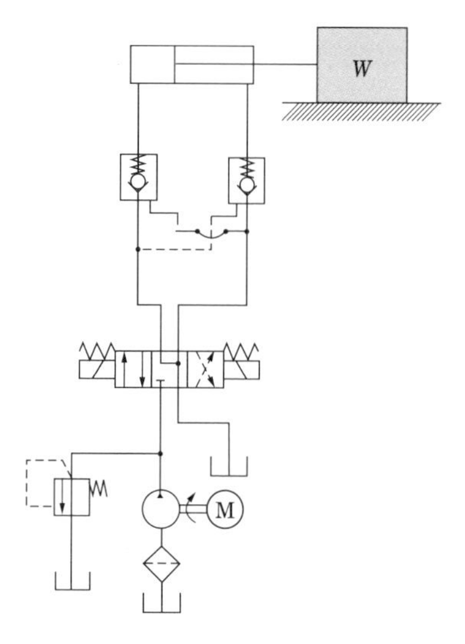

図 3.6　落下防止（ロッキング）回路

✿ 圧力制御回路

(1) リリーフ弁による圧力制御回路

図 3.7 にリリーフ弁による最も基本的な圧力制御回路を示す．リリーフ弁の設定圧力により回路圧力が決まる．

図 3.8 は**アンロード回路**と呼ばれており，油圧ポンプの運転開始時やアイドルタイム時にソレノイドを ON にして無負荷運転を行う．通常はソレノイドが OFF で，負荷運転となる．

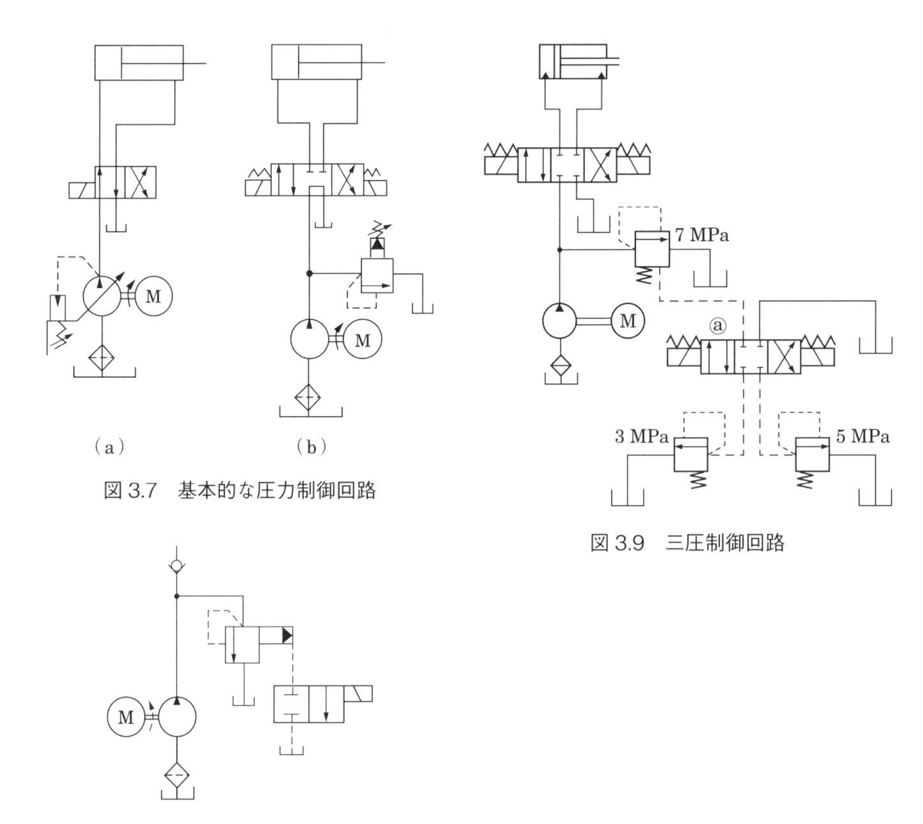

（a）　（b）

図 3.7　基本的な圧力制御回路

図 3.9　三圧制御回路

図 3.8　アンロード圧力制御回路

図 3.9 は**三圧制御回路**で，電磁弁ⓐの切換えによりリリーフ弁設定圧力を 3 段階（例えば，3 MPa，5 MPa，7 MPa など）に制御することができる．

(2) シーケンス作動順序回路

図 3.10 に**シーケンス弁**による作動順序回路を示す．これは，シリンダの作動順序を油圧的に行う回路で，シーケンス弁の設定圧力をシリンダ A または B の作動圧力より高く設定することでシリンダ A または B が動き，エンドに達すると圧力 P_1 が上昇し，シーケンス弁が開いてシリンダ B または A が動き出す[*1]．

＊1　例えば図 3.10 では，①→②→③→④の順序でシリンダは動く．

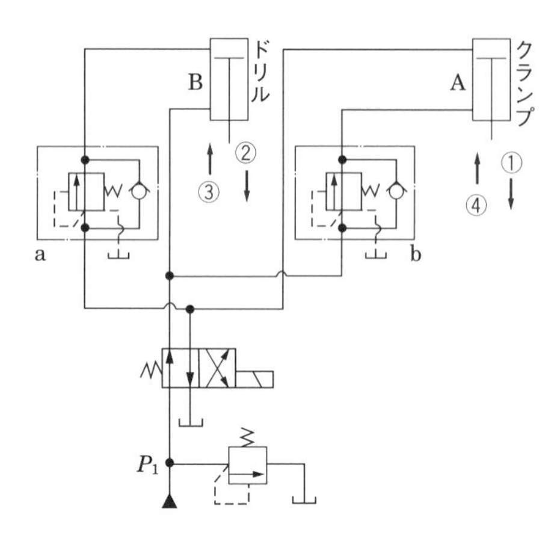

図 3.10　シーケンス弁による作動順序回路

(3) カウンタバランス弁による自重落下防止回路

図 3.11 に，**カウンタバランス弁**による**自重落下防止回路**を示す．カウンタバランス弁は，シリンダ停止時は負荷とロッド圧力をバランスさせて落下を防ぎ，シリンダヘッド側に圧油を送り込むことでシリンダの下降を可能にする．しかし，カウンタバランス弁には内部漏れがあるので，シリンダが停止しているときの位置保持ができない．このため，自重落下防止回路は位置保持も必要な場合はパイロットチェック弁との併用が採用される．

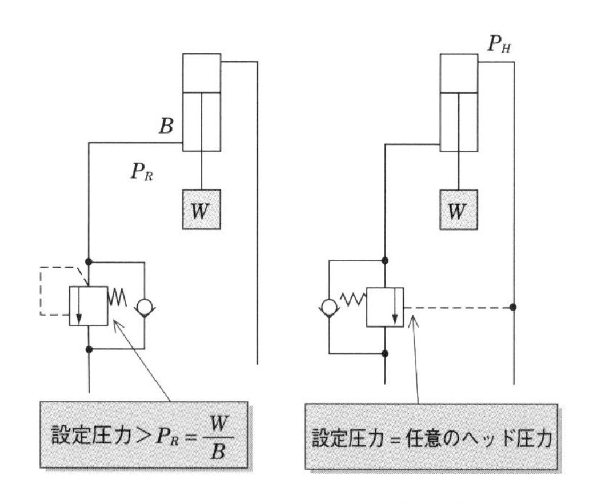

図 3.11　自重落下防止回路

パイロットチェック弁だけでも落下防止は可能であるが，パイロットチェック弁のみでは，下降時に**ハンチング**[*2]を起こす場合がある．負荷の下降に際しては，図3.11の回路でカウンタバランス弁がない図3.6の場合を考えると，パイロット圧力でチェック弁が開くと負荷が自走し，シリンダのロッド負荷が急減するので，パイロット圧力も低下して，チェック弁は閉じてシリンダは停止する．シリンダが停止するとパイロット圧力は上昇し，チェック弁が開いて自走する．この繰返しでハンチングが起こることになる．

負荷の変化が少ない場合には，カウンタバランス弁の代わりに**流量制御弁**が採用されることもある．

(4) 減圧回路

油圧回路の一部を低い圧力にしたい場合は，**図3.12**に示す**減圧回路**が利用される．減圧弁の入口が高圧でも出口側は減圧され，例えばクランプ装置などでは，加工品の変形や破損を防ぐために，クランプ力を制限する場合などに使用される．

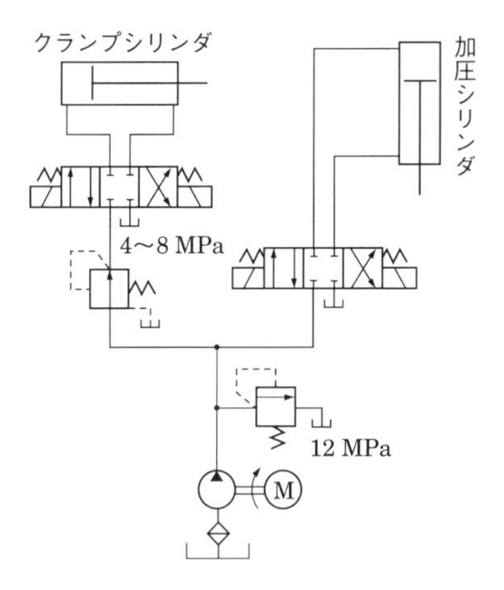

図3.12 減圧回路

✿ 流量制御回路

(1) 流量制御の三つの基本方式

流量制御弁による速度制御の方式として，**メータイン方式**，**メータアウト方式**，

*2 断続下降現象のこと．

ブリードオフ方式の三つの基本的な方式がある．

(a) メータイン制御

シリンダなどへの流入量を，流量制御弁により直接制御する方式である．**図 3.13** に回路図を示す．ポンプから送り出された圧油量のうち，余分な油量はリリーフ弁からタンクに還流される．このため，流量制御弁の入口圧力は特殊な制御弁を除き，常にリリーフ弁の設定圧力になっている．負荷が変動する場合には，流量制御弁内部での圧力損失が増大する欠点がある．

流量制御弁の出口圧力は，シリンダ入口の荷重による圧力となる．メータイン制御は，負荷が常に正の状態の場合に適用され，負の負荷の場合には使用できない．

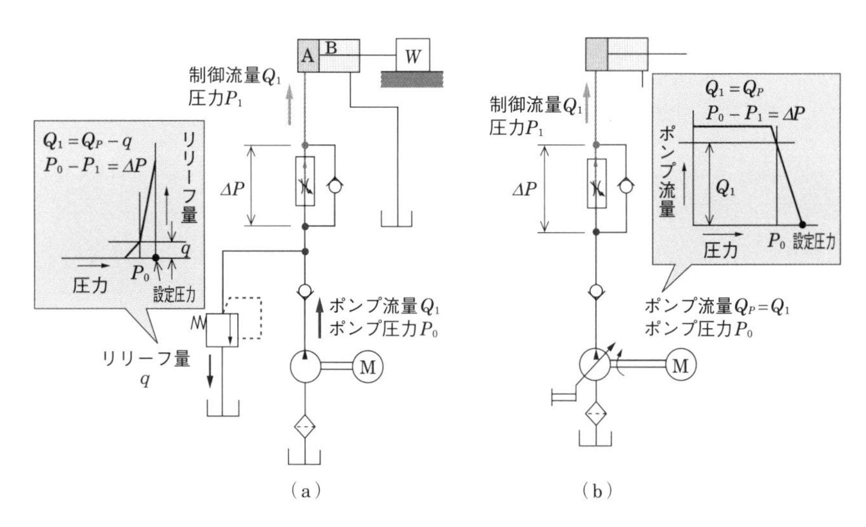

図 3.13　メータイン制御回路

(b) メータアウト制御

シリンダなどからの流出量を制御する方式で，シリンダに背圧をかけることになる．**図 3.14** に回路図を示す．シリンダの入口での流入量は出口流量に応じた油量となり，ポンプからの余分な圧油量はリリーフ弁からタンクに還流される．このため，シリンダ入口圧力は負荷圧力に関係なくリリーフ弁の設定圧力となる．

シリンダの出口圧力，すなわち流量制御弁の入口圧力は

リリーフ弁設定圧力×シリンダヘッド側面積

=流量制御弁入口圧力×シリンダロッド側面積+荷重

から求められるが，荷重が負の場合は

$$\frac{(\text{リリーフ弁設定圧力}\times\text{シリンダヘッド側面積})-(-\text{荷重})}{\text{シリンダロッド側面積}}$$

となるので，流量制御弁入口圧力がリリーフ弁設定圧力より高くなることがあるので注意が必要である．

メータアウト制御は，負の荷重であるリフタの下げ方向の制御や，微速送りのシリンダに背圧をかける場合などに適用される．

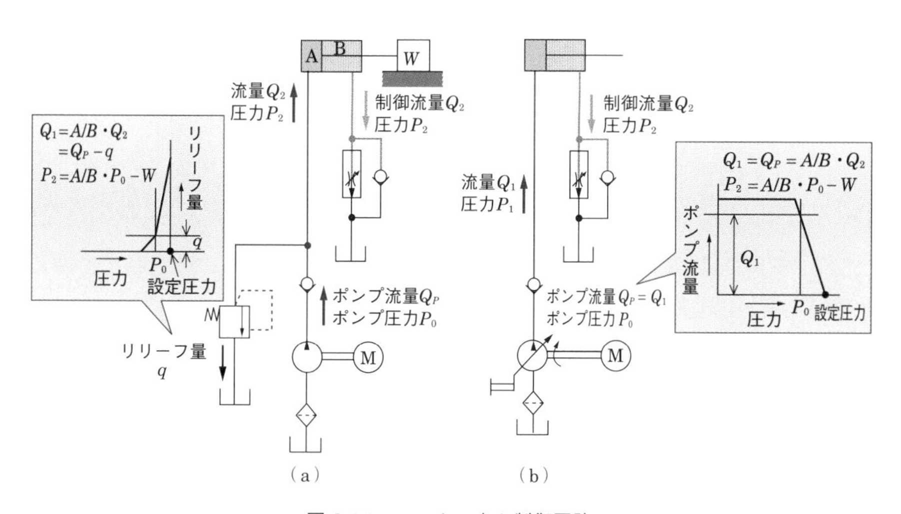

図 3.14　メータアウト制御回路

(c) ブリードオフ制御

ポンプから送られた圧油の一部をバイパスラインからタンクに還流させ，残った圧油をシリンダに送り込む方式である．このため，ポンプとシリンダの間には絞る機構はなく，ポンプ圧力はシリンダの負荷圧力となるので，メータインやメータアウト制御と比較して無駄な消費動力が小さい利点がある．反面，タンクへ還流する流量を制御しているので，ポンプの容積効率の影響を直接受け，温度変化（粘度変化）に伴うポンプの吐出し量の変化で，シリンダの速度が変化してしまう欠点がある．**図 3.15** に回路図を示す．

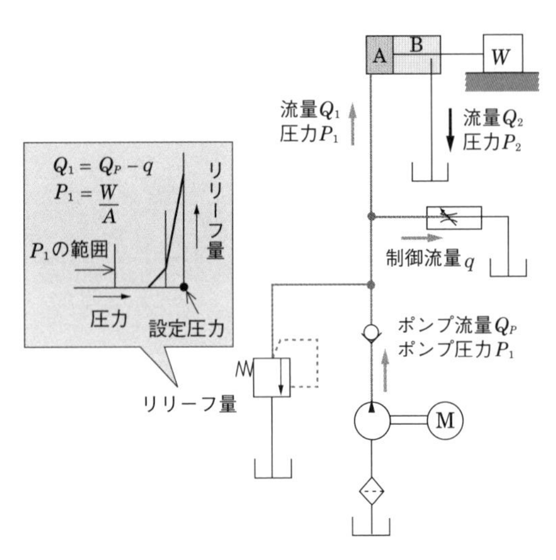

図 3.15　ブリードオフ制御回路

(2) 差動回路

図 3.16 に**差動回路**を示す．シリンダの前進時に，シリンダのAとBの面積差を利用して，Bからの戻り油をAに還流し，ポンプから送られる圧油量に加える．このため，前進速度はポンプ流量を送り込むときより高速が得られる．

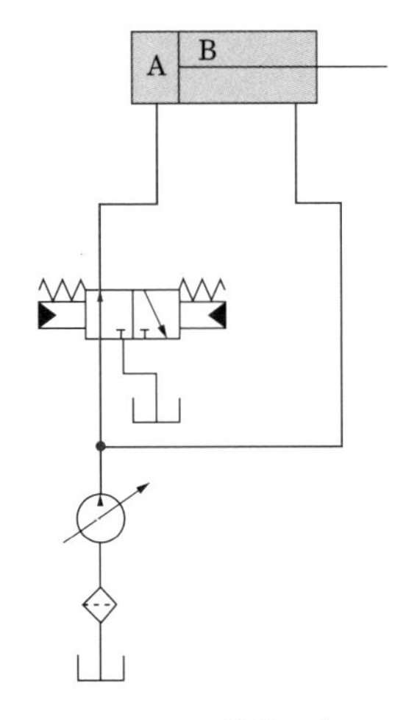

図 3.16　差動回路

シリンダの前進速度 v は

$$v = \frac{\text{ポンプの吐出し量}}{\text{ロッド面積}} \tag{3.1}$$

で求められるが，前進時のシリンダ推力 F は

$$F = (\text{供給圧力}) \times (\text{ロッド面積}) \tag{3.2}$$

となるので，高速度が必要とされ，比較的小さい負荷の場合に利用される．

✿ サーボ回路

基本的なサーボ回路を**図 3.17** に，クローズドループを形成するサーボ系統図を**図 3.18** に示す．

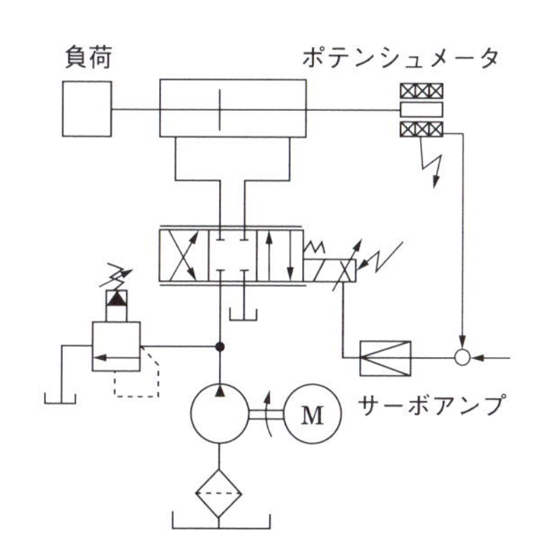

図 3.17　サーボ回路

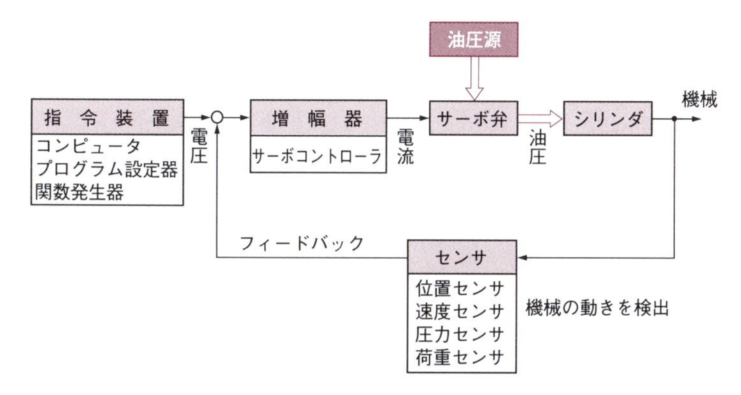

図 3.18　サーボ系統図

3.3 油圧回路の見方

油圧回路の見方としては，**方向制御**（機械の動き），**圧力制御**（機械の出力や自走防止），**流量制御**（機械の速度）を読み取ることが基本である．そこで3.1節に掲載した図3.3を例にとり説明する．

✿ 方向を制御する回路

方向を制御する油圧回路とは，図3.3の昇降装置用油圧回路において，シリンダの上昇・停止・下降・停止の制御を行う回路である．一般的に油圧回路図は，物体（この場合は昇降装置）が停止の状態を表しており，図3.3の油圧回路も，昇降用電磁切換弁⑤が中立位置で停止した状態である．この電磁切換弁⑤の切換えにより，油圧シリンダ（昇降装置）は上昇・停止・下降・停止の動作を行うことができる．以下に各動作時の油圧状態を解説する．

(1) 最下限停止状態

油圧装置の運転前の状態は，図3.3に示した油圧回路では回路内に圧力が発生していない状態とする．この状態で油圧ポンプを運転し，電磁弁②-1のSOL 1をOFF状態とすると，油圧ポンプから吐き出された圧油は電磁切換弁⑤で遮断され，リリーフ弁②からタンク④に全量還流され，圧力はリリーフ弁の設定圧力まで上昇する．この状態では，昇降機は動かない．

(2) 最下端停止 → 上昇

昇降用電磁切換弁⑤ SOL 2（上昇）をONにすると，**図3.19**において，油圧ポンプからの圧油は電磁切換弁⑤，パイロットチェック弁⑦-1を通って流量制御弁⑨-1に流れ込む．⑨-1で必要流量に制御された圧油が油圧シリンダのロッド側に入り，昇降機は上昇する．油圧ポンプから送られる余分な流量は，リリーフ弁②から還流する．ロッド側の圧力は薄赤色で示す荷重に応じた圧力となり，油圧ポンプの吐出し圧力ではない．油圧シリンダのヘッド側からは油が排出され，油圧ポンプの吐出し圧力で開放されたパイロットチェック弁⑦-2を通り，電磁切換弁⑤から油タンクに還流される．

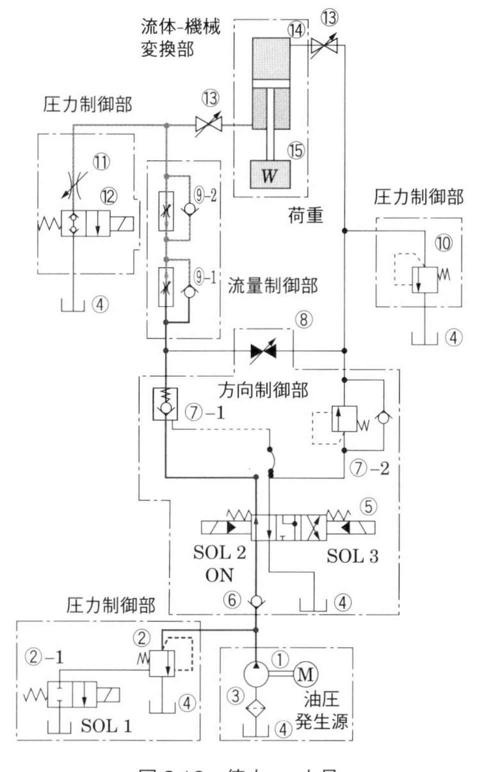

図 3.19　停止 → 上昇

(3) 上昇 → 停止

電磁切換弁⑤の SOL 2 を OFF にして中立位置に切り換え，昇降機が上昇から任意位置，あるいは最上端で停止させることができる．この電磁切換弁を中立位置に切り換えることにより，パイロットチェック弁⑦-1 はパイロットラインが油タンクに通じるためゼロとなり，弁は閉じる．このため，昇降機は油圧シリンダロッド側への圧油の供給が閉ざされるとともに，昇降機の荷重により油圧シリンダのロッド側からの油の排出がパイロットチェック弁により遮断され，昇降機は停止する．昇降機停止後のシリンダロッド側の圧力状態は，**図 3.20** に示すとおり，荷重により発生した圧力となる．

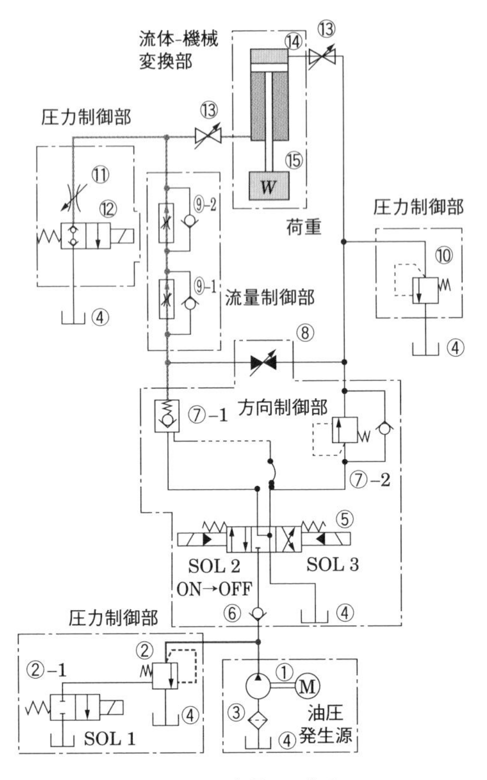

図 3.20　上昇 → 停止

(4) 停止 → 下降

昇降用電磁切換弁⑤ SOL 3（下降）を ON にすると，**図 3.21** に示すように，油圧ポンプからの圧油は電磁切換弁⑤とシーケンス弁⑦-2 を通って油圧シリンダのヘッド側に送り込まれる．シーケンス弁⑦-2 により，パイロットチェック弁⑦-1 のパイロットラインはシーケンス弁の設定圧力（パイロットチェック弁⑦-1 が開放するパイロット圧力より高い圧力に設定）まで上昇し，パイロットチェック弁⑦-1 を開放してからヘッド側に圧油が送り込まれることになり，昇降機は下降が可能となる．

ヘッド側に送り込まれるポンプ圧力は，リリーフ弁⑩の設定（リリーフ弁②の設定圧力ではない）で制御される．油圧シリンダのヘッド側に圧油が送り込まれることにより，ロッド側の油は流量制御弁⑨-2，パイロットチェック弁⑦-1，

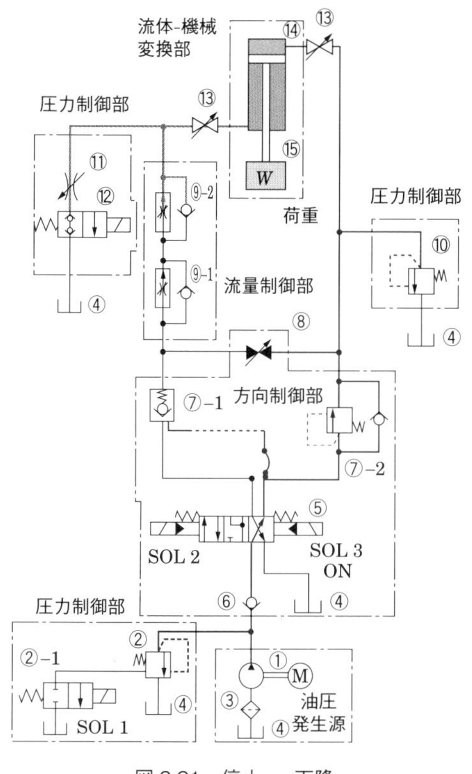

図 3.21 停止 → 下降

電磁切換弁⑤を通って油タンクに戻され，ロッド側圧力は，流量制御弁⑨-2 の作用で荷重を支える圧力を維持しながら昇降機は下降する．

(5) 下降 → 停止

昇降用電磁切換弁⑤ SOL 3（下降）を OFF にして中立位置に切り換えると，油圧ポンプからの圧油の供給が電磁弁で遮断され，パイロットチェック弁⑦-1 のパイロット圧力は油タンクラインに導通するため，弁⑦-1 は閉じて昇降機は停止する．このとき，昇降機が最下端に達していない場合は，荷重を支えるための圧力がロッド側に発生する．最下端に到達すると荷重は下端台で支えられるので，ロッド圧力は低下する．完全に台が支えれば圧力はゼロとなるが，油圧的にロッド圧力をゼロにするために，圧力制御部⑫の電磁弁を切り換える方法がある．最下端位置での時間が長い場合は，油圧ポンプを停止させることになる．

✿ 力（圧力）を制御する回路

力を制御する回路は，油圧ポンプの圧力や油圧シリンダの出力を規制するための回路である．

(1) 油圧ポンプの圧力制御

前出の図 3.19 は，定常運転時の油圧ポンプの最大吐出し圧力制御を示している．この圧力は，図 3.19 の油圧ポンプから送り出される最大の圧力である．

(2) シリンダの出力制御

図 3.22 は，油圧シリンダの入口／出口圧力を制御する回路である．

(a) は，圧抜き用電磁切換弁が OFF で，圧抜き回路が閉状態のため，油圧シリンダの出口（ロッド側）からの流出量は流量制御弁で制御されている．このため，油圧ポンプからヘッド側へ送り込まれる圧油量は，ロッド側の間接的な流量制御により，リリーフ弁⑩から一定の流量を油タンクに還流させて制御されることになる．このときのヘッド側への流入圧力は，リリーフ弁⑩の設定圧力で決まる．リリーフ弁⑩の設定圧力は，油圧シリンダのヘッド側・ロッド側の圧力を制限するために，主リリーフ弁②より低く設定される．

ロッド側の圧力 P_R は

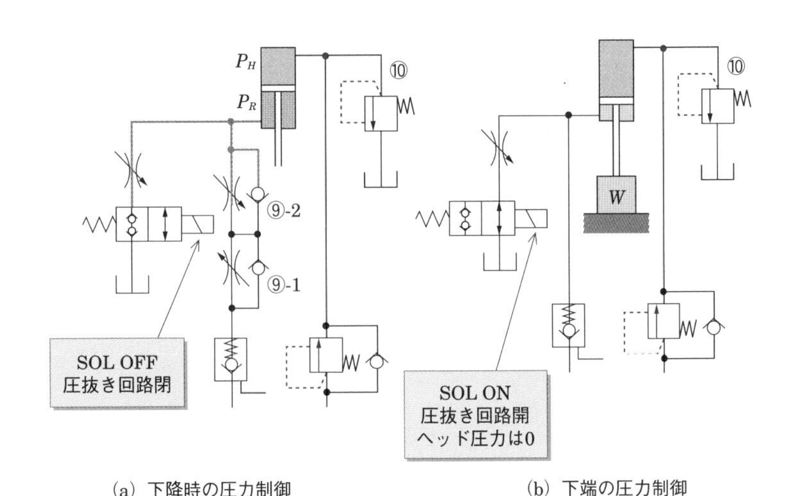

(a) 下降時の圧力制御　　(b) 下端の圧力制御

図 3.22　下降時と下端の圧力制御

$$P_R = \frac{P_H \cdot A_H}{A_R} + \frac{W - (\text{ゲートの摺動抵抗})}{A_R} \tag{3.3}$$

となるので，リリーフ弁⑩の設定圧力 P_H の大きさによっては，P_R はかなり高い圧力になるので注意が必要である．この P_H の圧力は，図 3.22 (b) で説明する油圧シリンダの最下端部での押付け力に関係することになる．油圧シリンダ（荷重）が最下端部で停止する場合に，圧抜き回路のソレノイドをオンにして圧抜き回路を開き，ロッド側の圧力をゼロにし，リリーフ弁⑩の設定圧力 P_H により，荷重を台に押し付ける状態である*3.

✿ 速度（流量）を制御する回路

昇降機の速度制御は，油圧シリンダへの供給流量あるいは油圧シリンダからの流出流量の制御により行われる．

(1) 上昇速度

図 3.23 (a) は，昇降用電磁切換弁の SOL 2 を ON にして，油圧ポンプからの吐出し圧油量 Q_p を流量制御弁⑨-1 で Q_r に制御し，昇降装置（油圧シリンダ）の上昇速度 V_r を制御する作用図である．このとき，油圧ポンプから送り込まれる余分な油量 Q_d は，リリーフ弁②から油タンクに還流されている．このように，流量制御は流量制御弁とリリーフ弁の相互作用により行われる*4.

この場合，油圧ポンプ圧力はリリーフ弁②の設定圧力となるが，流量制御弁⑨-1 の出口圧力は，流量制御弁内部の圧力補償弁により減圧されて，負荷 W を上昇させるのに必要な油圧シリンダのロッド圧力となる．減圧の大きさは，リリーフ弁の設定圧力と必要なロッド圧力で決まるが，流量制御弁の特性から約 0.6 MPa 以上が必要となる．また，上昇時には流量制御弁⑨-2 はフリーフローとなり，流量制御には関与していない．

---

*3 例えば，ダムゲートなどでは，最下端で水密（水漏れを防ぐ）を確実に行うため，荷重に加えてヘッド圧力により油圧シリンダで押し付ける場合がある．このような圧抜き回路も圧力制御の一つである．

*4 このような制御方式をメータイン制御と呼ぶ．

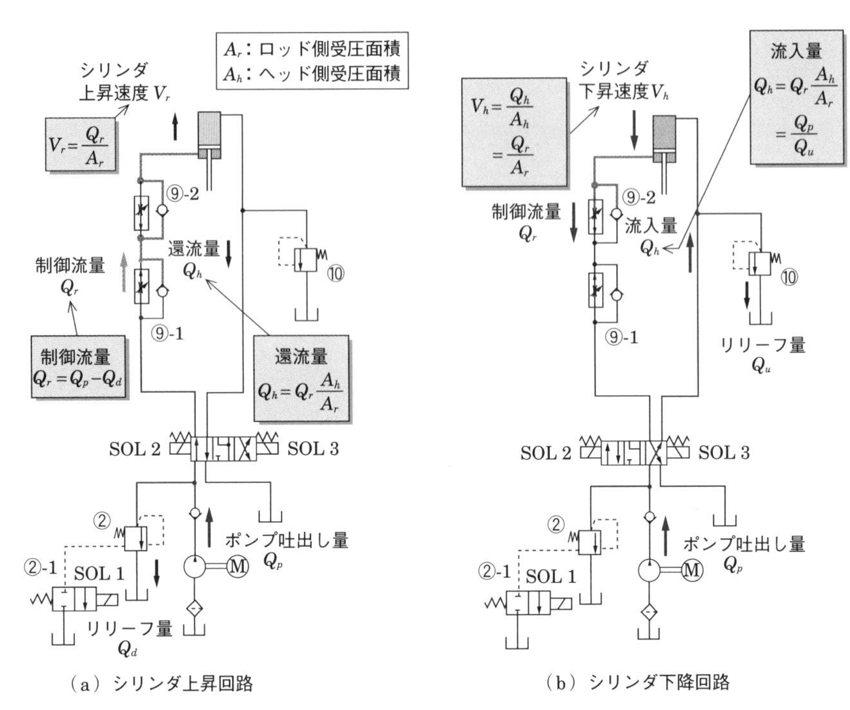

（a）シリンダ上昇回路　　（b）シリンダ下降回路

図 3.23　シリンダの上昇と下降

(2) 下降速度

油圧シリンダの下降は，**図 3.23** (b) に示す作用図のように，昇降用電磁切換弁の SOL 3 を ON にして，油圧ポンプからの圧油量 Q_p を油圧シリンダに直接送り込んでいるが，油圧シリンダからの流出油量 Q_r は流量制御弁⑨-2 で制御されるので，油圧シリンダに送り込まれる油量 Q_h は，シリンダロッド側から油量 Q_r を送り出すのに必要な油量に制御され，油圧ポンプからの余分な油量はリリーフ弁⑩から油タンクに還流される．この場合，リリーフ弁⑩の設定圧力がリリーフ弁②の設定圧力よりも低いことが前提である．

この下降速度制御は，油圧ポンプから送り込まれる圧油量の制御を間接的に制御する方式であるが，シリンダの出口側を制御することで，荷重の自重による自然落下を防いでいる*5.

＊5　このような制御方式をメータアウト制御方式と呼ぶ．自動車が下り坂で，エンジンブレーキで速度制御をするのと同じである．

✿ 油圧回路に必要な作動順序とサイクル線図

仕事が必要とする動きを表したものが作動順序とサイクル線図であり，これを駆動する装置の構成図が油圧回路図である．しかし，一般的な油圧回路図にはサイクル線図などは付記されていない場合が多い．油圧回路図だけでは動きの順序や圧力状態はわからないので，より正確な作動状態を知るためには，作動の順序や1サイクルの動きを表した作動順序表やサイクル線図を油圧回路に併記するとよい．

作動順序表は機械が動くときの順序を表すもので，**サイクル線図**は物（油圧シリンダ）の動く状態を表している．

図3.3に昇降機装置の油圧回路を示してあるが，この昇降装置の動きについて，作動順序表およびサイクル線図を用いて以下に記す．

昇降用油圧装置の動く順序としては

　　ポンプのアンロード運転→ポンプのオンロード運転→昇降機の上昇→中間停止→上昇→最上端停止→下降→中間停止→下降→最下端停止→圧抜き

を行うものとし，この動きが1サイクルである．この装置の動きはシリンダの前進・停止・後退の動作で行われ，電磁弁のソレノイドへの電気的ON-OFF制御で順序を定めている．これらの1サイクルの動きを表したものが**図3.24**の作動順序表ならびにサイクル線図であり，次のような動きを表している．

動作①：運転開始ボタンをONにすると，油圧ポンプの運転が開始するとともにSOL 1がONになりアンロード運転を行う．

動作②：圧力スイッチがアンロード圧力を検知するとタイマが作動し，SOL 1がOFFとなりオンロード（リリーフ弁設定圧力）運転を行う．

動作③：上昇ボタンをONにすると，SOL 2がONになり，電磁弁⑤が左位置となり油圧シリンダが上昇する．

動作④：停止ボタンをONにすると，SOL 2がOFFとなり油圧シリンダは停止する．

動作⑤：一定時間停止してから上昇ボタンをONにすると，SOL 2がONになり再び油圧シリンダが上昇する．

動作⑥：油圧シリンダが上端に達すると，リミットスイッチL2が働いて，SOL 2がOFFして電磁弁⑤は中立位置になり，油圧シリンダは停止する．

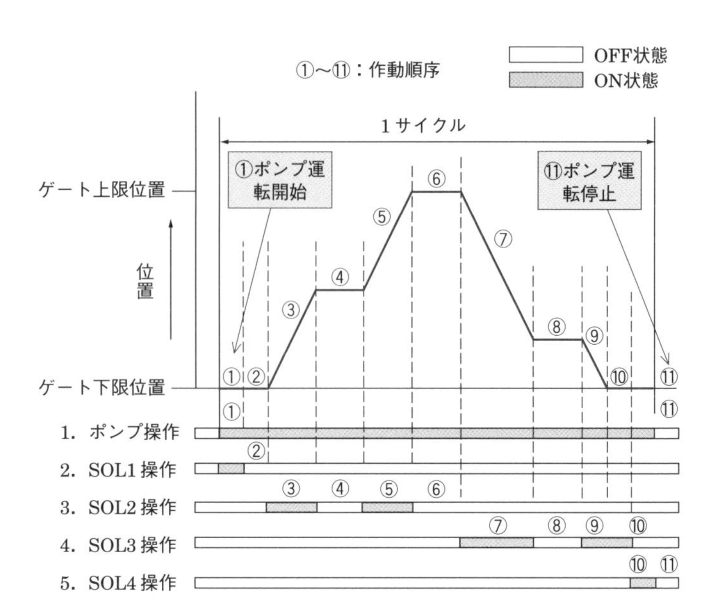

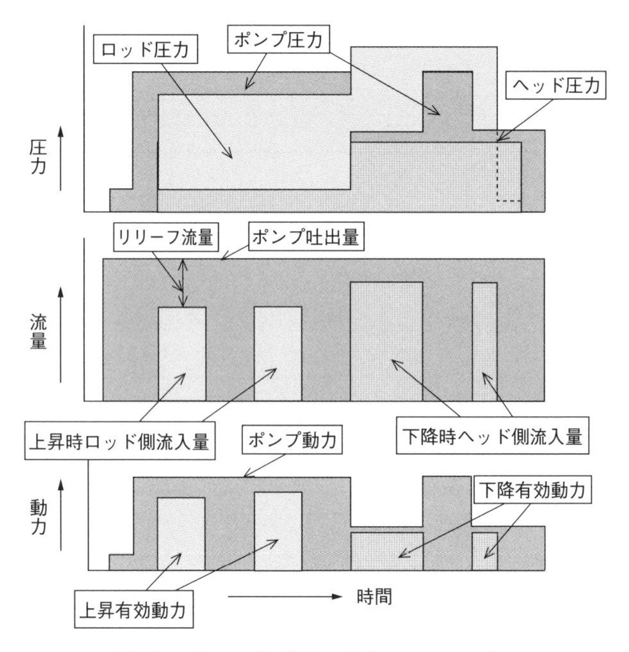

図 3.24　定格容量形ポンプの作動順序表とサイクル線図

動作⑦：次に下降ボタンをONにすると，SOL 3がONになり電磁弁⑤が右位置に切り換わり，油圧シリンダは下降する．

動作⑧：中間位置で停止ボタンをONにすると，SOL 3がOFFとなり油圧シリンダは停止する．

動作⑨：一定時間停止してから下降ボタンをONにすると，SOL 3がONになり再び油圧シリンダが下降する．

動作⑩：油圧シリンダが最下端に達すると，リミットスイッチL1が働いてSOL 3がOFFになり，油圧シリンダは停止する．

動作⑪：リミットスイッチL2が作動後，タイマによりSOL 4がONになり，ロッド側の圧抜きが行われる．

このように，油圧回路図と作動順序表ならびにサイクル線図を見れば，油圧装置の動き，すなわち機械の動きを読みとることができる．

また，これらの作動順序に対して，油圧ポンプ圧力と油圧シリンダが必要とする圧力，および油圧ポンプの吐出し量と油圧シリンダが必要とする流量の変化の状況を図に併記すると，よりわかりやすくなり油圧回路の効率を考えるうえでも有効になる．

✿ サイクル線図と圧力・流量・動力線図

物を動かす力と速度は，油圧としては油圧シリンダ（アクチュエータ）に作用する圧力と流量で決まる．この圧力と流量は，油圧システムとしては以下のことを考慮しなければならない．

① 物を動かすために必要な油圧シリンダ入口での圧力と流量

② 油圧シリンダ入口に必要な圧力と流量を送り込むための，ポンプが必要とする吐出し圧力と吐出し量

油圧ポンプから油圧シリンダまでの圧油の流れの過程においては，圧力制御弁や管路があり，これらを流れるときの圧力損失や漏れがあり，リリーフ弁の圧力-流量特性も考慮する必要がある．

このため，実際に油圧シリンダが必要とする圧力や流量に対して，油圧ポンプが吐き出す必要な圧力や流量は，圧力損失や漏れ，あるいはリリーフ弁からの還流量を含めた余裕を持ったものでなければならないし，長年月の使用に対しては，経年変化による油圧機器の性能劣化（特に漏れの増加）も考慮する必要がある．

油圧シリンダの必要圧力とポンプ圧力および油圧シリンダの必要流量とポンプ吐出し量の関係は，定容量形ポンプと可変容量形ポンプの場合で異なるが，回路効率に関係してくるので重要な要因である．サイクル線図には，これらの圧力，流量の関係図およびこのときの必要動力（ポンプを運転する電動機出力）も併記すると，油圧回路の状態が明確になる*6.

油圧回路の効率 ζ_C は，式（3.4）のとおり，油圧シリンダを動かす有効動力 L_W（有効流量と有効圧力）と油圧ポンプの運転動力 L_M の比で求められる*7.

$$\zeta_C = \frac{L_W}{L_M} \times 100\% \tag{3.4}$$

ここで，L_W はポンプ有効動力を表し，以下の式で求められる.

$$L_W = \text{シリンダ流入量}\ [l/\text{min}] \times \frac{\text{流入圧力}\ [\text{MPa}]}{60\ [\text{kW}]}$$

例示した昇降装置の油圧回路で，サイクル線図に流量，圧力，動力の状態を併記したものを**図 3.25** に示すが，同じ動き（サイクル線図）をする油圧回路でも，回路の組み方や油圧機器の選定により，流量，圧力，動力の状態は異なるので，比較する意味で定容量形ポンプと可変容量形ポンプを用いた場合の圧力，流量，動力状態比較図を同図に示した.

図 3.24 は定容量形ポンプの場合で，一般的に広く採用されているが，必要な動力が変動しても油圧ポンプの出力はほとんど一定で，回路効率が低い．これに対して図 3.25 は可変容量形ポンプの場合で，油圧ポンプのコストは高くなるが，油圧ポンプの出力が必要な動力に応じて変化し，回路効率を改善する省エネ方式といえる.

油圧回路の働きと機械の働きの関係，あるいは，圧力や流量の変化の状況が明確になり，サイクル中の油圧ポンプが必要とする動力の変化などから，電動機の選定や省エネ対策も検討しやすくなる.

---

*6　求め方の詳細については，4 章を参照のこと.

*7　$L_M - L_W$ は回路損失となり，各制御弁の圧力損失，管路の流れ抵抗，圧力制御弁のタンクへの還流による損失などがある.

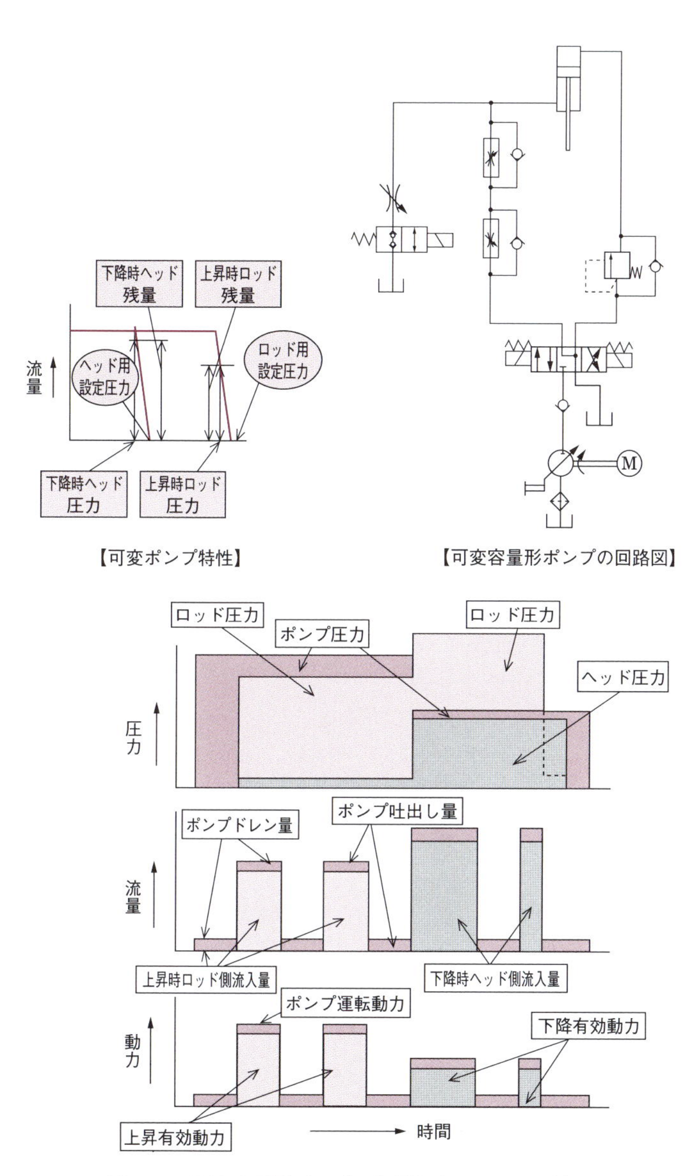

図 3.25 可変容量形ポンプの作動順序とサイクル線図

3.4　サーボ弁を用いた同調制御回路

複数のシリンダを用いて，位置誤差 1 mm 以内，あるいは 0.1 mm 以内の精度が要求される場合には，その精度にあった精密な制御を行う必要がある.

✿ サーボ弁による回路例

図 3.26 に，2 本の油圧シリンダで操作するゲートなどで，ゲート両端の位置誤差が 1 mm 程度以下が要求される場合のサーボ弁による**同調制御回路**を示す.

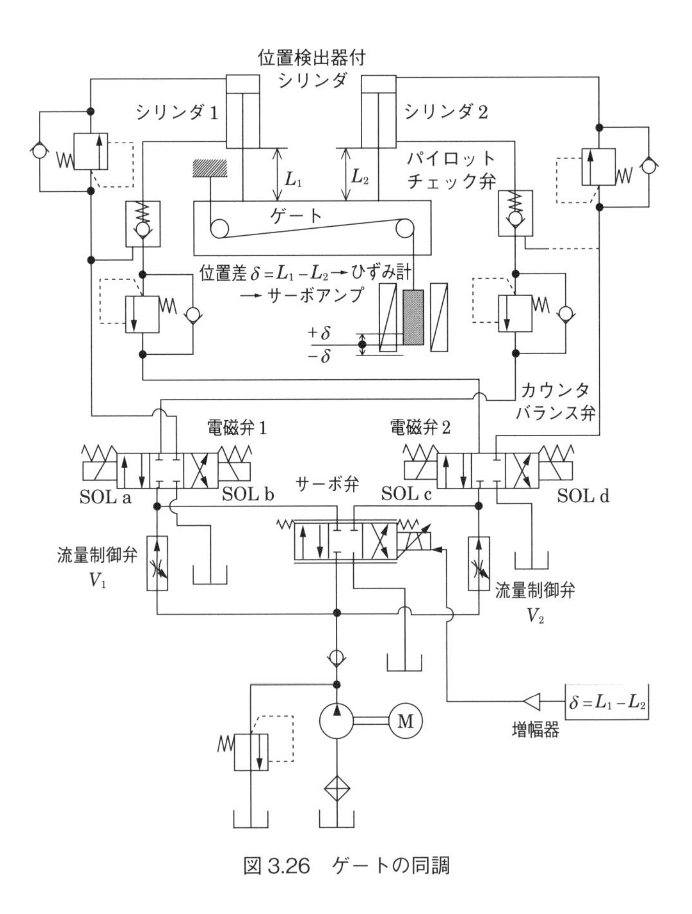

図 3.26　ゲートの同調

ゲートは2本の油圧シリンダで作動するが，ゲートの傾き，すなわち2本のシリンダの位置誤差を制御する同調回路である．ゲートの動きとしては，上昇，停止，下降の動作の繰返しである．

(1) 上昇する場合

① 電磁弁1と2は，SOL a と SOL c が ON

② 油圧ポンプからの圧油は，流量制御弁 V_1 と V_2 で制御流量 Q_1 と Q_2 に制御されて，各制御弁を通って油圧シリンダのロッド側に送り込まれ，ヘッド側の油はタンクに戻り，ゲートは上昇する

③ ロッド側に送り込まれる流量は流量制御弁 V_1 と V_2 で制御されているので，$Q_1 = Q_2$ であれば油圧シリンダは同じ速度で上昇するので，ゲートは水平を維持して上昇する

④ $Q_1 \neq Q_2$ になると，油圧シリンダの上昇速度に差が生じ，ゲートの水平が維持できなくなり，傾いてしまう．このときの傾きで，ゲートに取り付けられているロープの先端にある差動トランスが上下に δ だけ動き，δ の変位に応じた電圧の変化が生じる．この電圧の変化をひずみ計に電送し，増幅器を介してサーボ弁に電流が送られる

⑤ サーボ弁は電流に応じた流量を不足側シリンダに流すように作動し，$\delta = 0$ となると，サーボ弁は閉じて補充する流れが止まる．サーボ弁は，不足した流量を補充する役割を果たしている

(2) 下降する場合

① 電磁弁1と2は，SOL b と SOL d が ON

② 油圧ポンプからの圧油は，流量制御弁 V_1 と V_2 で制御流量 Q_1 と Q_2 に制御され，シーケンス弁を開いて油圧シリンダヘッド側に送られる

③ シーケンス弁の設定圧力によりパイロットチェック弁が開き，ヘッド側の圧力によりロッド側圧力が上昇し，カウンタバランス弁の設定圧力にまで昇圧するとカウンタバランス弁が開いてロッド側の圧油はタンクに流れる

④ $Q_1 = Q_2$ のときは，ゲートは水平を維持して下降するが，$Q_1 \neq Q_2$ になるとゲートは傾き，上昇時と同じようにサーボ弁により，位置の修正動作が行われる

✿ サーボ弁による修正動作の仕組み

以上で説明したサーボ弁による修正動作の仕組みを**図 3.27** および**図 3.28** に示し，少し解説を加える．

(1) ゲート上昇時

図 3.27 はゲートが上昇するときで，制御流量 $Q_1 > Q_2$ により $+\delta$ だけ右上に傾いた状態図である．この $+\delta$ を差動トランスが検出し，サーボ弁に信号を送り，サーボ弁は右位置側での流量の補充を行っている状態を示している．サーボ弁は Q_2 に q を補充すると同時に，Q_1 から q を放出することになる．このため，油圧シリンダ 1 と 2 への圧油送り流量は，それぞれ Q_2+q と Q_1-q になる．

この補正により，$\delta \to 0$ に近付けば，$q \to 0$ に減少し，ゲートは水平状態となる．

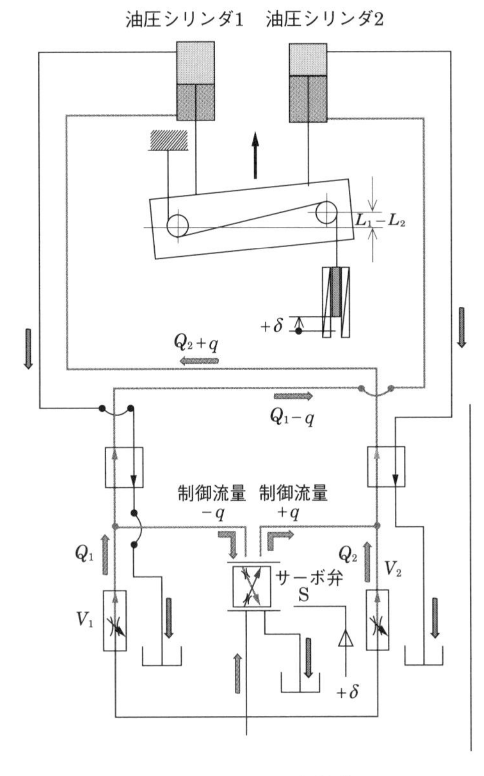

図 3.27　ゲート上昇時

(2) ゲート下降時

図3.28はゲートが下降するときで，図3.27と同様に，制御流量$Q_1 > Q_2$の場合にゲートは$+\delta$だけ右上に傾いた状態図である．このときの位置誤差δは$+$であるので，サーボ弁は右位置での制御となり，油圧シリンダ1，2への流量は，それぞれ$Q_1 - q$と$Q_2 + q$になる．

このように，位置誤差$+\delta$に対する上昇と下降においては，油圧シリンダ1と2への制御流量を逆にする必要があるため，位置誤差δによるサーボ弁の働き上，油圧シリンダ1および2と電磁弁1および2の管路の接続が少し複雑になっている．

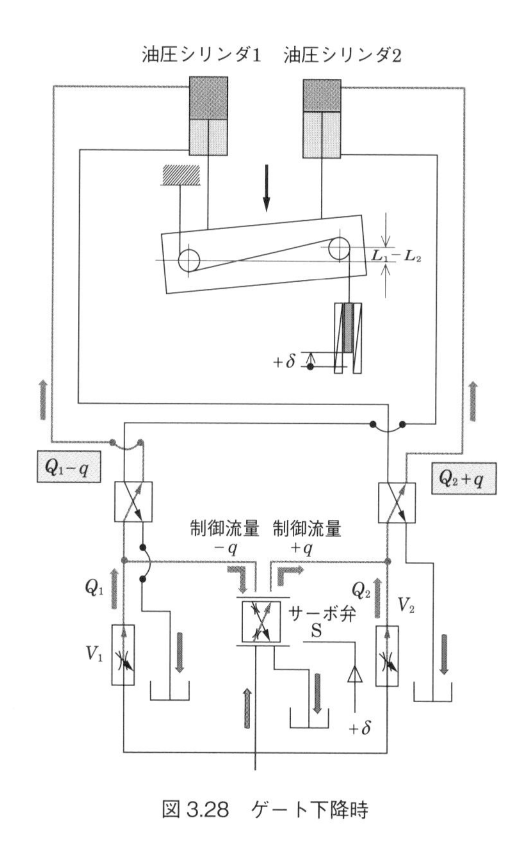

図3.28　ゲート下降時

✿ サーボ弁の特性

サーボ弁は**図 3.29** に示すように，位置誤差$+\delta$によりスプールは$+x$だけ移動し，油圧ポンプから油圧シリンダ1へ供給される流量qは**図 3.30** に示す流量特性によりδに比例した量となる．同時に，油圧シリンダからタンクへ戻る流量もδに比例した量となる．ただし，サーボ弁の流量特性は，制御部での差圧（例えば$P_P - P_1$あるいは$P_2 - 0$）に影響を受けるので，差圧が一定の条件で考慮する必要がある．

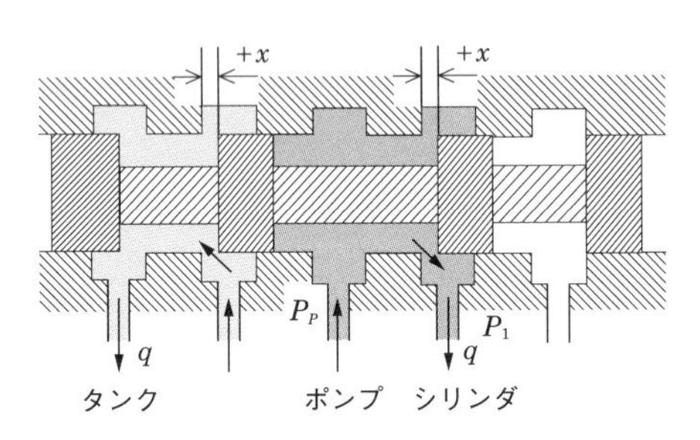

図 3.29　サーボ弁スプールの働き

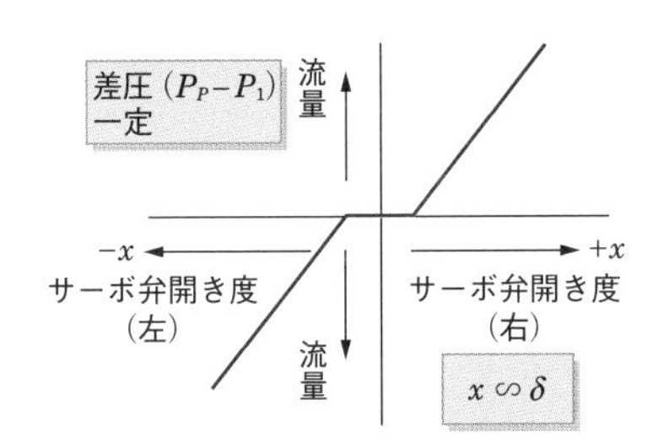

図 3.30　サーボ弁流量特性

4章

油圧回路の作り方

油圧回路は機械の特性を決める基本となるもので，機械が求める働きを十分把握して回路を組み立てることが大切である．しかし，油圧回路は理論的に決められるとは限らず，過去の経験に基づく部分が多くあり，これらを参考にしながらまとめられた油圧基本回路をもとに組み立てることが一般的に行われている．

油圧装置を有効に，より確実に働かせるためには，油圧回路だけではなく，電気回路や保安管理の点も十分考慮する必要があるが，本章では油圧回路に的を絞り，その作成手順を解説する．

■ 自動化への適用例 ── 建設機械

建設工事で活躍するショベルカーやブルドーザなどの建設機械には，油圧システムによる大きなパワーが利用されている．エンジンの駆動により油圧ポンプを回転させて油圧シリンダを動かし，バケット，ブームの駆動や自走を行う．

4.1 油圧回路の作成手順

油圧回路を組み上げる（回路設計）ための手順を**図 4.1** に示す．手順の中で，特に回路圧力，制御方式，制御弁のサイズは油圧回路効率に影響をおよぼすので，十分な検討が必要である．

以下に，図 4.1 の手順の中で計算にかかわる事項をまとめておく．

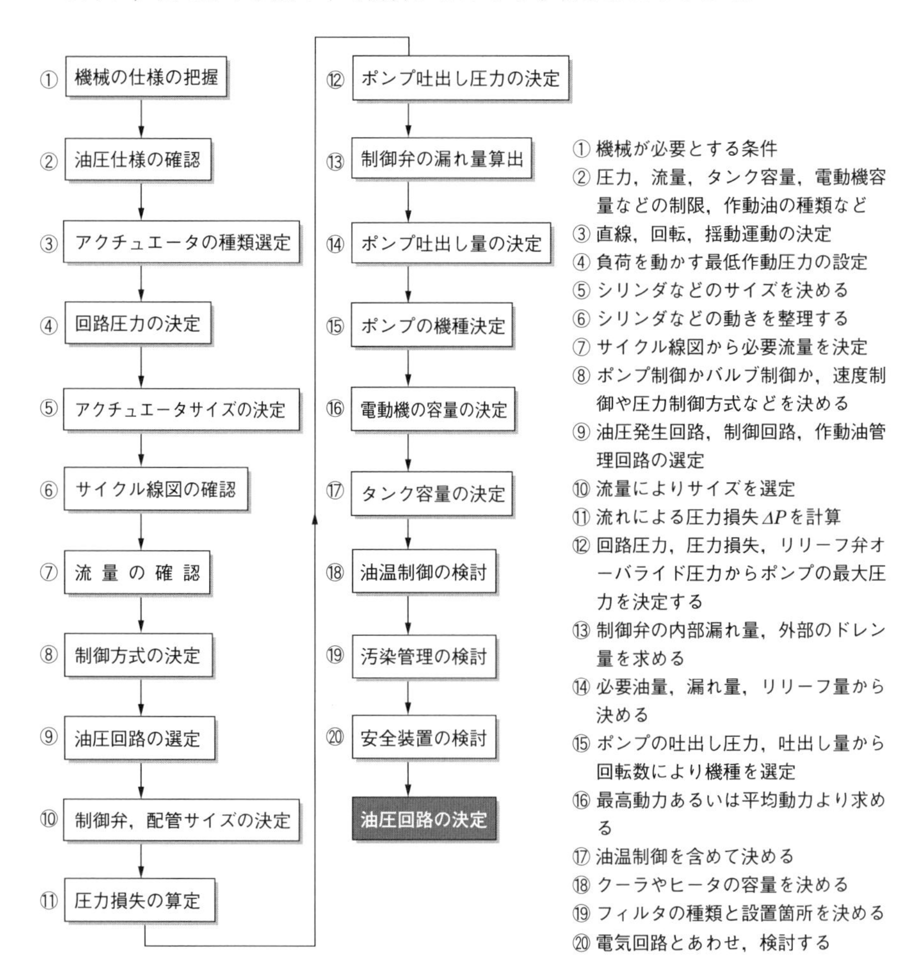

図 4.1　油圧回路の作成手順

✿ 回路圧力

負荷を動かすのに必要な有効作動圧力（圧力損失は考えない）を設定し，アクチュエータのサイズを決める基本とする．

✿ アクチュエータサイズの求め方

油圧シリンダの場合はシリンダの出力，油圧モータの場合は回転トルクに応じたサイズとなる．

(1) 油圧シリンダ

必要な出力を W〔N〕，有効作動圧力を P〔MPa〕とした場合のシリンダサイズは

$$\left.\begin{aligned} &\text{ヘッド側を使用：} A = 10^4 \frac{W}{P} \ \text{〔cm}^2\text{〕} \\ &\text{ロッド側を使用：} B = 10^4 \frac{W}{P} \ \text{〔cm}^2\text{〕} \end{aligned}\right\} \quad (4.1)$$

により選定する．**図 4.2** にシリンダ関係図を示す．

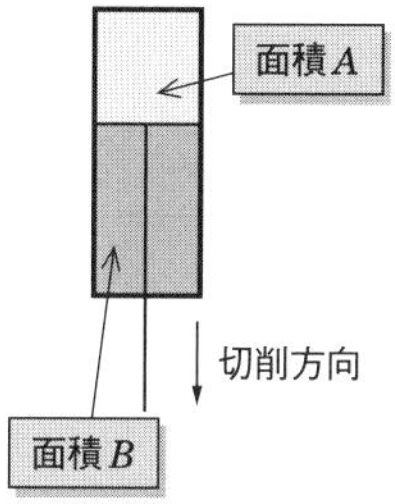

面積 A
切削方向
面積 B

図 4.2 シリンダ関係図

(2) 油圧モータ

必要な回転トルクを T〔N·m〕，有効作動圧力を P〔MPa〕とした場合の油圧モータの容量 q は

$$q = \frac{2\pi T}{P} \ \text{〔m}^3\text{/rev〕} = \frac{2\pi T \times 10^6}{P} \ \text{〔cm}^3\text{/rev〕} \quad (4.2)$$

により選定する．

(3) 流　量

油圧シリンダおよび油圧モータの流量 Q_c，Q_m〔ml/min〕は

$$Q_c = A \ \text{〔cm}^2\text{〕} \cdot V \ \text{〔cm/min〕} = 10^{-3} AV \ \text{〔}l\text{/min〕} \quad (4.3)$$

$$Q_m = q \ \text{〔cm}^3\text{/rev〕} \cdot n \ \text{〔1/min〕} = 10^{-3} qn \ \text{〔}l\text{/min〕} \quad (4.4)$$

により求められる．ここで，n は 1 分間の回転数とする．

✿ 圧力損失

圧力損失は作動油の流れにより生じ，各制御弁を流れる際の損失と，配管内を流れる損失がある．

各制御弁における圧力損失 ΔP_V には

① 方向切換弁のように流れ量に比例する損失

② 圧力制御弁やチェック弁のように，ばねを押し上げて流れるときの損失

③ 流量制御弁のように流れを絞り込むときの損失

などを考える必要があるが，一般的には，カタログの技術資料を参考にするとよい[*1].

✿ 配管内の流れ損失 ΔP_P

配管内の流れ損失 ΔP_P は，以下の式で求められる[*2].

$$\Delta P_P = \frac{2.13 \times \nu \times Q \times L \times 10^2}{\pi \times d^2} \text{〔MPa〕} \tag{4.5}$$

ここで，ν：作動油の粘度〔cSt〕{mm²/s}，Q：流量〔l/min〕

d：管内径〔mm〕，L：管長〔mm〕

油圧シリンダは，漏れ防止用にパッキンが使用されているため，摺動抵抗が大きく，この抵抗に打ち勝つための圧力が必要である．一般に，シリンダ最低作動圧力 ΔP_C で表示されている．

✿ ポンプ圧力（吐出し圧力）P_P

荷重を W〔N〕，ヘッド側回路圧力損失を ΔP_H，ロッド側回路圧力損失を ΔP_R，油シリンダの最低作動圧力を ΔP_C とすると，**ポンプ圧力** P_P は

① **ヘッド側に負荷が作用する場合**

$$P_P = \frac{W}{A} + \Delta P_H + \Delta P_R \times \frac{B}{A} + \Delta P_C \tag{4.6}$$

② **ロッド側に負荷が作用する場合**

$$P_P = \frac{W}{B} + \Delta P_H \times \frac{A}{B} + \Delta P_R + \Delta P_C \times \frac{A}{B} \tag{4.7}$$

✿ ポンプ流量（吐出し量）Q_P

ポンプ流量は，シリンダ必要流量を Q_C，回路漏れ量を q，リリーフ弁からの還流量を Q_T，余裕を q_0 とすると

＊1 2章「油圧要素機器の種類と図記号」を参照.

＊2 一般的な機能別配管の管内流速の目安は次のとおりである.

ポンプ吸込み配管：0.5 ～ 1.5 m/s，圧力配管：2.5 ～ 6 m/s，戻り配管：1.5 ～ 4 m/s

① **定容量形ポンプ**

$$Q_P = Q_C + q + Q_T + q_0 \tag{4.8}$$

ただし，$Q_C = AV$ （V：シリンダ速度）

② **可変容量形ポンプ**

$$Q_P = Q_C + q \tag{4.9}$$

となり，可変容量形ポンプの場合は定容量形ポンプと比較して，流量的な損失が少ないことが特長である．余裕は，作動油の粘性変化も考慮して，10％程度見込むとよいとされている．

✿ 油圧ポンプ運転動力（電動機出力）

油圧ポンプの出力（動力）L〔kW〕は

$$L = \frac{Q_P\,[l/\mathrm{min}] \times P_P\,[\mathrm{MPa}]}{60} \quad [\mathrm{kW}] \tag{4.10}$$

で求められる．

また，ポンプを運転する動力（電動機出力）L_M〔kW〕は

$$L_M = \frac{L}{\zeta} \quad [\mathrm{kW}] \qquad \zeta\text{：油圧ポンプの全効率} \tag{4.11}$$

で求められる．これにより，電動機の容量を選択する．

ただし，可変容量形ポンプの場合の損失動力は作動圧力時のフルカットオフ軸入力ΔL（閉動力）となるので（**図 4.3** 参照），全効率ζを用いなくてもΔLを用いて

$$L_M = L + \Delta L \quad [\mathrm{kW}] \tag{4.12}$$

で求められる．

選定する電動機の容量は，サイクル線図が時間的に定められない不規則に変動する場合は，油圧装置が必要とする最高動力により選定する場合が多いが，サイクル線図が**図 4.4** に示すように規則的に繰り返される場合には，1サイクルの平均動力により選定する場合もある．**平均動力**L_mは

$$L_m = \sqrt{\frac{t_1}{T} L_1{}^2 + \frac{t_2}{T} L_2{}^2 + \cdots + \frac{t_n}{T} L_n{}^2} \tag{4.13}$$

ここで，t_1 ：各工程の所用時間

T ：1サイクルの時間$= t_1 + t_2 + \cdots + t_n$

L_n：各工程の所用動力

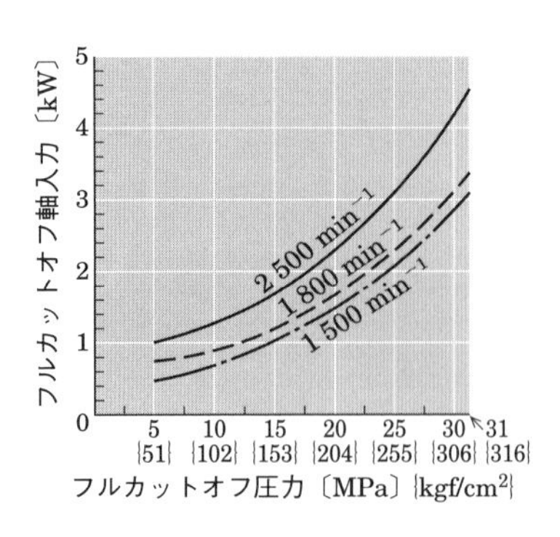

図 4.3　フルカットオフ軸入力特性

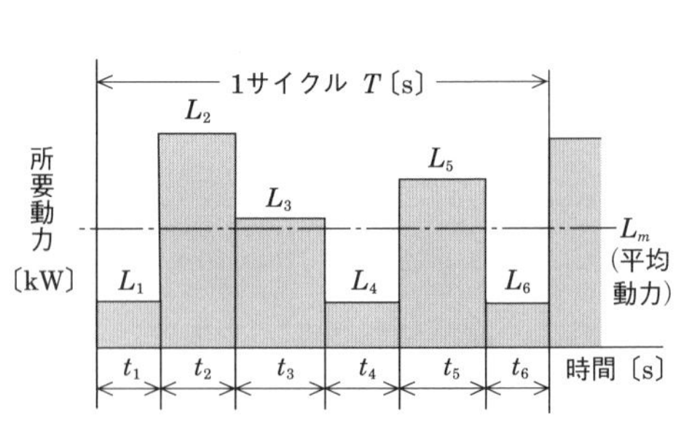

図 4.4　1 サイクル動力の変化

で求められる．電動機は，この平均動力以上の容量のものを選定すればよい．ただし，1 サイクル中の必要最高動力が電動機容量の 1.5 倍以下になるような電動機を選定する必要がある点は注意しなければならない．

✿ 油圧回路の効率

油圧回路の効率 ζ_C は，式 (4.14) のとおり，油圧シリンダを動かす有効動力 L_W（有効流量と有効圧力）と油圧ポンプの運転動力 L_M の比で求められる．

$$\zeta_C = \frac{L_W}{L_M} \times 100\% \tag{4.14}$$

ここで，L_W はポンプ有効動力を表し

$$L_W = \text{シリンダ流入量〔}l/\text{min〕} \times \frac{\text{流入圧力〔MPa〕}}{60\text{〔kW〕}}$$

で求められる．$L_M - L_W$ は回路における動力損失となり，各制御弁の圧力損失，管路の流れ抵抗，圧力制御弁のタンクへの還流による損失などがある．回路設計の際には，これらの損失をできるだけ少なくすることを考慮する必要がある．

✿ 油温の上昇

油温は，油圧ポンプの発熱，圧力損失による回路内の発熱およびタンクなどからの放熱などに影響され，上昇する．1サイクルでの発熱量および放熱は，以下のとおりである．

(1) 油圧ポンプの発熱 H_P

① **定容量形ポンプ**

$$H_P = \sum\left[Q_P\, P_P\, \frac{3.6 \times 10^6}{60}\, (1 - \zeta_i)\, \frac{t_i}{T} \right] \quad [\mathrm{J/h}] \tag{4.15}$$

② **可変容量形ポンプ**

$$H_P = \sum\left[\Delta L_i \times 3.6 \times 10^6\, \frac{t_i}{T} \right] \quad [\mathrm{J/h}] \tag{4.16}$$

ここで，ζ_i：各工程のポンプ全効率，t_i：各工程の所要時間，T：1サイクルの時間，ΔL_i：各工程のフルカットオフ動力〔kW〕

(2) 回路中の発熱 H_V

$$H_V = \sum\left[(\Delta P_H\, Q_H + \Delta P_R\, Q_R)\, \frac{3.6 \times 10^6}{60}\, \frac{t_i}{T} \right] \quad [\mathrm{J/h}] \tag{4.17}$$

ここで，ΔP_H，Q_H：ヘッド側の圧力損失〔MPa〕，流量〔l/min〕
ΔP_R，Q_R：ロッド側の圧力損失〔MPa〕，流量〔l/min〕

(3) 放熱 H_D

$$H_D = KS\,(t_2 - t_1) \quad [\mathrm{J/h}] \tag{4.18}$$

ここで，K：放熱係数〔J/h·℃·m^2〕，S：放熱面積（タンク＋配管などの表面積 m^2）＝タンク表面積の 1.2 ～ 1.3 倍，t_i：初期油温＝室温〔℃〕，t_2：運転後の油温〔℃〕

(4) 油温の上昇

$$t_2 = \frac{H_P + H_V}{KS}\,\left(1 - e^{-\frac{KST}{C}}\right) + t_1 \quad [℃] \tag{4.19}$$

ここで，C はタンクの熱容量で，$C = V\gamma\, C_P$
V：タンク油量〔cm^3〕，γ：油の密度〔kg/cm^3〕
C_P：油の比熱〔J/kg·℃〕，T：経過時間[*3]〔h〕

＊3　$T = \infty$ で飽和温度となる．

4.2 ボール盤の油圧回路作成手順例

ボール盤のドリルは，加工の際，テーブル上の加工物に対し垂直荷重として作用する．ボール盤を例にとり，図 4.1 による油圧回路作成の手順について具体的に解説する．

✿ 機械の仕様

昇降機は次の機能を満たすものとする．

① **最大切削力**：W_1 = 12 000 N
ドリルヘッド荷重 W_2 = 1 000 N，ストローク = 400 mm
② **テーブル最大荷重（押し力）**：
W_3 = 1 000 N，ストローク = 200 mm
③ **クランプ力**：W_4 = 1 000 N，ストローク = 100 mm
④ **ドリルヘッド上昇・下降早送り速度**：V_1 = 6 m/min
⑤ **切削速度**：V_2 = 100 mm/10 s = 0.6 m/min
⑥ **テーブル押し速度**：V_t = 200 mm/2 s = 6 m/min
⑦ **テーブル引き速度**：V_4 = 200 mm/2 s = 6 m/min
⑧ **クランプ速度**：約 V_5 = 100 mm/1 s = 6 m/min 程度
⑨ **作動順序**：以下を 1 サイクルとする．
油圧ポンプ運転開始 → クランプ ON → クランプ完了 → テーブル位置決め → 位置決め完了 → ドリル下降 → ドリル減速 → ドリル加工 → 加工完了 → ドリル上昇 → ドリル上端停止 → テーブル戻り → テーブル戻り完了 → クランプ解除

この機械の動きを整理したサイクル線図を**図 4.5** に示す．

✿ 油圧の仕様

① 圧力は最大 7 MPa 以下
② ポンプ吐出し量は 30 l/min 以下
③ 油温は 50℃以下
④ 作動油は VG32

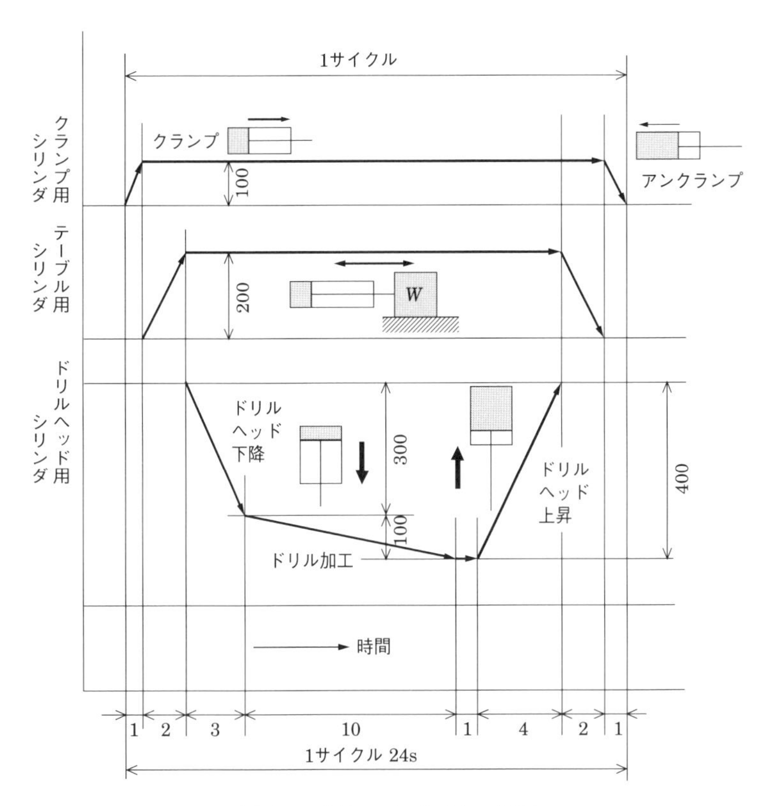

図 4.5　ドリル加工サイクル線図

✿ アクチュエータ

ドリルヘッド，クランプ，位置決め用アクチュエータは，複動・片ロッド形油圧シリンダを使用する．

✿ 回路圧力

ドリルヘッドを動かす圧力を $P = 5$〔MPa〕程度とする．

✿ 油圧シリンダのサイズ

(1) ドリルヘッド用油圧シリンダ

ドリルの切削力 12 000 N を必要とするので，油圧シリンダの面積 A は，図 4.2 を参考にして

$$A=\frac{W_1}{P}=\frac{12\,000}{5\times10^6}=2.4\times10^{-3}\ \text{〔m}^2\text{〕}=24\ \text{〔cm}^2\text{〕}$$

として，ヘッド側面積が求められる．これより，油圧シリンダはカタログから，余裕を見て内径D＝63〔mm〕（面積：31.2 cm^2）を選定する．また，油圧シリンダのロッドは強力形を採用し

63	×	36	×	300
（内径）		（ロッド径）		（ストローク）

を選定する．

(2) テーブル用油圧シリンダ

テーブルの押しと引きには同じ力が必要となるので，図4.2の面積Bで，圧力が2 MPa程度として検討する．

$$B=\frac{W_3}{P}=\frac{1\,000}{2\times10^6}=5\times10^{-4}\ \text{〔m}^2\text{〕}=5\ \text{〔cm}^2\text{〕}$$

以上より，カタログから内径32 mm，ロッド径18 mmで，B側面積5.5 cm^{2}の油圧シリンダを選ぶ．油圧シリンダは，32×18×200となる．

(3) クランプ用油圧シリンダ

クランプは，図4.2の面積Aでの作用とし，圧力は2 MPa程度で検討する．

$$A=\frac{W_4}{P}=\frac{1\,000}{2\times10^6}\ \text{〔m}^2\text{〕}=5\ \text{〔cm}^2\text{〕}$$

以上より，カタログからは，内径32 mm，ロッド径18 mmでA側面積8 cm^{2}となるが，標準油圧シリンダ内径で最小の32 mmを選ぶことになる．油圧シリンダは，32×18×100となる．

✿ サイクル線図の確認

前記で求めた各油圧シリンダを用いて，図4.4のサイクル線図による動きで機械が要求する仕事を確実に行うことができるかどうか確認する．

✿ 流　量

(a) ドリルヘッド用油圧シリンダ

最大流量 $Q_1 = A \times V_1 = 31.2$〔cm^2〕× 6〔m/min〕= 18.7〔$l$/min〕

切削時流量 $Q_2 = A \times V_2 = 31.2$〔cm^2〕× 0.6〔m/min〕= 1.87〔l/min〕

(b) テーブル用油圧シリンダ

最大流量 $Q_3 = A \times V_3 = 8.0$〔cm^2〕× 6〔m/min〕= 4.8〔l/min〕

(c) クランプ用油圧シリンダ

最大流量 $Q_4 = A \times V_4 = 8.0$〔cm^2〕× 6〔m/min〕= 4.8〔l/min〕

このことから，この装置の必要最大流量は 18.7 l/min であり，回路の内部漏れ（10％程度）などを考慮して，20 l/min 程度の油圧発生源があれば十分であると考えられる．

✿ 制御方式

油圧ポンプは省エネを考えて可変容量形ポンプとし，方向，圧力，速度は制御弁で制御する方式とする．

✿ 油圧回路の選定

(1) 油圧発生源

油圧発生源は，最大流量 Q_1 はドリルヘッド急下降時の低い圧力 P_1 でよく，切削時には高い圧力 P_2 が必要であるが流量 Q_2 は小流量でよいことから，可変容量形ポンプの圧力-流量特性を利用して，**図 4.6** に示す油圧発生源回路を採用する．図に Q_1 と P_1，Q_2 と P_2 の関係を示してあるが，油圧発生源での余分な流量がないことがわかる．

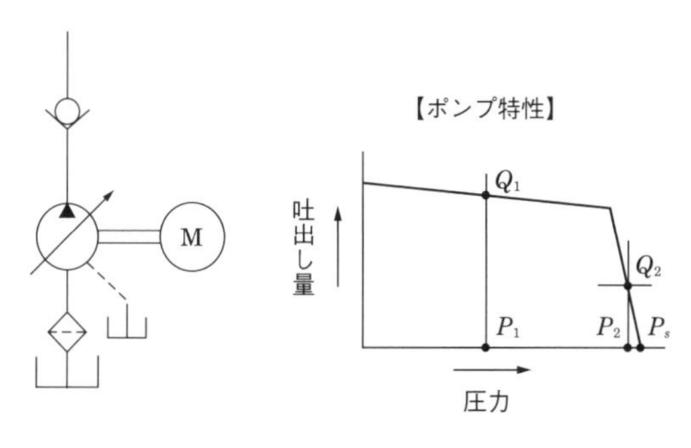

図 4.6　油圧発生源

(2) ドリルヘッド用

ドリルヘッド用は

① ドリルヘッドの急下降と減速の 2 段速度制御

② ドリルヘッドの自重落下防止

の二つの要素を考えて，**図 4.7** の回路構成を採用する．

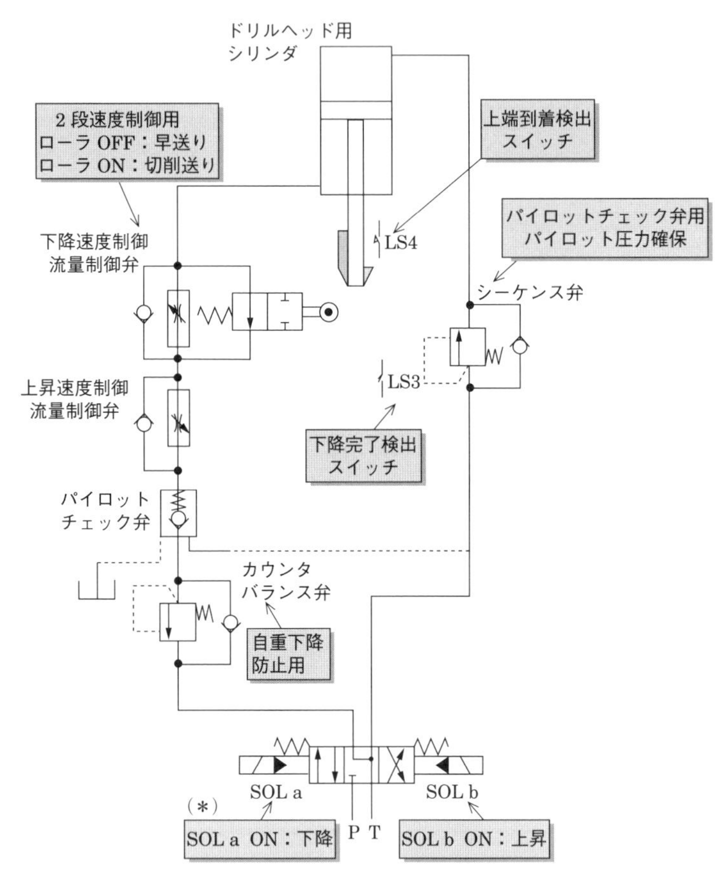

図 4.7 ドリルヘッド操作油圧回路[*4]

＊4 電磁切換弁と電磁パイロット切換弁では，SOL 通電による弁本体の切換位置が逆になる．図 4.7 では，SOL a の ON により弁本体は右位置に切り換わり，ドリルは下降する．

2段速度制御はフィードコントロール弁を使用し，自重降下防止にはパイロットチェック弁とカウンタバランス弁の併用を採用した．カウンタバランス弁は自重落下防止用制御弁であるが，荷重が停止時には内部漏れにより微動降下するため，パイロットチェック弁で微動降下を防ぐ方式を採用した．

また，パイロットチェック弁だけだとドリルヘッド急降下時にハンチング現象を起こすのでカウンタバランス弁が必要となる．

(3) テーブル用

テーブル用は，低圧回路で押しと引きとも同じ速度の速度制御をするため，減圧弁と2個のメータイン回路の流量制御弁を使用し，**図 4.8** の回路構成を採用する．

(4) クランプ用

クランプ力は，加工品の変形や破損が生じないように圧力を制限するため，重要である．また，クランプ解除の速度は特に規制はないので，クランプ時の速度制御のみを考え，減圧弁とメータイン回路の流量制御弁を使用し，**図 4.9** の回路構成を採用する．

なお，ドリルヘッド，テーブル，クランプの制御において，方向の制御は電磁弁で行い，リミットスイッチやタイマとの併用で行うものとする．

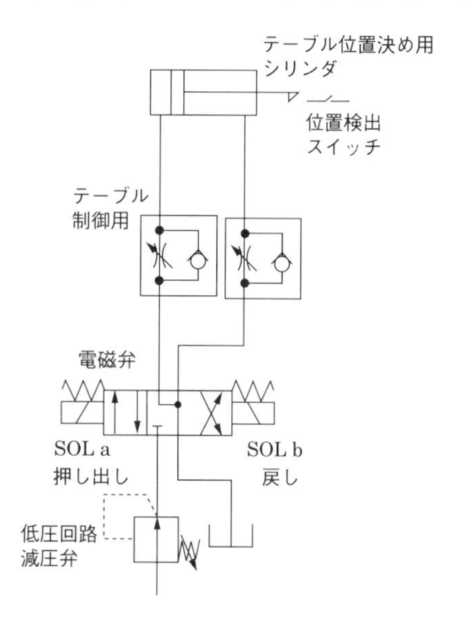

図 4.8　テーブル用油圧回路

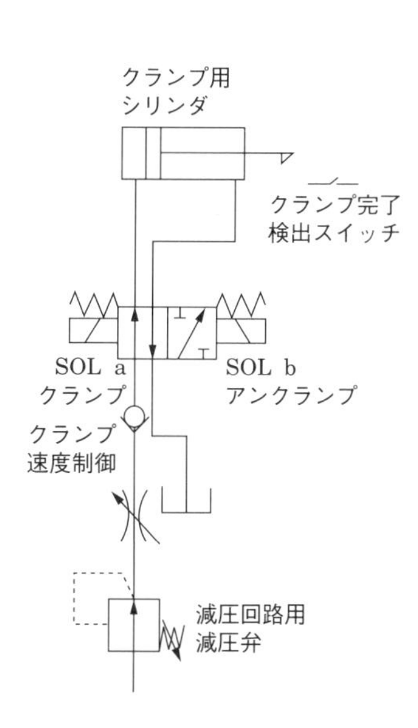

図 4.9　クランプ用油圧回路

✿ 油圧回路図

以上を組み合わせた**ボール盤操作動用油圧回路**として，**図 4.10** に示す油圧回路が作成できる．なお，テーブル用の低圧回路は，クランプ用の低圧回路と同じ圧力制御を行い，減圧弁は共用にした．

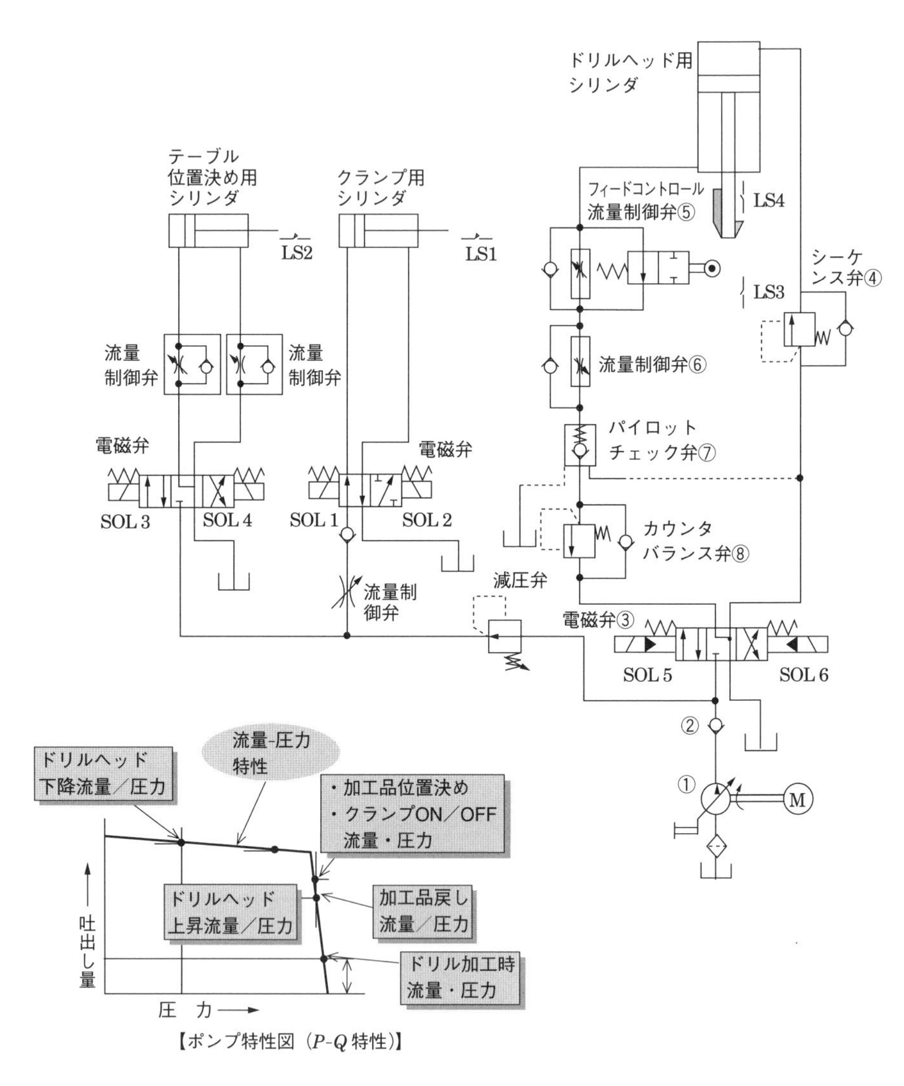

図 4.10　ボール盤油圧回路図

また，この油圧回路を機械の仕様どおりに働かせるための電磁弁の作動状態を示す作動順序表を，**図 4.11** に示した．

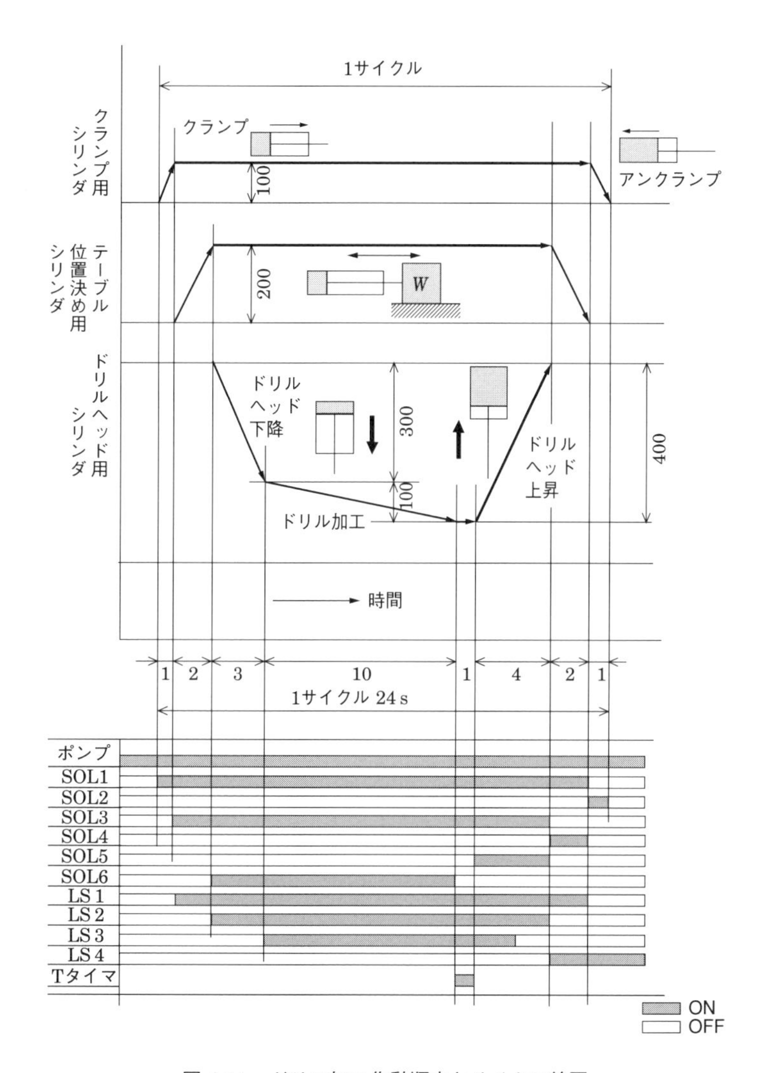

図 4.11　ドリル加工作動順序とサイクル線図

制御弁・配管のサイズ

前述した流量の検討において，油圧回路内を流れる最大流量は20 l/minと考えられるので，制御弁や配管のサイズは1/8（01サイズ）を選定することもできる．しかし，工作機械の加工精度維持から，できるだけ圧力損失を小さくし，切換え時の衝撃や振動をなくす必要があるため，3/8（03サイズ）を採用する．

圧力損失の検討

圧力損失は，ドリルヘッド用の主回路が最大圧力および最大流量となるので，ドリルヘッド回路で検討すればよいことになる．なお，作動油温度は，最低15℃と仮定すると作動油粘度は100 cStとなり圧力損失は**表4.1**から，35 cStのときのカタログ値の約1.3倍にする．

表4.1　粘度による圧力損失係数

ポンプ吸込配管	0.5～1.5 m/s
圧力配管	2.5～6 m/s
戻り配管	1.5～4 m/s

(1) 早送り下降

(a) 油圧シリンダのヘッド側

流量は18.7 l/min，作動油の粘度は100 cStとして，油圧シリンダのヘッド側の圧力損失を求める．チェック弁，電磁弁，シーケンス弁，配管のそれぞれにおける圧力損失は，カタログや資料から求めることができる．

図4.10で，チェック弁②における圧力損失$\varDelta P_2$は，クラッキング圧力0.04 MPaを採用すると，$\varDelta P_2 = 0.1 \times 1.3 = 0.13$〔MPa〕.

電磁弁③における圧力損失$\varDelta P_3$は，絞り付きABT接続形式を採用すると，$\varDelta P_3 = 0.05 \times 1.3 = 0.065$〔MPa〕.

シーケンス弁④における圧力損失$\varDelta P_4$は，設定圧力をパイロットチェック弁開放パイロット圧力（ドリルヘッド自重W_1／油圧シリンダロッド側受圧面積B）とすると

$$1\,000\ [\mathrm{N/21\ cm^2}] = 4.8 \times 10^5\ [\mathrm{Pa}] = 0.48\ [\mathrm{MPa}] \simeq 0.5\ [\mathrm{MPa}]$$

であるから，$\varDelta P_4 = 0.5$〔MPa〕.

配管長さは，エルボなどは直管と見なして3 mとすると，配管における圧力損失$\varDelta P_P = 0.12$〔MPa/m〕$\times 3$〔m〕$= 0.36$〔MPa〕.

したがって

$$全圧力損失\ \varDelta P_H = \varDelta P_2 + \varDelta P_3 + \varDelta P_4 + \varDelta P_p = 1.05\ [\mathrm{MPa}]$$

(b) ロッド側の圧力損失

流量が 12.6 l/min のときの，油圧シリンダのロッド側圧力損失を求める．それぞれの圧力損失は，フィードコントロール弁⑤の自由流れ ΔP_5，流量制御弁⑥の自由流れ損失 ΔP_6，パイロットチェック弁⑦の ΔP_7，カウンタバランス弁⑧の損失 ΔP_8，電磁弁③の損失 ΔP_3，配管損失 ΔP_P であり，これらはカタログや資料から求められる．

なお，カウンタバランス弁の設定圧力は（ドリルヘッド自重 W_1 ／油圧シリンダロッド側受圧面積 B）×2 とすると

$$\Delta P_8 = 1\,000\ [\mathrm{N/21\ cm^2}] \times 2 = 4.8 \times 10^5\ [\mathrm{Pa}] \times 2 = 0.96\ [\mathrm{MPa}] \simeq 1.0\ [\mathrm{MPa}]$$

として，各圧力損失を上記（a）と同様に求める．

$$\Delta P_5 = 0.06 \times 1.3 = 0.078\ [\mathrm{MPa}],\ \Delta P_6 = 0.06 \times 1.3 = 0.078\ [\mathrm{MPa}]$$

$$\Delta P_7 = 0.06 \times 1.3 = 0.078\ [\mathrm{MPa}],\ \Delta P_8 = 1.0\ [\mathrm{MPa}]$$

$$\Delta P_3 = 0.03 \times 1.3 = 0.039\ [\mathrm{MPa}],\ \Delta P_P = 0.28\ [\mathrm{MPa}]$$

となる．これらをすべて合計し，全圧力損失 ΔP_R を 100 cSt で求めると，$\Delta P_R =$ 1.55〔MPa〕となる．

(c) 油圧シリンダ最低圧力 ΔP_C

$$\Delta P_C = 0.3\ [\mathrm{MPa}]$$

(2) 切削時の圧力損失

流量はヘッド側で 1.87 l/min，ロッド側で 1.26 l/min と少ないため，流れによる圧力損失は無視でき，チェック弁やカウンタバランス弁の開放圧力や流量制御弁での絞りなどで考えることになる．

(a) ヘッド側の圧力損失

圧力損失は，チェック弁 ΔP_2 とシーケンス弁 ΔP_4 が考えられるので

$$全圧力損失\ \Delta P_{HC} = 0.05 + 0.5 = 0.55\ [\mathrm{MPa}]$$

(b) ロッド側の圧力損失

フィードコントロール弁⑤の流量制御部 ΔP_5 と流量制御弁⑥の自由流れ（チェック弁部）ΔP_6 およびカウンタバランス弁⑧の ΔP_8 が考えられるので

$$全圧力損失\ \Delta P_{RC} = 0.6 + 0.05 + 1.0 = 1.65\ [\mathrm{MPa}]$$

(c) 油圧シリンダ最低圧力 ΔP_C

$$\Delta P_C = 0.3\ [\mathrm{MPa}]$$

(3) ドリルヘッド上昇時の圧力損失

(a) ロッド側の圧力損失 ΔP_{RU}

流量を 12.6 l/min として油圧シリンダのロッド側の圧力損失を求めると，チェック弁②の自由流れ損失 $\Delta P_2 = 0.078$〔MPa〕，電磁弁③の損失 $\Delta P_3 = 0.04$〔MPa〕，カウンタバランス弁⑧の自由流れ損失 $\Delta P_8 = 0.078$〔MPa〕，パイロットチェック弁⑦の自由流れ損失 $\Delta P_7 = 0.078$〔MPa〕，流量制御弁⑥の絞りによる損失 $\Delta P_6 = 0.6$〔MPa〕，フィードコントロール弁⑤の自由流れ損失 $\Delta P_5 = 0.078$〔MPa〕，配管の流れ損失 $\Delta P_P = 0.28$〔MPa〕である．

したがって，これらを合計すると，粘度 100 cSt 時での全損失 $\Delta P_{RU} = 1.23$〔MPa〕.

(b) ヘッド側の圧力損失 ΔP_{HU}

流量を 18.7 l/min，作動油の粘度を 35 cSt として，油圧シリンダのヘッド側の圧力損失を求めると，シーケンス弁④の損失 $\Delta P_4 = 0.13$〔MPa〕，電磁弁③の損失 $\Delta P_3 = 0.065$〔MPa〕，配管流れ損失 $\Delta P_P = 0.28$〔MPa〕となり，$\Delta P_{HU} = 0.48$〔MPa〕.

(c) 油圧シリンダ最低圧力 ΔP_C

$$\Delta P_C = 0.3 \times \frac{31.2}{21} = 0.45 \text{〔MPa〕}$$

✿ ポンプ圧力の検討

(a) ドリルヘッド早送り時のポンプ圧力 P_{1H}

$$P_{1H} = \Delta P_H + \left(\Delta P_R - \frac{W_2}{B}\right) \times \frac{B}{A} + \Delta P_C$$

$$= 1.05 + (1.55 - 0.48) \times 0.67 + 0.3 = 2.07 \text{〔MPa〕}$$

(b) 切削時のポンプ圧力 P_{1D}

$$P_{1D} = \frac{W_1}{A} + \Delta P_{HC} + \left(\Delta P_{RC} - \frac{W_2}{B}\right) \times \frac{B}{A} + \Delta P_C$$

$$= 3.85 + 0.55 + (1.65 - 0.48) \times 0.67 + 0.3 \qquad (W_1 = 1\,200 \text{〔N〕})$$

$$= 5.5 \text{〔MPa〕}$$

(c) ドリルヘッド上昇時のポンプ圧力 P_{1R}

$$P_{1R} = \frac{W_2}{B} + \Delta P_{RU} + \Delta P_{HU} \times \frac{A}{B} + \Delta P_C \qquad (W_2 = 1\,000 \text{〔N〕})$$

$$= 0.48 + 1.23 + 0.48 \times \frac{31.2}{21} + 0.45$$

$$= 2.88 \text{〔MPa〕}$$

以上のことから，ドリルヘッドの操作における油圧ポンプから送り出される流量と圧力は，**図 4.12** のようになる．

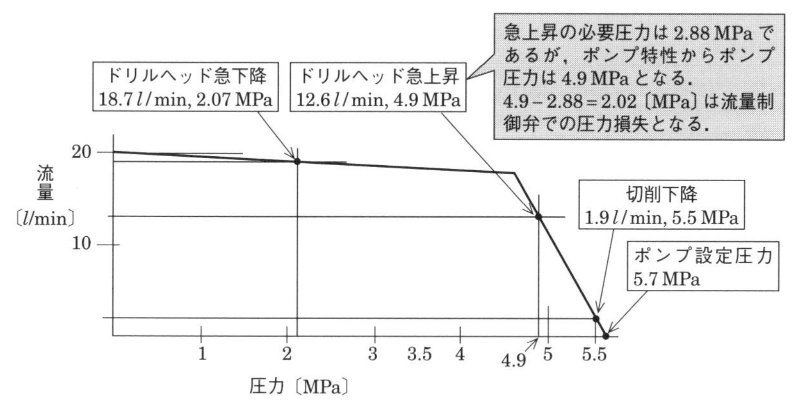

図 4.12　ポンプ特性と流量・圧力

✿ 漏れ量とポンプ吐出し量

この回路での漏れ量は電磁弁が主であり，100 ml/min 程度が見込まれる．他の制御弁や粘度変化の影響を考えても，全体として 200 ～ 300 ml/min と推定できるので，油圧ポンプの吐出し量としては，19 l/min でよいことになる．また，圧力損失についても漏れ量の影響は無視できるので，修正の必要はない．

油圧ポンプの吐出し量は，安全性を考慮して，20 l/min が確保できるポンプを選定することにする．

✿ ポンプの動力（出力）と電動機容量の選定

電動機の必要な容量は

$$\text{電動機容量} = \text{ポンプ動力} + \text{損失動力}$$

$$= \text{圧力〔MPa〕} \times \frac{\text{吐出し量〔}l\text{/min〕}}{60} + \text{損失動力〔kW〕} \tag{4.20}$$

で求め，損失動力は 2 章 2.1 節図 2.7 のフルカットオフ軸入力により求める．ドリルヘッド回路内の漏れ量を 300 ml/min とすると，必要電動機容量は

・ドリル急下降時

$$L_1 = \left\{ \frac{2.07\ \text{MPa} \times (18.6 + 0.3)\ l/\text{min}}{60} \right\} + 0.2 = 0.85\ \text{〔kW〕}$$

・切削時

$$L_2 = \left\{ \frac{5.5\ \text{MPa} \times (1.86 + 0.3)\ l/\text{min}}{60} \right\} + 0.35 = 0.55\ \text{〔kW〕}$$

・ドリル急上昇時

$$L_3 = \left\{ \frac{2.88\ \text{MPa} \times (12.6 + 0.3)\ l/\text{min}}{60} \right\} + 0.23 = 0.85\ \text{〔kW〕}$$

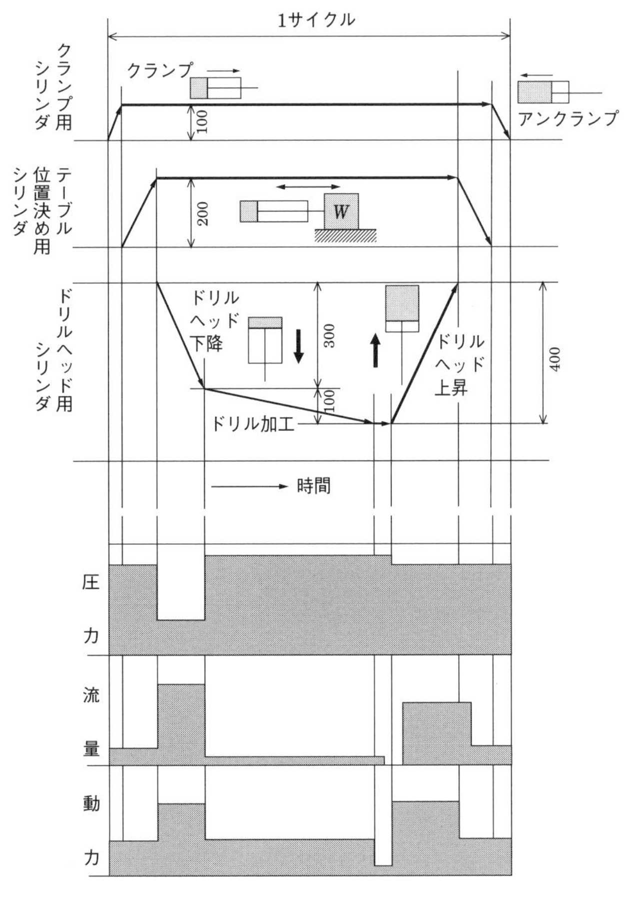

図 4.13　ボール盤操作油圧回路の圧力-流量-動力線図

として求められ，最大値 0.85 kW が必要な電動機容量である．これより，汎用電動機は，定格出力 $L_M = 1.5$〔kW〕のものを選定することができる．

なお，ボール盤操作油圧回路の1サイクルの圧力，流量，動力の変化の様子を**図 4.13** に記した．

✿ タンク容量と温度上昇

(1) タンク容量

タンク容量 V は油温上昇などを考慮して，工作機械の場合は最大流量の 3 倍としている．したがって

$$V = 18.7 \times 3 = 56.1 \text{〔}l\text{〕}$$

となるので，タンク容積は 60 l として，**図 4.14** に示すような容器とする．

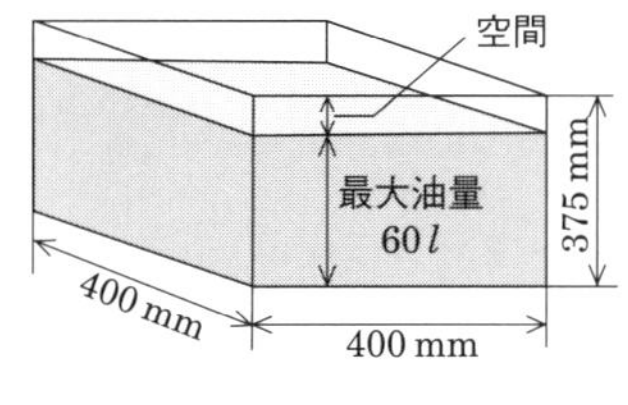

図 4.14　タンク

タンクの最大油量は，各油圧シリンダのロッド側に油が充満している状態とする．例えば，ドリルヘッド回路で，ドリルが最下端に到達した場合は

・**シリンダヘッド側に送られる油量 V_H**

$$V_H = 31.2 \text{〔cm}^2\text{〕} \times 400 \text{〔mm〕} = 1.25 \text{〔}l\text{〕}$$

・**シリンダロッド側から戻される油量 V_R**

$$V_R = 21 \text{〔cm}^2\text{〕} \times 400 \text{〔mm〕} = 0.84 \text{〔}l\text{〕}$$

となり，タンク油量は 0.41 l 減少し，油面は約 3 mm の低下であるので，ほとんど変化はないと見てよい．

(2) 油温の上昇

タンク内の油温上昇は，(油圧ポンプの発熱＋回路内圧力損失による発熱)－(タンクおよび配管などからの発熱）で求められる．

(a) ポンプの発熱

ポンプの発熱量 H_P は式 (4.16) から求められるが，各工程におけるフルカットオフ動力は

・**クランプおよびテーブル移動時**（ポンプ圧力＝5.4 MPa）：0.34 kW

・**ドリルヘッド急下降時**（ポンプ圧力＝2.07 MPa）：0.2 kW

・**切削時**（ポンプ圧力＝5.5 MPa）：0.35 kW

・**ドリルヘッド急上昇時**（ポンプ圧力＝2.88 MPa）：0.23 kW

となるので

$$H_P = (0.34\times1 + 0.34\times2 + 0.2\times3 + 0.35\times10 + 0.36\times1 + 0.23\times4 + 0.34\times2 + 0.34\times1)\times3.6\times\frac{10^6}{24}$$

$$= 1\,113\times10^3 \ \text{〔J〕}$$

(b) 回路圧力損失による発熱

各工程時の圧力損失による動力損失を求めるにあたり，クランプ時およびテーブル移動時の圧力損失は，ドリルヘッド回路で設定した可変容量形ポンプの圧力と流量に影響されるため，ポンプ圧力と有効作動圧力の差を損失として求め，ドリルヘッドは上記「ポンプ圧力の検討」で求めた圧力損失を用いる．

・**クランプ時** $= \dfrac{(5.4-1.25)\ \text{〔MPa〕}\times4.8\ \text{〔}l\text{/min〕}}{60} = 0.33\ \text{〔kW〕}$

・**テーブル移動時** $= \dfrac{(5.4-1.25)\ \text{〔MPa〕}\times4.8\ \text{〔}l\text{/min〕}}{60} = 0.33\ \text{〔kW〕}$

・**ドリルヘッド急下降時**

$$= \frac{(1.05+0.3)\ \text{〔MPa〕}\times18.7\ \text{〔}l\text{/min〕}+1.55\ \text{〔MPa〕}\times12.6\ \text{〔}l\text{/min〕}}{60} = 0.75\ \text{〔kW〕}$$

・**ドリル切削時** $= \dfrac{(0.55+0.3)\ \text{〔MPa〕}\times1.87\ \text{〔}l\text{/min〕}+1.62\ \text{〔MPa〕}\times1.26\ \text{〔}l\text{/min〕}}{60}$

$$= 0.061\ \text{〔kW〕}$$

・**ドリルヘッド急下降時**

$$= \frac{(1.23+0.45)\ \text{〔MPa〕}\times12.6\ \text{〔}l\text{/min〕}+0.48\ \text{〔MPa〕}\times18.7\ \text{〔}l\text{/min〕}}{60} = 0.5\ \text{〔kW〕}$$

・**ドリルヘッド停止時** $= 0$

・**テーブル戻り時** $= \dfrac{(5.4-1.82)\ \text{〔MPa〕}\times3.3\ \text{〔}l\text{/min〕}}{60} = 0.19\ \text{〔kW〕}$

・**アンクランプ時** $= \dfrac{5.4\ \text{〔MPa〕}\times3.3\ \text{〔}l\text{/min〕}}{60} = 0.3\ \text{〔kW〕}$

以上より，1サイクルでの発生熱量 H_V は

$$H_V = (0.33\times1 + 0.33\times2 + 0.75\times3 + 0.06\times10 + 0 + 0.5\times4 + 0.19\times2 + 0.3\times1)\times3.6\times\frac{10^6}{24}$$

$$= 978\times10^3\ \text{〔J〕}$$

となる．

(c) 放　熱

放熱は，タンク表面および配管・油圧機器表面から行われるが，配管・油圧機器表面からの放熱は，タンクからの放熱の30％と見込んで放熱量H_Dを式(4.18)から求めると

$$
\begin{aligned}
H_D &= KS \times 1.3 \times (t_2 - t_1) \\
&= 50 \times 10^3 \ [\mathrm{J/h \cdot ℃ \cdot m^2}] \times (0.4 \times 0.4 \times 2 + 0.4 \times 0.375 \times 4) \\
&\quad \times 1.3 \ [\mathrm{m^2}] \times (t_2 - t_1) \ [℃] \\
&\simeq 60 \times 10^3 \times (t_2 - t_1) \quad [\mathrm{J/h}]
\end{aligned}
$$

(d) 油温上昇

T時間後の油温上昇は，以下のように求められる．

$$
\begin{aligned}
t_2 - t_1 &= \frac{H_P + H_V}{KS \times 1.3} \left(1 - e^{-\frac{KST}{C}}\right) \\
&= 34.8 \left(1 - e^{-0.046T}\right)
\end{aligned}
$$

ここで，油量$V = 6\,000$〔cm^3〕，密度$\gamma = 0.9 \times 10^{-3}$〔kg/cm^3〕，比熱$C_P = 1.9 \times 10^3$〔J/kg・℃〕として，熱容量$C = 103 \times 10^3$〔J/℃〕，$T$は経過時間とする．

時間に対する温度上昇は，**図4.15**に示すとおりである．この結果，油温は最終的に34.8℃上昇することになる．室温を25℃とすると，最終的な油温は59.8℃となる可能性があるが，60℃以下であれば特にクーラは用いなくてもよいといえる．なお，連続的な使用を3時間程度とすると，油温上昇は約28℃で油温は55℃程度であるので，断続的な稼働であれば油温上昇はもっと低くなる．

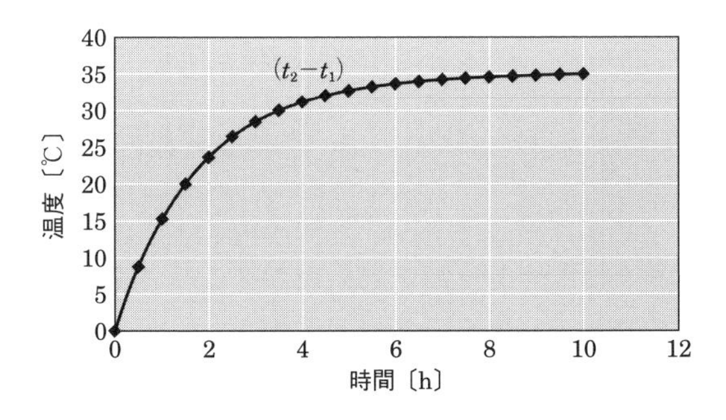

図4.15　油温上昇図

4.3 平面研削盤の油圧回路作成手順例

(1) 機械の仕様

① テーブル速度 $v = 50 \sim 150$〔mm/s〕とし，両方向の速度は同一とする.

② テーブルのストロークは 150 ～ 900 mm とする.

③ テーブルの加工品を含めた重量 $W = 5\,000$〔N〕とし，摩擦係数 $\mu = 0.3$ とする.

④ 動き始めてから最大速度までの時間を 0.5 s とする.

⑤ 起動・停止は手動とし，往復の切換えは油圧方式とする.

(2) 油圧の仕様

① 最大圧力は 2.5 MPa 程度とする.

② 作動油は VG32 を使用する.

(3) アクチュエータ

テーブル駆動用に複動・両ロッドシリンダを使用する.

(4) 作動圧力

作動圧力は 2 MPa 程度とする.

(5) 油圧シリンダサイズ

テーブルを動かす力 F は，テーブルの摩擦力と加速力の和となる.

$$F = W\mu + \frac{W}{g} \cdot \frac{v \times 10^{-2}}{t} = 5\,000 \times 0.3 + \frac{5\,000 \times 150 \times 10^{-3}}{9.8 \times 0.5}$$

$$= 1\,653 \quad \text{〔N〕}$$

油圧シリンダのロッド側面積 B は

$$B = \frac{F}{P} = \frac{1\,653}{2 \times 10^6} = 826.5 \times 10^{-6}\ \text{〔m}^2\text{〕} = 8.27\ \text{〔cm}^2\text{〕}$$

強力形油圧シリンダを採用すると，内径 40 mm，ロッド径 22 mm で，ロッド側受圧面積 $B = 8.8$〔cm^2〕が適切である．有効ストロークが 900 mm であることから，油圧シリンダは 40 × 22 × 1 000 とする.

(6) サイクル線図

平面研削盤のサイクル線図を**図 4.16** に示す.

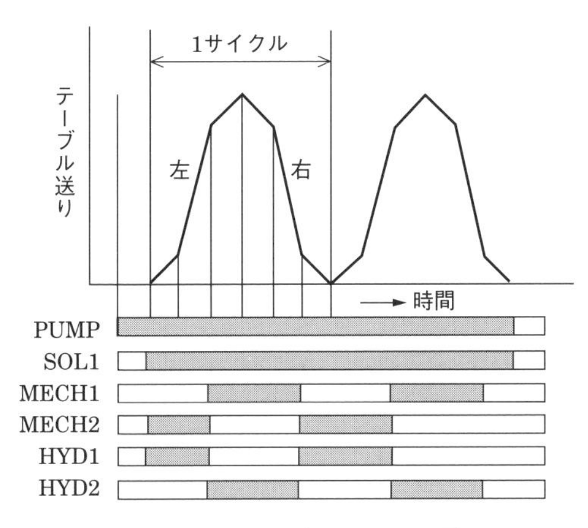

図 4.16　平面研削盤のサイクル線図

(7) 作動圧力 P_a と必要流量 Q_a

$$P_a = \frac{F}{B} = \frac{1\,653}{8.8} = 1.9 \text{〔MPa〕}$$

$$Q_a = BV = 8.8 \times 15 = 132 \text{〔cm}^3\text{/s〕} = 7.92 \text{〔}l\text{/min〕}$$

(8) 制御方式

油圧ポンプは可変容量形を採用し，制御弁で制御する.

(9) 油圧発生源

一般的な可変容量形ポンプ回路とする.

(10) テーブル往復切換回路

テーブルの往復切換えは，切換え時の衝撃を緩和させるために，次の制御方式を採用する.

① 油圧パイロット切換弁による往復切換えを行う.

② 油圧パイロット切換弁の操作は，カム操作切換弁によるパイロット圧力油の切換えで行う.

③ 油圧パイロット切換弁の切換え用パイロット圧力油の圧力および流量は調整可能にし，油圧パイロット切換弁切換え時の衝撃を緩和する．衝撃緩和の働きは**図 4.17** に示す.

④　テーブルを負荷の変化があってもなめらかに作動させるために，メータアウト流量制御方式とする．

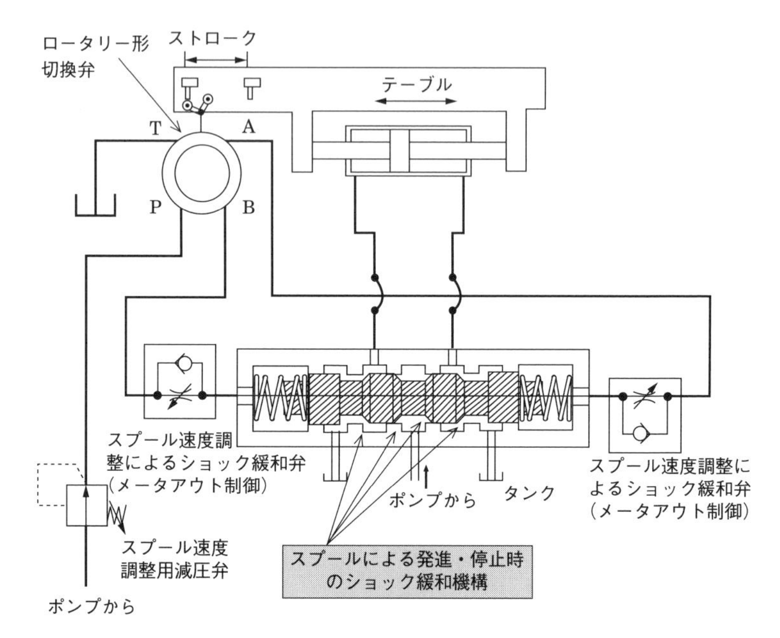

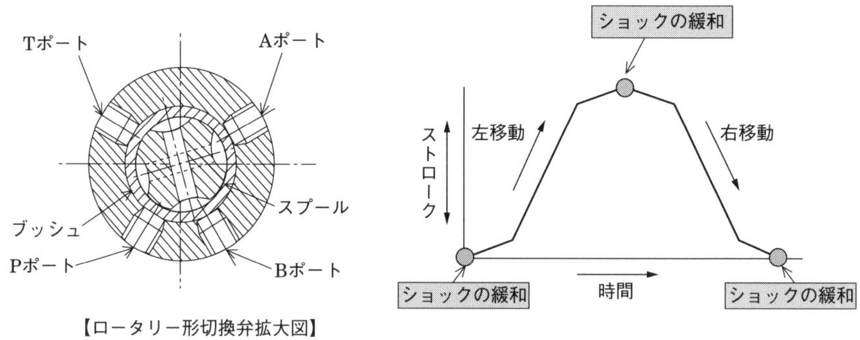

図 4.17　衝撃緩和機構

(11) 油圧回路の作成

平面研削盤の油圧回路を，**図 4.18** に示す．また，サイクル線図と流量-圧力-動力線図を**図 4.19** に示す．

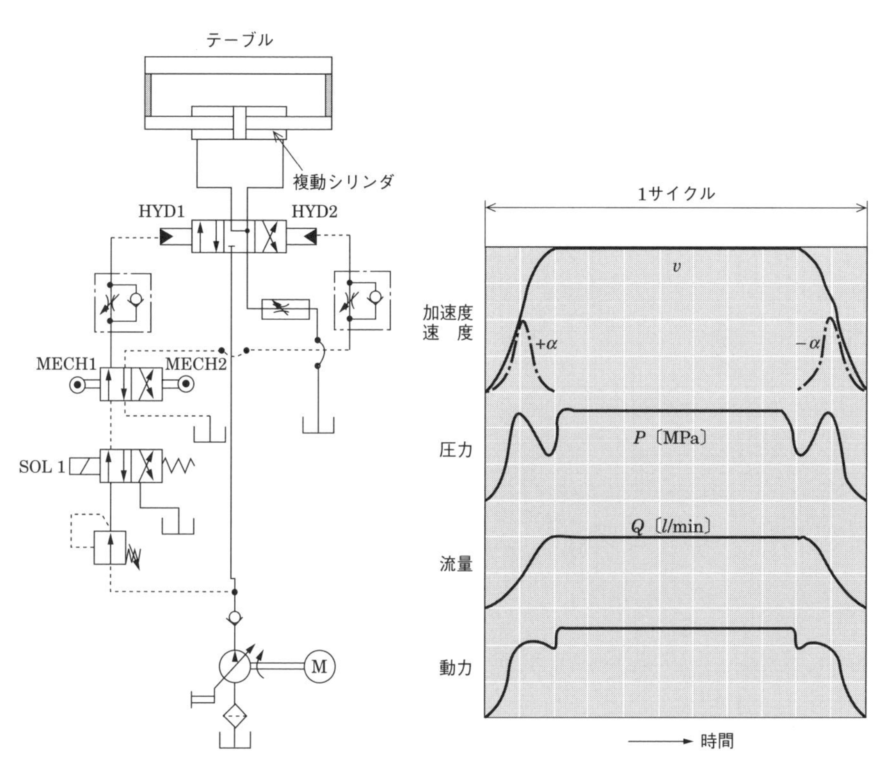

図 4.18　平面研削盤の油圧回路

図 4.19　流量-圧力-動力線図

4.4　アキュムレータ回路の効率的な設計

アキュムレータ*5は動力削減のために使用されるが，より効率をよくするために，以下の点に留意する必要がある．

図 4.20 は水門などのゲートを最下端位置で長時間押し付け，水密を保つためにACCを用いた油圧回路図である．ACCは，油圧装置内部のリークの補給用であり，油圧ポンプをできるだけ長時間停止させておいて，所定の圧力（押付け力）を保持させるものである．またリリーフ弁は押付け力を規制し，油圧シリンダロッドのバックリングを防ぐためのもので，あまり高い設定圧力にすることはできない．この油圧回路において，ACCが有効に働かず，ポンプが頻繁に作動することがある．

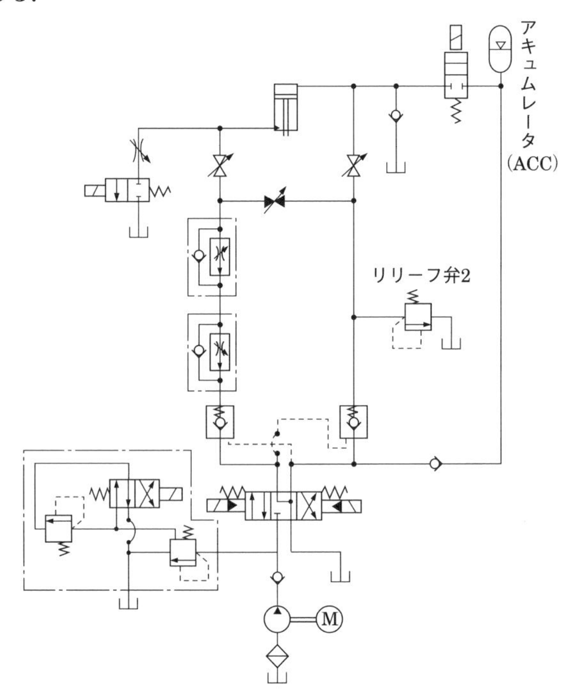

図 4.20　ACC 油圧回路

＊5　アキュムレータ（accumlator；ACC）：蓄圧器

✿原　因

ACCの圧油が，リリーフ弁のオーバライド特性の影響でリリーフ弁から逃げてしまい，そのため圧力が早く低下して油圧ポンプが頻繁に作動することになった．

✿留意事項

(1) 定容量形ポンプの場合

定容量形ポンプを使用する場合は，図4.20に示すとおり，リリーフ弁が併用される．リリーフ弁の性能の一つに，**圧力オーバライド特性**があるが，この特性は，圧力制御弁の機種によっても異なる．例えば，パイロット作動形リリーフ弁と直動形リリーフ弁では，**図4.21**に示すように大きな違いがある．油圧回路の仕様を決めるときには，このオーバライド特性を十分理解しておく必要がある．

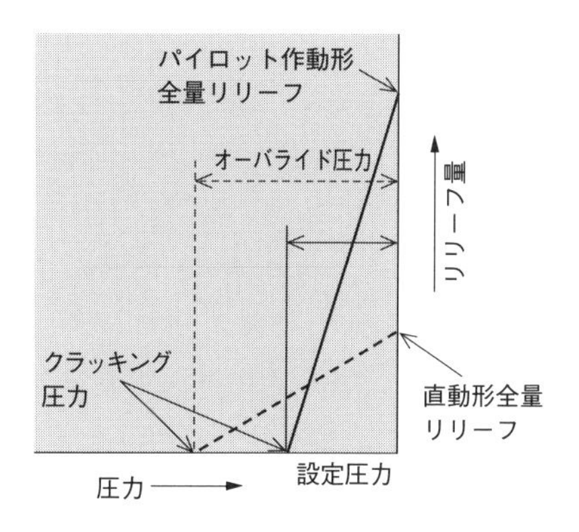

図4.21　リリーフ弁特性

ACCの有効圧油量Qは

ACC容積：V〔l〕，ガス封入圧力：P_1〔MPa〕

ACC下限圧力：P_2〔MPa〕，ACC上限圧力：P_3〔MPa〕とすると

$$Q = V P_1 \left(\frac{1}{P_2} - \frac{1}{P_3} \right) \tag{4.21}$$

として求められる．

リリーフ弁の設定圧力をP_s，オーバライド圧力をP_dとすると

$$P_3 \leq P_s - P_d$$

でなければならない．

ここで，$P_s = 6$〔MPa〕，$P_2 = 2.5$〔MPa〕の制限があると，P_dをできるだけ小さい機種を選定しないと，Qを大きくとることができない．直動形のP_dを3 MPa程度，パイロット作動形で1 MPa程度とすると，直動形の$P_3 = 3$〔MPa〕，パイロット形の$P_3 = 5$〔MPa〕となる．$V = 10$〔l〕，$P_1 = 2.2$〔MPa〕とすると

$$\text{直動形の}\ Q = 10 \times 2.2 \times \left(\frac{1}{2.5} - \frac{1}{3} \right) = 1.47\ 〔l〕$$

$$\text{パイロット形の}\ Q = 10 \times 2.2 \times \left(\frac{1}{2.5} - \frac{1}{5} \right) = 4.4\ 〔l〕$$

となり，直動形の場合はパイロット形の$\frac{1}{3}$程度の圧油量しか有効に使用できないことになる．

つまり，シリンダを含めた油圧装置全体の漏れ量を補うACCの有効な油量が少ないと，ポンプが頻繁に稼動し，ACC設置の意味が少なくなる．したがって，ゲート下端で水密状態を維持させるためには，リリーフ弁のオーバライド特性を十分把握する必要がある．

(2) 可変容量形ポンプの場合

可変容量形ポンプの場合はリリーフ弁を使用しないので，圧力オーバライドはない．したがって，ACCの有効油圧量は式(4.21)において$P_3 = P_s$とすることができるので，リリーフ弁を使用する場合に比べて大きく改善される．

II 編

空気圧回路

1章

空気圧の基礎知識

■自動化への適用例 — サーボモータのバランサ

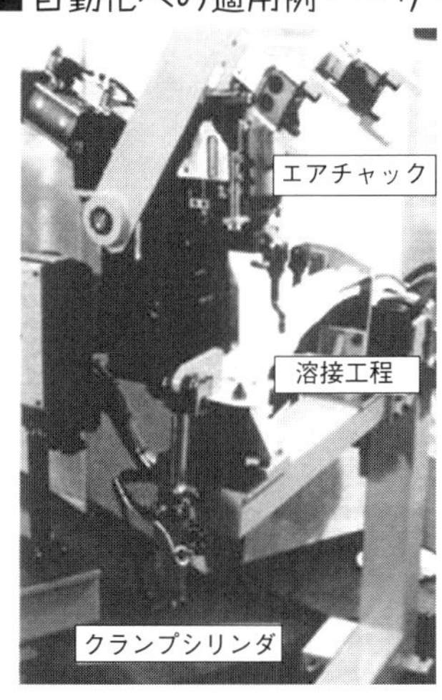

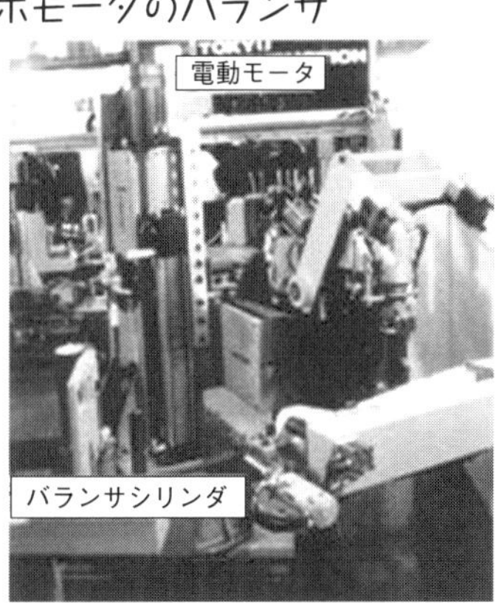

ロボットを上下するリフタの動作に，空気圧シリンダをバランサとして使用した例である．サーボモータは位置精度よく上下運動を行うことができる．このサーボモータの補助推力として，空気圧シリンダのキャップ側にリフタにつり合う一定圧力をかけてバランスさせ，サーボモータのコンパクト化を図っている．上下方向の移動であるため，安全を考慮して空気圧シリンダにブレーキ付きのものを採用すれば，任意の位置での落下防止が可能となる．

1.1　空気圧の概要
―大気と圧力および単位表現の組合せ

我々が住む地球の表面は厚さ十数 km にわたって気体に覆われており，この気体の層を大気と呼ぶ．大気の主成分は窒素，酸素，アルゴン，二酸化炭素，水蒸気などで，対流現象によって常に撹拌されてその組成は一定に保たれており，一般に**空気**と呼ばれる．

水分を含まない空気を**乾き空気**と呼び，**表 1.1** に示す組成となっている．また，実際の空気は少量の水を気体として含んでいるが，これを**湿り空気**と呼ぶ．空気中の水分は温度，場所などの条件によってまちまちであるため，一般には組成として表すことができない．また，水分以外にも，塵(じん)あいなどの不純物が含まれている．我々は，空気圧システムに，この空気を作動流体として利用している．

表 1.1　空気の組成

	窒素	酸素	アルゴン	二酸化炭素
容積	78.09	20.95	0.93	0.03
質量	75.53	23.14	1.28	0.05

空気に代表される気体は，固体や液体に比べて分子間距離が大きく，その運動は自由な状態にある．**図 1.1** に示すように，容器中に空気を密閉した状態では空気の分子は自由運動しており，分子どうし，あるいは容器の内壁に衝突を繰り返している．分子が容器の内壁に衝突した際には容器を外側に向かって押す力が生じるが，個々の分子では微々たるものである．しかし容器内では多くの分子が絶えず衝突を繰り返しているため，容器の内壁はその面積や分子の密度，あるいは分子の運動状態に応じて一定の力を受ける．これが**圧力**である．分子の数は非常に多くまたその衝突はランダムであるため，圧力は壁面に垂直に作用し，あらゆる場所で等しくなる．

気体の圧力は密閉された容器内では温度や容積によって変化する．例えば，容積を一定に保ったまま気体の温度を上昇させると分子の運動が激しくなり壁への衝突の頻度が増え，その結果，圧力は上昇する．また，容器を圧縮して内容積を小さくするとやはり分子の密度が増し，衝突の頻度が増えるため圧力が上昇する．

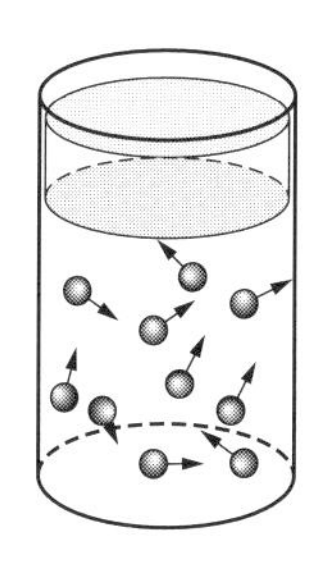

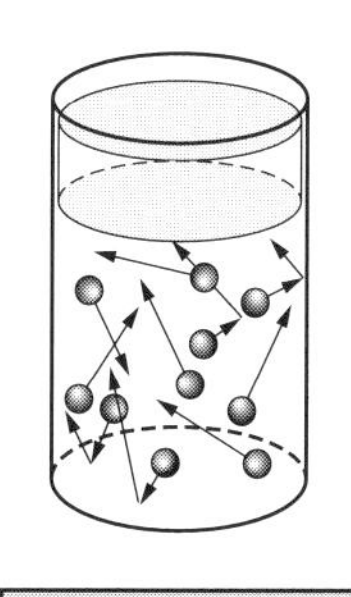

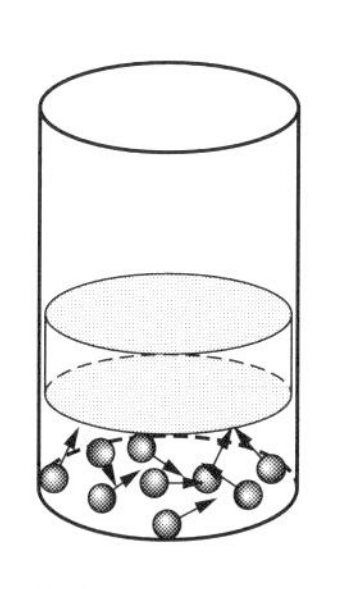

温度が上ると…

同じ分子数でも運動が活発になり，衝突の頻度が増えるため圧力が上昇する

容積が小さくなると…

同じ分子数であるため密度が増え，圧力が上昇する

図 1.1　気体と圧力

以上より，圧力は気体の状態が一定であればそれを受ける面積に比例するため，単位面積あたりの力として表される．すなわち，圧力を式で表せば，次のようになる．

$$P = \frac{F}{A} \tag{1.1}$$

ここで，P：圧力，F：力，A：面積

後述するパスカルの原理やシリンダの理論推力計算には式 (1.1) を用いるが，**表 1.2** に示す単位の組合せとすると計算を円滑に行うことができる．以下，本編では **SI 単位系**[*1] を用いる．

表 1.2　SI 単位系と工学単位系

	力	面積	圧力
SI 単位系	N	$\mathrm{mm^2}$	MPa（$=\mathrm{N/mm^2}$）
工学単位系	kgf	$\mathrm{cm^2}$	$\mathrm{kgf/cm^2}$

＊1　計量法改正によって，1999 年 9 月 30 日以降 SI 単位系を用いることとなった．

$1\ \mathrm{kgf} \simeq 9.81\ \mathrm{N}$

$1\ \mathrm{N} \simeq 0.102\ \mathrm{kgf}$

$1\ \mathrm{kgf/cm^2} \simeq 0.0981\ \mathrm{MPa}$

$1\ \mathrm{MPa} \simeq 10.2\ \mathrm{kgf/cm^2}$

慣習的に工学単位系が用いられる場面もあるため，両方知っておくことが望ましい．

1.2　パスカルの原理とシリンダの理論推力

密閉された容器内では，圧力は容器内のすべての面に垂直に等しい大きさで伝わる．これを**パスカルの原理**という．**図 1.2** に示す容器内に流体を満たし，大きいピストンに重量 W〔N〕が作用しているとき，これとつり合うように小さいピストンを力 F〔N〕で押す．このときの圧力は式 (1.1) より，次のようになる．

・**重量 W によって発生する圧力**　$P_1=\dfrac{W}{B}$　(1.2)

・**力 F によって発生する圧力**　$P_2=\dfrac{F}{A}$　(1.3)

ここで，ピストンが静止しているのであればパスカルの原理より容器内の圧力はどこをとっても等しいので，$P_1=P_2$，すなわち

$$\frac{W}{B}=\frac{F}{A} \tag{1.4}$$

となる．したがって，つり合いを保つために必要な力 F は

$$F=\frac{A}{B}W \tag{1.5}$$

となる．空気圧システムではこのパスカルの原理を応用して大出力を発生させ，さまざまな仕事を行う．

さて，式 (1.1) をシリンダに当てはめて考えれば**シリンダの理論推力** F を求めることができる．

$$F=PA \tag{1.6}$$

ここで，F：シリンダ理論推力〔N〕，P：使用圧力〔MPa〕，A：シリンダ受圧

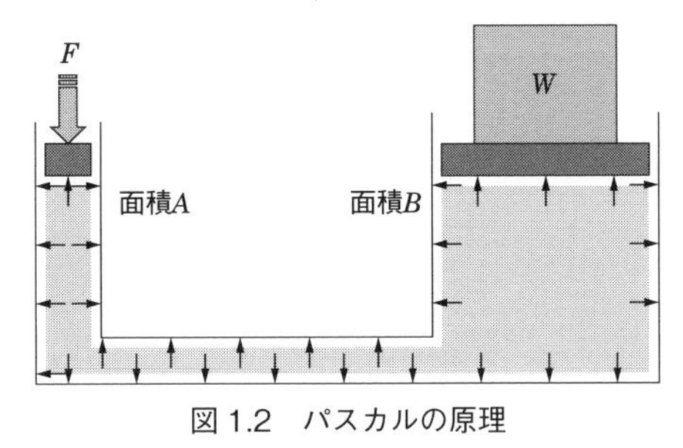

図 1.2　パスカルの原理

面積〔mm^2〕

これを片ロッドシリンダに当てはめれば，受圧面積の違いから押し側，引き側それぞれの理論推力は次のようになる．

・**押し側理論推力**　$F_1 = PA_1 = P\dfrac{\pi}{4}D^2$　(1.7)

・**引き側理論推力**　$F_2 = PA_2 = P\dfrac{\pi}{4}(D^2 - d^2)$　(1.8)

ここで，F_1，F_2：押し側，引き側の理論推力〔N〕，P：使用圧力〔MPa〕，A_1，A_2：シリンダキャップ側，ヘッド側受圧面積〔mm^2〕，D：シリンダチューブ内径〔mm〕，d：シリンダロッド径〔mm〕

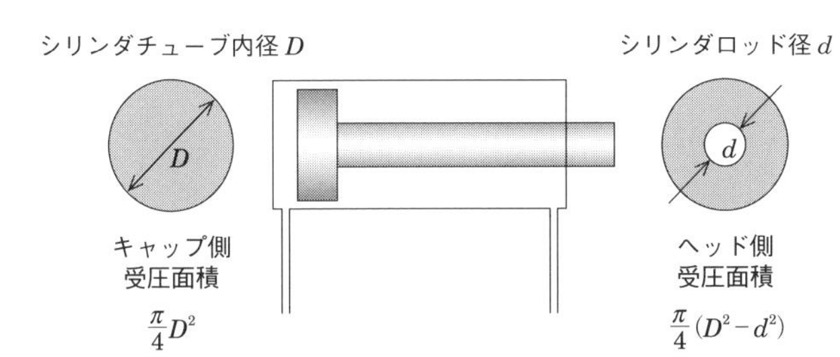

図 1.3　片ロッドシリンダの受圧面積

問題 1

シリンダ径 40 mm，ロッド径 16 mm のシリンダを 0.5 MPa で使用した．押し側，引き側それぞれの理論推力を求めよ．

解　答

押し側理論推力 F_1，引き側理論推力 F_2 は，式 (1.7)，(1.8) より*2

$$F_1 = P\frac{\pi}{4}D^2 = 0.5\frac{\pi}{4}40^2 = 628 \text{〔N〕}$$

$$F_2 = P\frac{\pi}{4}(D^2 - d^2) = 0.5\frac{\pi}{4}(40^2 - 16^2) = 528 \text{〔N〕}$$

*2　シリンダ内径 50 mm，圧力 0.5 MPa で，押し側がおおむね 1 000 N になることを覚えておくと，検算などのときに便利である．

$$0.5\frac{\pi}{4}50^2 = 982 \text{〔N〕} \simeq 1\,000 \text{〔N〕}$$

1.3　負荷率とシリンダの選定

先に求めたシリンダの理論推力はあくまで計算上の値である．これに対して実際のシリンダの推力は，パッキンの摺動抵抗やピストンおよびロッドの重量，さらに配管やバルブによって発生する**背圧**[*3]などにより，理論推力より減少する．

そこで，実用上必要な推力をもとにシリンダ内径を決定するには**負荷率**という考え方を用いる．負荷率ηは，シリンダの理論推力に対する実際の負荷を割合で表したものであり，次の式となる．

$$\eta = \frac{\text{実際の負荷}}{\text{シリンダの理論推力}} \tag{1.9}$$

式からも明らかなように，負荷率が小さいほど，すなわち実際の負荷がシリンダの理論推力より小さいほどシリンダは余裕を持って仕事を行うことができる．逆に負荷率が1に近い状態では，シリンダ推力と実際の負荷がつり合うこととなり，余裕をもって仕事を行うことができない．

シリンダの選定にあたっては**表1.3**に示す使用の状態からまず負荷率を決定し，実際の負荷の大きさからシリンダの理論推力を求め，シリンダ径の決定を行う．

表の③に示すガイドを使用した動的作業では，負荷率が1以下となっているが，シリンダの推力は負荷の加速のみに使用されるため，問題ない．

＊3　シリンダの動作時，排気側の配管やバルブの抵抗により発生する，シリンダの動作を妨げる方向に働く圧力．

表 1.3　負荷率の目安

動作の状態		負荷率 η
①　**静的作業** クランプ，低速のカシメ等 （W：クランプに必要な力）	W	0.7 以下
②　**動的作業** 負荷の水平移動（すべり） 負荷の垂直移動 （W：負荷の重量）	W　W	0.5 以下
③　**動的作業** 負荷の水平移動 （リニアガイド使用） （W：負荷の重量）	W	1.0 以下

問題 2

空気圧シリンダを用いて，重量 1 000 N のワークを垂直方向に押し上げる作業を行う．使用圧力は 0.4 MPa である．必要なシリンダチューブ径を以下の JIS 標準サイズから選定せよ．

シリンダ径〔mm〕

20，25，32，40，50，63，80，100，125，140，160，180，200，250

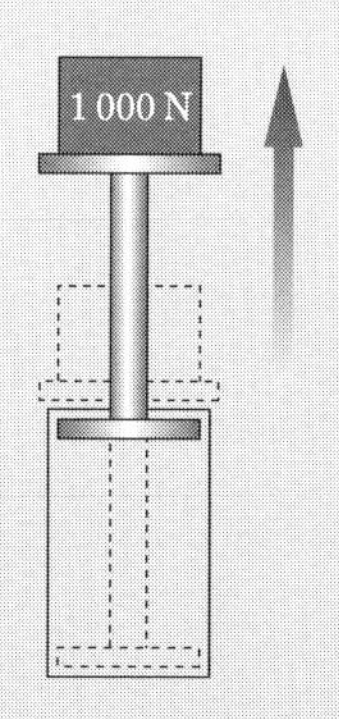

図 1.4　シリンダチューブ径の選定

解答

垂直方向の押し上げ動作であるので，表 1.3 より，負荷率を $\eta=0.5$ とする．式（1.9）より理論推力は

$$\frac{実際の負荷}{\eta}=\frac{1\,000\ \text{〔N〕}}{0.5}$$
$$=2\,000\ \text{〔N〕}$$

となる．よって，必要なシリンダの受圧面積は式（1.6）より

$$A=\frac{F}{P}$$
$$=\frac{2\,000\ \text{〔N〕}}{0.4\ \text{〔MPa〕}}$$
$$=5\,000\ \text{〔mm}^2\text{〕}$$

となる．これよりシリンダチューブ径[*4]は

$$A=\frac{\pi}{4}D^2$$
$$D=\sqrt{\frac{4A}{\pi}}$$
$$=\sqrt{\frac{4\times 5\,000\ \text{〔mm}^2\text{〕}}{\pi}}$$
$$=79.8\ \text{〔mm〕}$$

となる．以上より，ϕ80 mm のシリンダを選定する．

*4　シリンダチューブ径は，原則として計算された値を上回る中で一番近いものを選定する．少々のオーバであれば，負荷率で余裕を見込んでいるので選定しても問題ない．

空気圧機器メーカのカタログには負荷率の考え方をもとにして，負荷の大きさと使用空気圧力からシリンダ径の選定を行うグラフなどが記載されているので，実用上はこれを用いればよい．

1.4　気体の圧力，体積，温度の関係
―ボイル・シャルルの法則

気体の圧力，温度，体積には密接な関係があることは 1.1 節で述べた．これらの関係は，**ボイル・シャルルの法則**によって表される．ボイル・シャルルの法則は，一定量の空気では，気体の体積はその**絶対圧力**[*5]に反比例し，**絶対温度**に比例することを表す．

$$\frac{P_1 V_1}{T_1} = \frac{P_2 V_2}{T_2} \tag{1.10}$$

ここで，P_1：変化前の絶対圧力（＝**ゲージ圧力**＋0.1013）
V_1：変化前の体積
T_1：変化前の絶対温度（＝摂氏温度＋273.15）
P_2：変化後の絶対圧力
V_2：変化後の体積
T_2：変化後の絶対温度

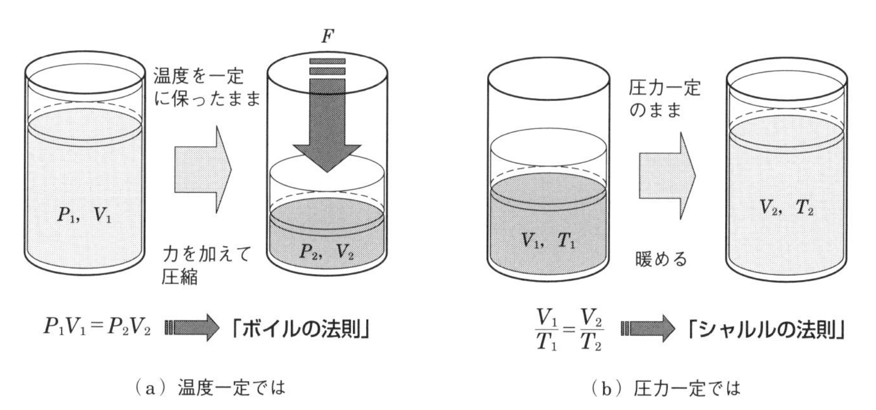

図 1.5　ボイル・シャルルの法則

＊5　圧力の表し方には 2 通りあり，普段我々が用いているのは大気圧を基準（0 点）としたゲージ圧力である．これに対し，絶対真空を基準としたのが，絶対圧力である．

絶対圧力＝ゲージ圧力＋標準大気圧（0.1013 MPa）

両者の混同を避けるため，ゲージ圧力は MPa G，絶対圧力は MPa abs と表すことがある．

問題3

圧力0.6 MPa，温度35℃の圧縮空気を毎分1 m^3 で吐き出しているコンプレッサがある．このコンプレッサは毎分何 m^3 の大気を吸い込んでいるか．ただし，大気温度は25℃とし，コンプレッサの損失は無視してよい．

解　答

大気圧状態の添字を1，圧縮状態を2として表せば

$P_1 = 0.1013$〔MPa abs〕

$T_1 = 298.15$〔K〕

$P_2 = 0.7013$〔MPa abs〕

$T_2 = 308.15$〔K〕

$V_2 = 1$〔m^3〕

となる．式（1.10）より吸込み量は

$$\frac{P_1 V_1}{T_1} = \frac{P_2 V_2}{T_2}$$

$$V_1 = \frac{P_2}{P_1} \cdot \frac{T_1}{T_2} V_2$$

$$= \frac{0.7013}{0.1013} \cdot \frac{298.15}{308.15}$$

$$= 6.7 \text{〔} m^3 \text{〕}$$

となる*6.

*6　コンプレッサ室は，特に夏期は空気圧縮時の排熱により高温となる．一方，高温で膨張した空気を圧縮するには余分なエネルギーが必要となる．圧縮効率を高めるには，式（1.10）からも明らかなとおり，十分に換気を行い，コンプレッサの吸入空気の温度を下げることが重要である．

以上説明したとおり，空気はその圧力や温度によって体積が変化する．したがって空気の体積や流量を表すには，本来「圧力 0.5 MPa，温度 23℃の空気が 1 m^3」などと，そのときの圧力と温度[*7]を対応させて表現しなければならない．しかし，こういった表し方では取扱いが不便であるため，実用上は対象となっている空気の状態を，基準となる圧力と温度に変化させたと仮定し，体積や流量を表す．この基準としては，一般的に**標準状態**が用いられる．

標準状態とは，気体を 20℃（293 K），1 気圧（0.1013 MPa abs）相対湿度 65%とした状態の空気である．このときの空気の密度は 1.20 kg/m^3 となる．標準状態に換算された空気では，単位に（ANR）を付加して，例えば流量 50 l/min（ANR）のように表す．空気圧の分野では，カタログなどに表記されている各種機器の定格流量などには，一般に標準状態に換算された値が用いられる．この換算を**標準状態換算**と呼び，ボイル・シャルルの法則を当てはめて行う．

＊7　普段我々が用いているのは，水の融点と沸点を基準とした**摂氏温度〔℃〕**であるが，これに対し絶対零度を基準とした絶対温度〔K〕がある．

絶対温度＝摂氏温度＋273.15

1.5 空気の流れについて ―流量と連続の式

いま，流体が管の中を流れている状態を考える．このとき，単位時間あたりに流れた流体の量を**流量**と呼び，単位は一般に〔l/min〕で表す．流量は，流体が流れる管の断面積と**平均流速**[*8]を乗じた値となり，それぞれの単位を〔mm²〕，〔m/s〕とすると次のように表される．

$$Q = \frac{60}{1\,000} Av \tag{1.11}$$

ここで，Q：流量〔l/min〕，A：管の断面積〔mm²〕
v：流体の平均流速〔m/s〕

流体が圧縮空気の場合は，一般に標準状態に換算した流量〔l/min(ANR)〕により表す．

さて，**図 1.6** に示す断面積が変化する管について，点 1 および点 2 それぞれの断面を流れる流量を考えてみる．空気が**定常状態**[*9]で管の中を流れているとき，点 1 と点 2 を流れる空気の流量は，それぞれ式 (1.11) を当てはめれば

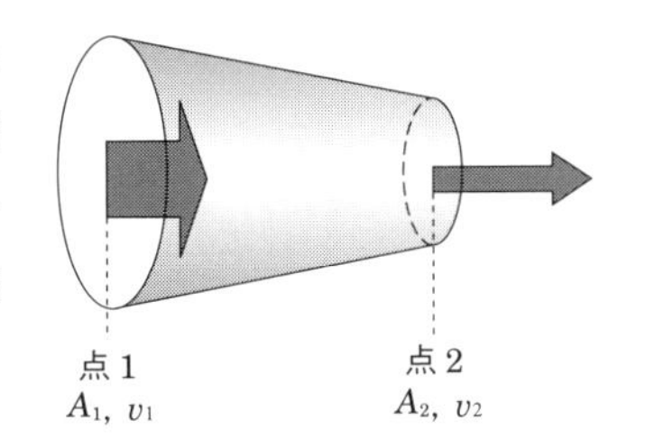

図 1.6　連続の式

$$Q_1 = \frac{60}{1\,000} A_1 v_1 \qquad Q_2 = \frac{60}{1\,000} A_2 v_2$$

である．

ここで，点 1 を流れた空気がそのまま点 2 を流れることは明らかであり，したがって点 1 と点 2 の流量は同じである．これより

$$Q = A_1 v_1 = A_2 v_2 = 一定 \tag{1.12}$$

が成り立つ．これを**連続の式**と呼ぶ．すなわち，断面積と平均流速の積は常に一定となり，同じ流量の流体を流す場合，配管の断面積が小さければ流速は速く，断面積が大きいほど流速は遅くなることを表す．

＊8　管路内での流速は均一ではない．例えば層流の場合，管の中央が最も流速が速く，壁面に近づくに従って流速は遅くなる．ここではそれらを平均した平均流速を用いる．

＊9　流れの状態が時間的に変化しない，安定した流れ．

問題 4

シリンダチューブ径 40 mm，ロッド径 16 mm のシリンダを圧力 0.4 MPa で，押し側，引き側ともに 300 mm/s で動作させる．押し，引きそれぞれの動作に必要な空気流量（標準状態換算）を求めよ．

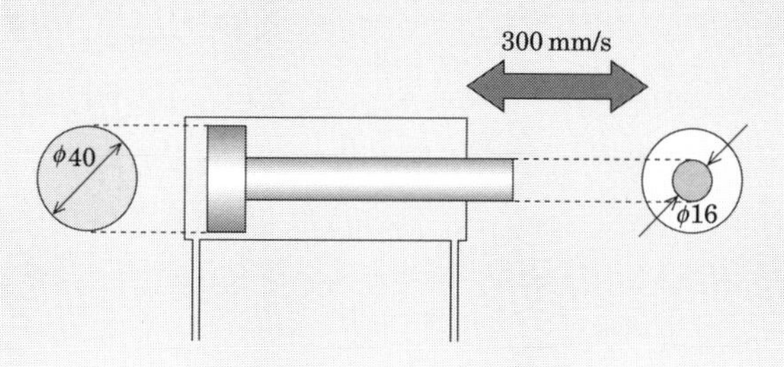

図 1.7　シリンダの空気流量

解　答

押し側，引き側それぞれの受圧面積は

$$A_1 = \frac{\pi}{4} D^2 = \frac{\pi}{4} 40^2 = 1\,257 \text{〔mm}^2\text{〕}$$

$$A_2 = \frac{\pi}{4} (D^2 - d^2) = \frac{\pi}{4} (40^2 - 16^2) = 1\,056 \text{〔mm}^2\text{〕}$$

である．よって，それぞれの標準状態換算流量は，式（1.11），使用圧力と動作速度（300 mm/s＝0.3 m/s），および問題 3（p.148）に示した標準状態換算の式から

$$Q_1 = \frac{60}{1\,000} A_1 v \frac{P + 0.1013}{0.1013}$$

$$= \frac{60}{1\,000} \times 1\,257 \text{〔mm}^2\text{〕} \times 0.3 \text{〔m/s〕} \times \frac{0.4 + 0.1013}{0.1013}$$

$$= 112 \text{〔}l\text{/min (ANR)〕}$$

$$Q_2 = \frac{60}{1\,000} A_2 v \frac{P + 0.1013}{0.1013}$$

$$= \frac{60}{1\,000} \times 1\,056 \text{〔mm}^2\text{〕} \times 0.3 \text{〔m/s〕} \times \frac{0.4 + 0.1013}{0.1013}$$

$$= 94 \text{〔}l\text{/min (ANR)〕}$$

となる．

1.6　オリフィスと有効断面積

図 1.8 に示すような，絞り開口部の径に比べて絞り部が短い（薄い）絞りを**オリフィス**と呼ぶ．管の一部がその前後と比較して著しく絞られていると，その部分で流れの状態が変化する．すなわちオリフィスに向かって流れは徐々に圧縮され，開口部を通過したやや先で最小面積となり，ここから再び広がる．この最小面積を**有効断面積**と呼び，オリフィス部を流れる流体が通過する等価面積と考える．空気圧回路で用いられる方向切換弁などの機器内部では，圧縮空気の実際の流れが複雑であるため，機器を一つのオリフィスと見なして，その機器が空気を流す能力を有効断面積によって表す．

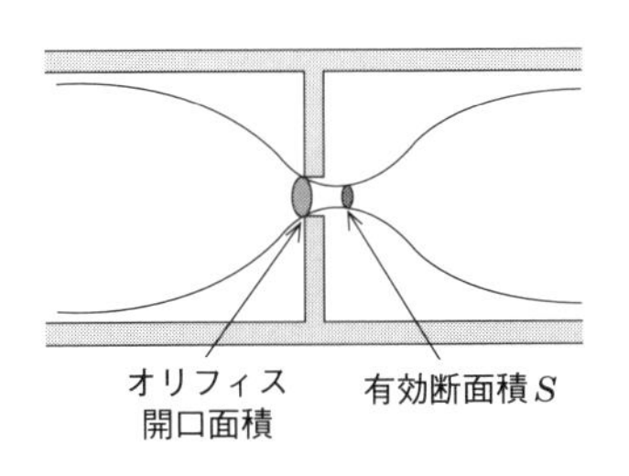

図 1.8　オリフィスの有効断面積

オリフィスを流れる圧縮空気の流量は，絞り前後の圧力差と有効断面積によって決まるが，実用上は次の簡易式を用いて表す．

$$Q = 226S\sqrt{P_2(P_1 - P_2)} \qquad (1.13)$$

または，$Q = 113SP_1$　　(1.14)

ここで，Q：流量（標準状態）〔l/min（ANR)〕，S：有効断面積〔mm^2〕，P_1，P_2：上流側，下流側絶対圧力〔MPa abs〕

式（1.13）は**亜音速流れ**（音速以下），式（1.14）は**音速流れ**に適用され，$P_1 > 1.89P_2$ であれば音速，それ以下を亜音速と見なす[*10]．

＊10　“1.89” は流れの状態が音速と亜音速で変化する圧力比であり，臨界圧力比と呼ばれる．

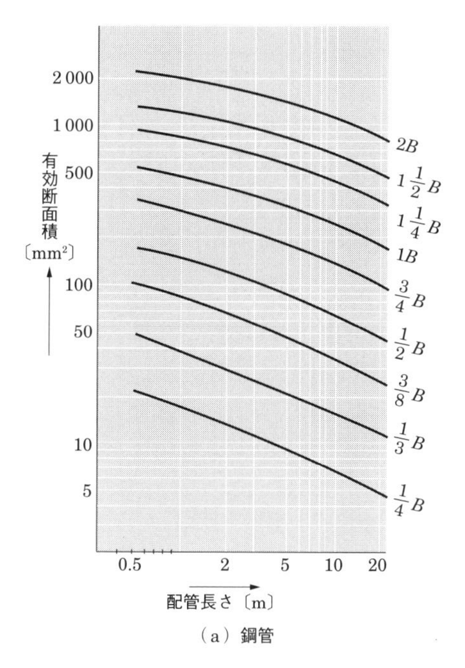

（a）鋼管

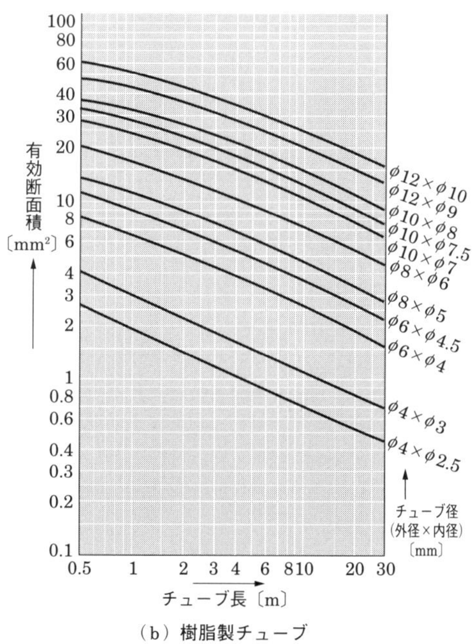

（b）樹脂製チューブ

図 1.9　鋼管および樹脂製チューブの有効断面積

一般的な空気圧設備では，空気圧機器（バルブ，配管など）は亜音速流れ，ブローノズルなどは音速流れとなる．空気圧配管についても同様に，有効断面積を用いて空気を流す能力を表す．以下に樹脂製チューブと鋼管の有効断面積計算式を，**図 1.9** にこれをグラフ化したものを示す．

$$S = \frac{\pi d^2}{4} \frac{1}{\sqrt{\lambda \frac{L}{d} + 1}} \tag{1.15}$$

ここで，S：有効断面積〔mm^2〕，d：配管の内径〔mm〕，λ：管摩擦係数（樹脂製チューブ 0.013，鋼管 SGP 0.02 ～ 0.03），L：管の長さ〔mm〕

空気圧機器のカタログでは，機器が空気を流す能力を **C_v 値**を用いて表しているものもある．スプール弁の場合は，有効断面積 S と C_v 値の間には，おおむね $S = 18.45C_v$ の換算が成り立つ．

問題 5

有効断面積 S が 20 mm^2 の配管に圧縮空気を流す．上流側の圧力は 0.4 MPa，下流側の圧力が 0.35 MPa であった．流量を求めよ．

解　答

上流側の圧力は 0.5013 MPa abs，下流側の圧力は 0.4513 MPa abs である．よって

$$\text{圧力比}\ \frac{0.5013}{0.4513} = 1.1 < 1.89$$

から亜音速流れとなるので，式（1.13）より

$$Q = 226S\sqrt{P_2(P_1 - P_2)} = 226 \times 20\sqrt{0.4513(0.5013 - 0.4513)}$$
$$= 679\ [l/\text{min (ANR)}]$$

となる．

1.7　合成有効断面積

実際の空気圧回路では方向切換弁や配管，速度制御弁など，複数の機器が直列に接続され空気圧システムを構成している．このような場合，これら複数の機器の有効断面積を一つにまとめ，**合成有効断面積**として取り扱えば便利である．

直列接続の合成有効断面積 S は，個々の機器の有効断面積 S_1，S_2，…より次の式によって計算される．

$$\left.\begin{aligned} \frac{1}{S^2} &= \frac{1}{{S_1}^2} + \frac{1}{{S_2}^2} + \frac{1}{{S_3}^2} + \frac{1}{{S_4}^2} + \cdots \\ S &= \frac{1}{\sqrt{\dfrac{1}{{S_1}^2} + \dfrac{1}{{S_2}^2} + \dfrac{1}{{S_3}^2} + \dfrac{1}{{S_4}^2} + \cdots}} \end{aligned}\right\} \tag{1.16}$$

図 1.10　直列接続の合成有効断面積

合成有効断面積は，個々の機器の有効断面積のうち最小の機器の影響を強く受ける．したがって空気圧機器の組合せにおいては，同程度の有効断面積を持つ機器を組み合わせることで，効率よく空気を流すことができる[*11]．

＊11　道路を例にするとわかりやすい．たとえ 5 車線道路でも，その一部が工事などによって 1 車線に規制されていれば，流れる車の量は 1 車線分でしかない．同様に，直列接続の場合，合成有効断面積は個々の機器の有効断面積のうち最小のもの以上にはならない．

並列接続の場合は，合成有効断面積は単純な和として表すことができる．すなわち

$$S = S_1 + S_2 + S_3 + S_4 + \cdots$$

となる．設備配管では空気使用量増大に伴う圧力損失を最小限に抑えるため，配管系統をループ状に設置する場合があるが，これは並列接続によって配管の合成有効断面積を確保し，流量増加に対する圧力損失を緩和するねらいがある．

問題 6

制御機器の有効断面積が $S_1 = 10$〔mm^2〕，$S_2 = 10$〔mm^2〕，$S_3 = 10$〔mm^2〕，$S_4 = 10$〔mm^2〕のシステムの合成有効断面積（片側）を求めよ．

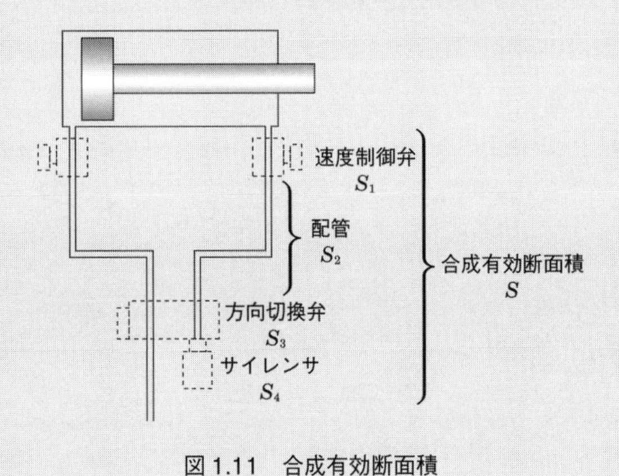

図 1.11　合成有効断面積

解　答

式（1.16）より

$$S = \frac{1}{\sqrt{\frac{1}{10^2} + \frac{1}{10^2} + \frac{1}{10^2} + \frac{1}{10^2}}} = 5 \text{〔mm}^2\text{〕}$$

となる．

コラム

ここに示したように，同じ有効断面積を持つ機器を 4 個組み合わせると，これらの合成有効断面積は個々の機器の有効断面積の半分となる．一般的なシステムの場合，図 1.11 に示すように機器の組合せは片側 4 個となるので，有効断面積が近い機器を組み合わせることにより，合成有効断面積の計算が簡単になる．

以上より，機器の選定にあたっては，空気圧シリンダの動作に必要な合成有効断面積の 2 倍以上の有効断面積を目安に，機器群を選定すればよい．

実用上，アクチュエータの動作速度は速度（流量）制御弁の開度により調整されるが，より詳しくは速度制御弁の流量特性より選定を行う（p.200，図 4.15 参照）．

1.8　空気圧機器を流れる空気流量
―音速コンダクタンスと臨界圧力比

空気圧機器を流れる空気流量の計算において，従来は1.6節に示した有効断面積Sが用いられていたが，ISOの制定により，JISでも音速コンダクタンスC〔$\mathrm{dm^3/s \cdot bar}$〕と臨界圧力比$b$が用いられることとなった．これらについて説明する．

図1.12に示すような対象機器（音速コンダクタンスC，臨界圧力比b）に空気を流すことを考える．空気圧機器の内部流路の構造は複雑，かつ機器によってまちまちであり，機器内部で流れがチョークする（音速に達する）前後の圧力比$\left(臨界圧力比\ b = \dfrac{P_2}{P_1}\right)$は，機器によって異なる．そこで，試験により求められた機器ごとの臨界圧力比bと，機器が空気を流す能力である音速コンダクタンスC〔$\mathrm{dm^3/s \cdot bar}$〕とを用い，以下の式により流量を計算する．

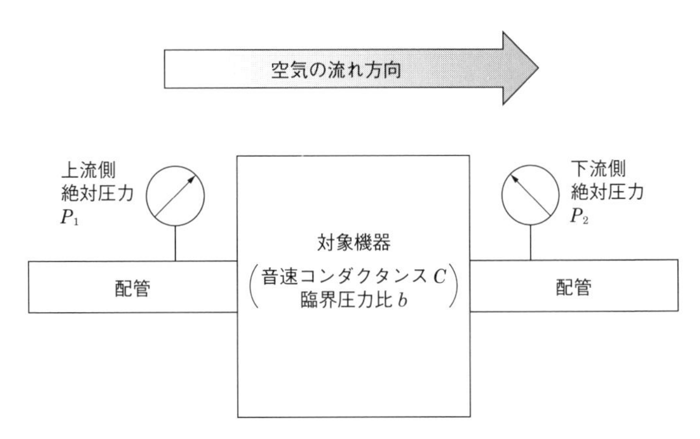

図1.12　音速コンダクタンス，臨界圧力比

・音速流れ $\left(\dfrac{P_2}{P_1} < b\right)$

$$Q = 600\,C\,P_1\sqrt{\frac{293}{T}} \tag{1.17}$$

・亜音速流れ $\left(\dfrac{P_2}{P_1} > b\right)$

$$Q = 600\,C\,P_1\sqrt{1-\left(\frac{\dfrac{P_2}{P_1}-b}{1-b}\right)^2}\sqrt{\frac{293}{T}} \tag{1.18}$$

ここで，Q ：圧縮空気の流量〔dm^3/min (ANR)〕

C ：音速コンダクタンス〔$dm^3/s \cdot bar$〕＊12

b ：臨界圧力比＊13

P_1：上流側絶対圧力〔MPa abs〕

P_2：下流側絶対圧力〔MPa abs〕

T ：空気絶対温度〔K〕＊14

問題 7

音速コンダクタンス $C=2.0$〔$dm^3/s \cdot bar$〕，臨界圧力比 $b=0.3$ の空気圧機器に圧縮空気を流す．上流側圧力 $P_1=0.5$〔MPa abs〕，下流側圧力 $P_2=0.4$〔MPa abs〕，空気温度 $T=293$〔K〕であったとき，このバルブを流れる空気流量を求めよ．

＊12　音速コンダクタンスの単位中の dm^3 はリットル〔l〕である．また単位の組合せから，**音速コンダクタンス**とは対象となる空気圧機器が，時間 1 s，圧力差 1 bar（= 0.1 MPa）あたり，流量 Q〔l〕を流す能力があることを表す．なお，音速コンダクタンス C と有効断面積 S との間で，臨界圧力比 $b = 0.5$ のとき，おおよそ $S = 5C$ が成り立つ．

＊13　臨界圧力比 $b = \dfrac{\text{下流側圧力}\ P_2}{\text{上流側圧力}\ P_1}$ であり，数値が小さいほど上流，下流の圧力差が大きく，チョークしにくい機器であることを表す．

＊14　1.6 節で示した有効断面積から流量を求める式（1.13），式（1.14）は，厳密には流量は温度の影響を受けるが，簡易式のため省略してある．

解　答

$\frac{P_2}{P_1}=\frac{0.4}{0.5}=0.8>b$ であり，亜音速流れとなる．よって式（1.18）より

$$Q=600\,C\,P_1\sqrt{1-\left(\frac{\frac{P_2}{P_1}-b}{1-b}\right)^2}\sqrt{\frac{293}{T}}$$

$$=600\times2.0\times0.5\sqrt{1-\left(\frac{\frac{0.4}{0.5}-0.3}{1-0.3}\right)^2}\sqrt{\frac{293}{293}}$$

$=420$〔dm^3/min(ANR)〕

$=420$〔l/min(ANR)〕

下流側圧力を一定としたときの，上流側圧力と流量の関係を**図 1.13** に示す．亜音速流れ領域では，流量は上流側と下流側の圧力比に依存し曲線的に増加するが，音速流れ（チョーク）領域では機器内部の流速は一定となり，流量は上流側圧力に比例し，下流側圧力に依存しない．

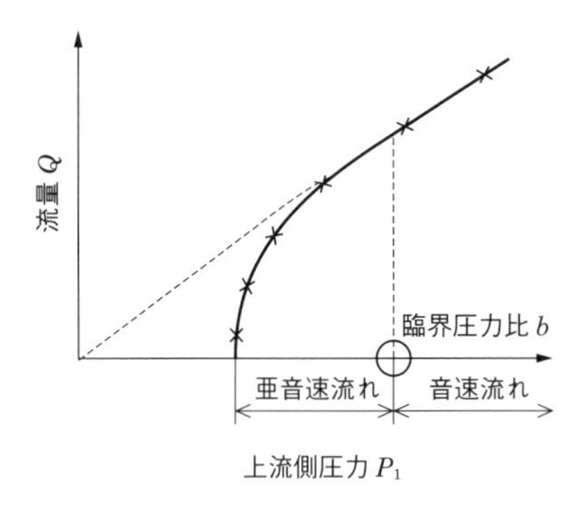

図 1.13　亜音速流れ，音速流れそれぞれの領域の流量変化

1.9 空気圧機器の動作に必要な空気量
― 瞬間空気消費量と平均空気消費量

空気圧シリンダを制御する方向切換弁，速度制御弁，配管などの空気圧機器の選定では，使用する空気圧シリンダのサイズやストローク時間からこれらの機器を瞬間的に流れる最大空気流量を求め，これを余裕を持って流すことができる有効断面積を持った機器を選定する必要がある．一方，コンプレッサや空気圧タンクの選定では，アクチュエータのサイズと動作の頻度から単位時間あたりに必要な空気流量を明らかにし，これを十分まかなう容量を持った機器を選定しなければならない．

これらを表す空気流量には，**瞬間空気消費量**と**平均空気消費量**がある．

✿ 瞬間空気消費量

空気圧システムの瞬間空気消費量とは，空気圧シリンダの動作時における瞬間的な最大流量のことである[*15]．したがって，各種制御弁，空気圧配管などの空気圧機器はこの瞬間空気消費量を流す能力（有効断面積）が必要となる．シリンダ前進時，および後退時の瞬間空気消費量 Q_1 および Q_2〔l/min (ANR)〕は，シリンダの内容積と動作時間より，以下の式によって求められる．

$$\text{前進時}：Q_1 = \frac{\pi}{4} D^2 L \frac{P + 0.1013}{0.1013} 10^{-6} \frac{60}{t_1} \tag{1.19}$$

$$\text{後退時}：Q_2 = \frac{\pi}{4} (D^2 - d^2) L \frac{P + 0.1013}{0.1013} 10^{-6} \frac{60}{t_2} \tag{1.20}$$

ここで，D：シリンダ内径〔mm〕
d：ロッド径〔mm〕
L：シリンダストローク〔mm〕
P：使用圧力〔MPa〕
t_1：シリンダが前進に要する時間〔s〕
t_2：シリンダが後退に要する時間〔s〕

＊15　シリンダなどの空気圧アクチュエータは，一般的には間欠運転を行う．そのため，空気を供給する方向切換弁や配管などには，瞬間的に大流量が流れたり，まったく流れなかったりといった状態の繰返しとなる．

式からも明らかなように，同じサイズのシリンダを用いた場合でも動作に要する時間が短いほど瞬間的に流れる流量は多くなる．瞬間空気消費量は，式（1.19），（1.20）のうち値の大きいほうとなり，Q_{max} で表される．式（1.19）をシリンダの平均速度 v を用いて書き直せば

$$Q_{\mathrm{max}} = \frac{\pi}{4} D^2 v \frac{P + 0.1013}{0.1013} 10^{-6} \times 60 \qquad (1.21)$$

（v：シリンダ平均速度〔mm/s〕）

となる[*16]．すなわち，瞬間空気消費量はシリンダ速度に比例する．

複数のシリンダが動作する場合はタイミングチャートを作成し，ソレノイドバルブなどの流量が個別に流れる機器か，あるいはPRLユニットなどの同時に流れる機器かを考慮し，それぞれに適切なサイズの機器を選定する必要がある．

✿ 平均空気消費量

一般的な空気圧システムにおいて，シリンダは間欠動作を行う．これに対してコンプレッサは常時運転しており，圧縮した空気をタンクに蓄えながら使用している．したがって，コンプレッサの選定にあたっては，次に述べるシリンダの1分間あたりの動作回数を考慮した空気消費量を用いるが，これを平均空気消費

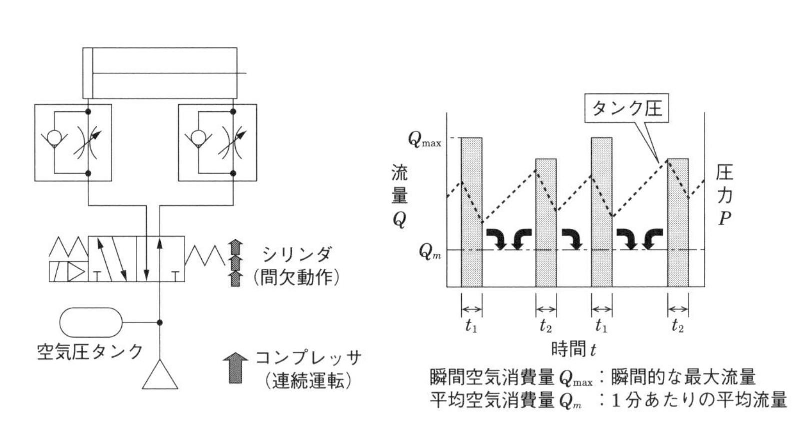

図 1.14　瞬間空気消費量と平均空気消費量

＊16　前進，後退に要する時間が同じ（$t_1 = t_2$）であれば，$Q_{\mathrm{max}} = Q_1$ である．

量と呼ぶ．1分間にn回の往復動作を行うシリンダの前進時，および後退時それぞれの空気消費量Q_{m1}およびQ_{m2}は次の式によって求められる．

$$Q_{m1}=\frac{\pi}{4}D^2L\frac{P+0.1013}{0.1013}\times 10^{-6}n \tag{1.22}$$

$$Q_{m2}=\frac{\pi}{4}(D^2-d^2)L\frac{P+0.1013}{0.1013}\times 10^{-6}n \tag{1.23}$$

（n：シリンダの1分間あたりの往復回数）

シリンダの平均空気消費量Q_mはこれらの和となり

$$Q_m=Q_{m1}+Q_{m2} \tag{1.24}$$

と表される．実用上は切換弁からシリンダまでの配管分を考慮して，この値に50％程度の余裕を見積もる．

問題8

ϕ40-ϕ16-500 stのシリンダを0.5 MPaで動作させる．前進および後退に要する時間を2 sとした場合と1 sとした場合について，瞬間空気消費量Q_{max}を求めよ．

また，1分間に3往復の動作を行うとして，平均空気消費量Q_mを求めよ．

解　答

前進，後退ともに同じ時間で動作する．よって，2 s，1 sそれぞれで動作する場合の瞬間空気消費量は前進時となり，式（1.19）より

・2 sで動作する場合

$$Q_{max1}=\frac{\pi}{4}D^2L\frac{P+0.1013}{0.1013}10^{-6}\frac{60}{t_1}$$

$$=\frac{\pi}{4}\times 40^2\times 500\times\frac{0.5+0.1013}{0.1013}\times 10^{-6}\times\frac{60}{2}$$

$$=112\ [l/\mathrm{min\,(ANR)}]$$

・1 sで動作する場合

$$Q_{max2}=\frac{\pi}{4}\times 40^2\times 500\times\frac{0.5+0.1013}{0.1013}\times 10^{-6}\times\frac{60}{1}$$

$$=224\ [l/\mathrm{min\,(ANR)}]$$

となり，高速で動作するほうが大きくなる．

一方，平均空気消費量は，式（1.22），（1.23），（1.24）より

$$Q_{m1}=\frac{\pi}{4}D^2L\frac{P+0.1013}{0.1013}10^{-6}n$$

$$=\frac{\pi}{4}\times40^2\times500\times\frac{0.5+0.1013}{0.1013}\times10^{-6}\times3$$

$$=11\ \left[l/\min(\mathrm{ANR})\right]$$

$$Q_{m2}=\frac{\pi}{4}(D^2-d^2)L\frac{P+0.1013}{0.1013}10^{-6}n$$

$$=\frac{\pi}{4}(40^2-16^2)\times500\times\frac{0.5+0.1013}{0.1013}\times10^{-6}\times3$$

$$=9.4\ \left[l/\min(\mathrm{ANR})\right]$$

$$Q_m=11+9.4=20.4\ \left[l/\min(\mathrm{ANR})\right]$$

となる．

1.10 空気圧機器の構成と分類
—空気圧源，調質器，制御弁，アクチュエータ

前節までで空気の基礎事項についての説明を行った．空気圧システムは，この圧縮空気をエネルギー伝達の媒体として利用する一連のシステムである．すなわち，機械的エネルギーを空気圧の流体エネルギーに変換し，制御弁などを介してその状態を仕事に応じて適切にコントロールしながらアクチュエータに送り，再び機械的エネルギーに変換して仕事を行う．その特長は

① 力，スピードの調節が容易
② 機器が小形で安価
③ 機器選定と回路作成が容易
④ 過負荷，衝撃対策が容易
⑤ 使用流体が空気であり，流体の漏れによる弊害が少ない

となる．

一般的な空気圧システムでは，多数のシリンダが決まった順序でタイミングを取りながら動作するが，これらを電気的に制御するコントローラ（PLC など）と組み合わせることによって複雑な制御も可能となる．以上から，油圧システムと合わせて多くの省力化装置に用いられ，今日の自動化技術の中核的な役割を担っている．

空気圧システムで用いられる機器を分類すると，**表 1.4** のようになる．次章よりこれらを順に取り上げ，その構造と働きについて説明する．

表 1.4 空気圧機器の分類

① 空気圧源装置	コンプレッサ，アフタークーラ，空気タンク
② 空気調質機器	エアドライヤ，FRL ユニット
③ 制御弁	圧力制御弁，流量制御弁，方向切換弁
④ アクチュエータ	シリンダ，揺動形アクチュエータ，真空パッド，空気圧チャック
⑤ 補助機器	配管，継手，圧力スイッチ，増圧器，等

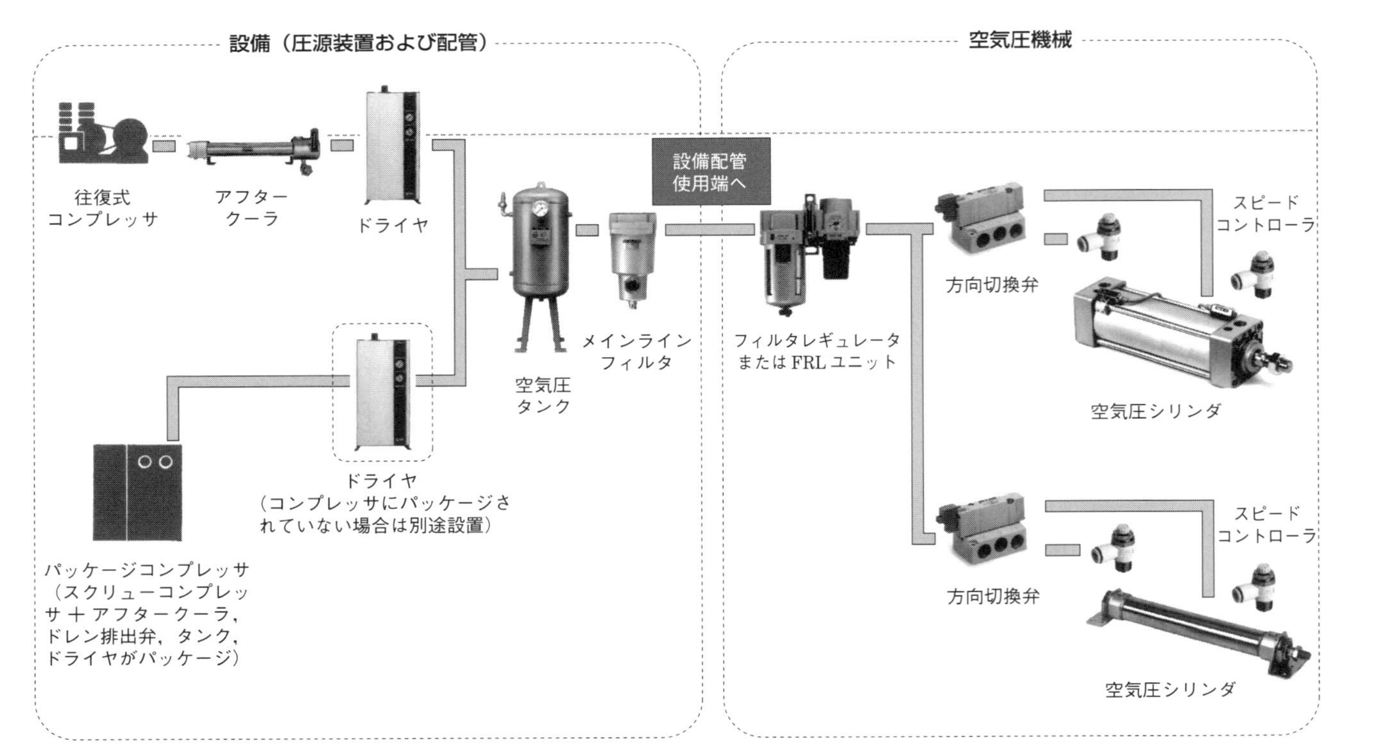

図 1.15　空気圧システム

2章

空気圧源装置

■自動化への適用例ースポット溶接ガンの加圧制御システム

自動車製造業における車体溶接ラインのスポット溶接設備で空気圧システムを適用した例である.

スポット溶接は，鋼板の重ね枚数や材質によってスポット溶接機のチップ加圧力を任意に制御する必要がある．そこで，電空レギュレータを使用し，電気制御によって空気圧力を任意に変更できるシステムとなっている.

2.1 コンプレッサ，アフタークーラ，ドレン排出弁

空気圧機器を用いて仕事を行うための圧縮空気を作るのが**コンプレッサ**である．空気圧は，比較的軽・中荷重の作業に適していることから，使用される圧縮空気の圧力範囲も 1 MPa 以下が圧倒的に多い．コンプレッサ（空気圧源装置）の図記号を**図 2.1** に，空気圧縮機の種類を圧縮原理で分類したものを**図 2.2** に示す．

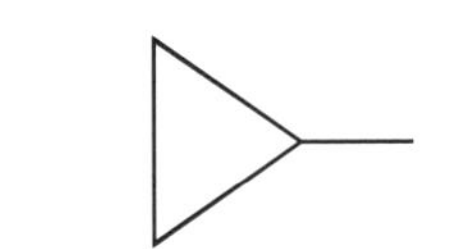

図 2.1　空気圧源装置図記号

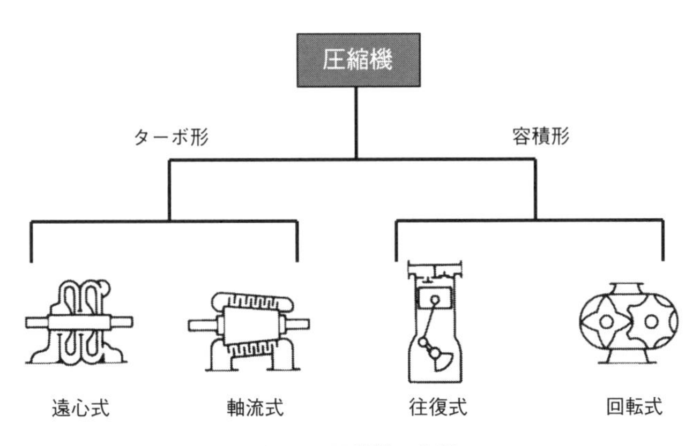

図 2.2　圧縮機の分類

ターボ形は大規模な空気圧設備の空気圧源として用いられる．また，**容積形**にはピストンやダイヤフラムの往復で圧縮を行う**往復式**と，スクリューなどの回転運動から圧力を得る**回転式**がある．往復式の中で代表的なものが**ピストン（レシプロ）式コンプレッサ**，回転式の中で代表的なものが**スクリュー式コンプレッサ**である．

ピストン式コンプレッサは，その名前が示すように往復運動を行うピストンによってシリンダ容積を変化させ，吸込み，吐出しを連続的に行うコンプレッサで

ある．その構造上，振動や圧力変動を伴うため，主に中・小形（おおむね 7.5 kW 以下）のコンプレッサとして使用される．外観を**図 2.3** に示す．

図 2.3 往復式コンプレッサ（タンク一体形）

一方，スクリュー式コンプレッサは，ケーシングに納められた 1 対のかみ合い回転子（**ツインスクリュー**），または一つのねじ形回転子（**シングルスクリュー**）を回転させることにより，空気を連続的に吐き出すコンプレッサである．それぞれの構造を**図 2.4** に示す．

また，往復式コンプレッサ，およびスクリュー式コンプレッサの特徴を**表 2.1** にまとめる．

コンプレッサによって，空気は瞬間的に圧縮される．すなわち，空気はほとんど熱の逃げ場のない状態（断熱状態）で圧縮されるため，コンプレッサから吐き出された直後の圧縮空気は，非常に高温となっている．この高温の空気を冷却し，圧縮空気中に大量に含まれた**ドレン**[*1] および不純物を分離，排出するために用いられるものが**アフタークーラ**および**ドレン排出弁**である．

---

*1 ドレンとは，空気中に含まれる水分が圧縮されることにより凝結し，水滴として発生したものを指す．空気圧機器のグリスを流し動作不良を起こしたり，配管中に錆（さび）を発生させる原因となる．

油圧の分野でも「ドレン」という用語を用いるが，これは，油圧機器の内部漏れにより直接タンクに戻される油圧作動油を指す．

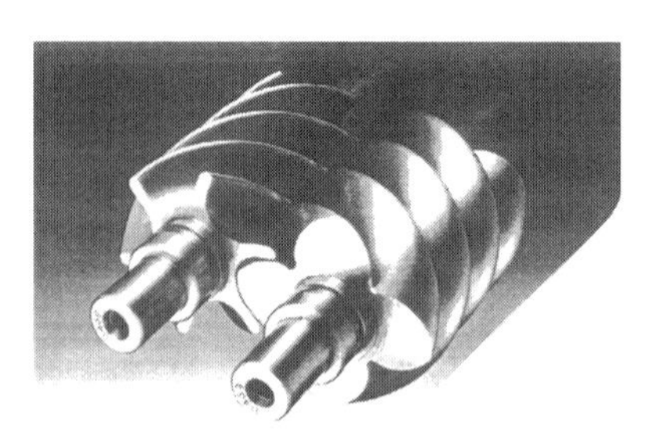

（a）ツインスクリュー

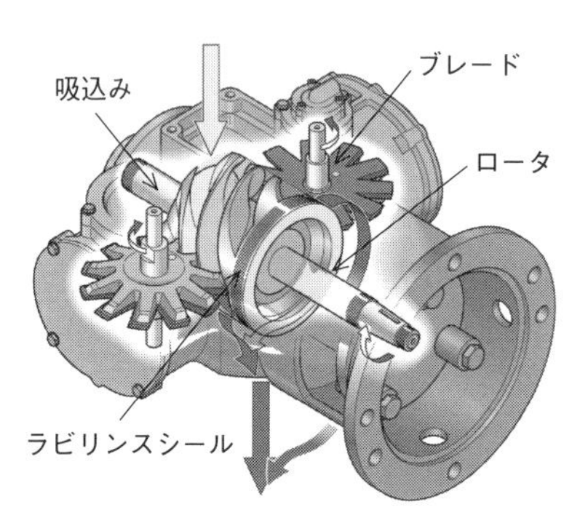

（b）シングルスクリュー

図 2.4　スクリュー式コンプレッサ（回転子）

表 2.1　往復式コンプレッサとスクリュー式コンプレッサの比較

	往復式	スクリュー式
吐出し空気量〔m³/min（ANR）〕	$Q_1 = L/7.5$ L：コンプレッサ動力〔kW〕	1.2 Q_1
吐出し空気温度	150 ～ 200 ℃	50 ～ 100 ℃
吐出しエアに含まれる不純物	オイル，酸化オイル，カーボン，タール	オイル

アフタークーラは**空冷式**と**水冷式**がある．それぞれの図記号を**図 2.5** に，水冷式アフタークーラの構造を**図 2.6** に示す．また，アフタークーラで凝結・分離されたドレンを排出するためのドレン排出弁の図記号を**図 2.7** に示す．

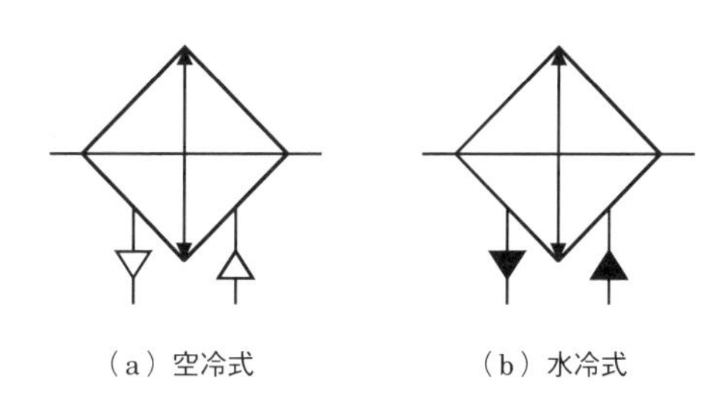

図 2.5　アフタークーラ図記号

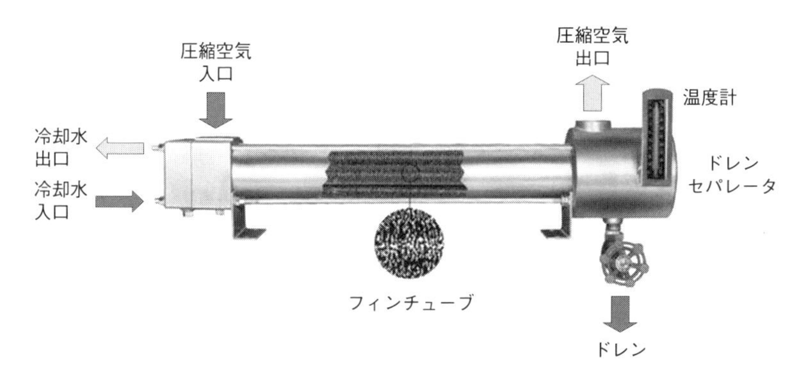

図 2.6　水冷式アフタークーラ構造

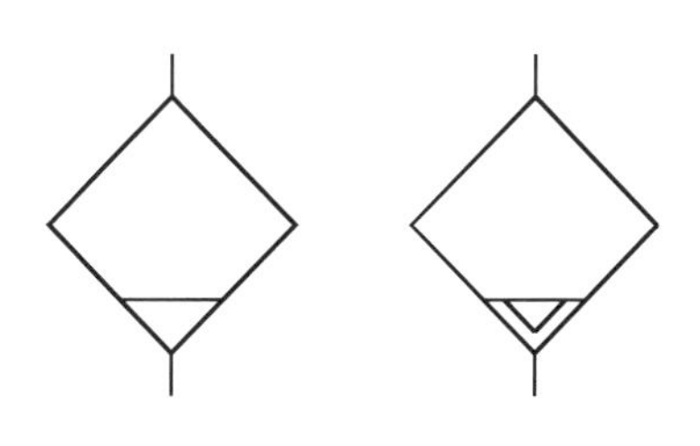

図 2.7　ドレン排出弁図記号

パッケージ形コンプレッサの場合は，アフタークーラや，3.2 節で説明するドライヤがコンプレッサ本体に組み込まれている場合が多いため，直接目にする機会は少ない．

2.2 空気タンクとメインラインフィルタ

コンプレッサから吐き出された圧縮空気は**空気タンク**に蓄積される．空気タンクの主な働きは

① 圧縮空気の蓄積（エネルギーの蓄積）
② 圧力変動や脈動の低減
③ 圧縮空気の冷却およびドレンの分離

である．空気タンクの外観と一般的な構造を**図 2.8** に，図記号を**図 2.9** に示す．

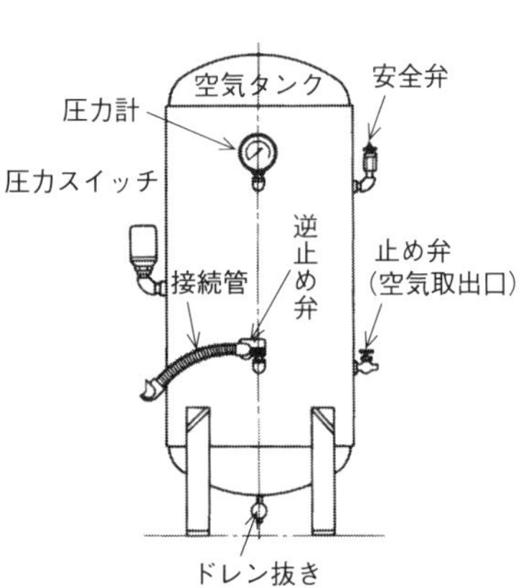

図 2.8　空気タンク

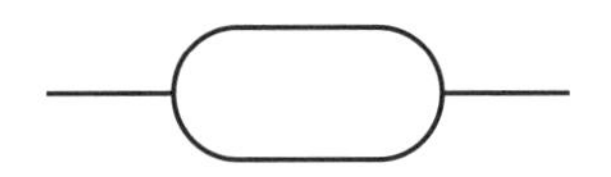

図 2.9　空気タンク図記号

空気圧シリンダなどの**アクチュエータ**は，通常，間欠動作を行う．よって，アクチュエータが動作している瞬間は大流量が必要となるが，停止しているときは回路側に空気は流れない．コンプレッサの吐出し量は先に説明したとおり平均空気消費量をもとに算出するが，アクチュエータ動作中の瞬間流量は，空気圧タン

クによってまかなわれる．

コンプレッサから吐き出された圧縮空気には，**ドレン**，**オイルミスト***2，**カーボン***3，**塵あい**などの不純物が多量に含まれている．これらをコンプレッサや空気タンクの直後で除去し，設備配管や末端機器へ流す圧縮空気を清浄に保つ目的で設けるものが**メインラインフィルタ**である．

フィルタには，ここで示すコンプレッサ直後のメインラインで用いるメインラインフィルタと，後で説明する配管の使用端で空気圧を用いた装置に組み込まれ，**FRL ユニット**として用いられるものがある．メインラインで用いられるものは使用流量が大きく，ドレン排出量も多いことから，自動排出のドレン排出弁が標準で付加されているものが多い．また，メインラインの圧力低下を検出するための**圧力スイッチ**や，フィルタエレメント交換の目安として用いる**差圧計**が備え付けられている場合もある．構造および図記号を**図 2.10** に示す．

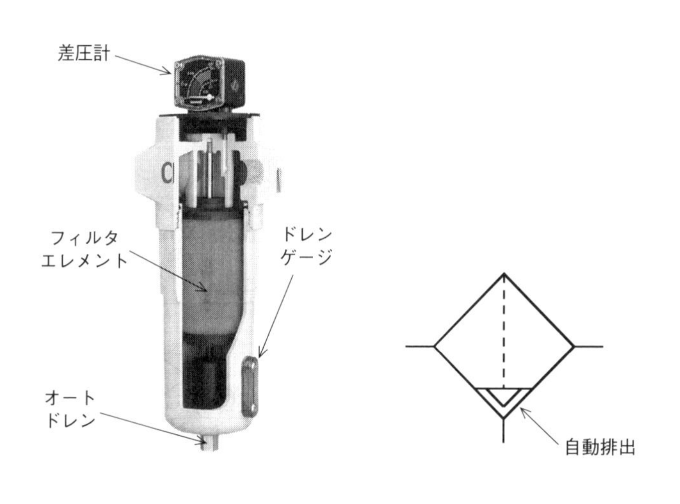

（a）構造　（b）図記号（ドレン自動排出弁付き）

図 2.10　メインラインフィルタ

*2　特にスクリュー形のコンプレッサでは，圧縮行程でスクリューの密封を保ち温度を下げる目的でコンプレッサオイルを噴霧する．これが吐出し空気に含まれ，排出される．

*3　オイルミストが酸化され炭化したもの．

コラム 圧縮空気のコスト

空気そのものは当然無料であるが，これを空気圧システムで用いる圧縮空気にするにはコンプレッサの導入費用，メンテナンス費，運転に伴う電力費などのコストがかかる．以下に圧縮空気のコスト計算の例を示す．

【例】パッケージ形スクリューコンプレッサ 75 kW を用いた場合

運転時間　：10〔h/日〕×250〔日/年〕＝2 500〔h/年〕

電力費　　：75〔kW〕×2 500〔h/年〕×16〔円/kW・h〕＝3 000 000〔円/年〕

運転費　　：コンプレッサオイル，点検，オーバホールなど 500 000〔円/年〕

設備償却費：8 000 000〔円〕/5〔年〕＝1 600 00〔円/年〕

圧縮空気吐出し量：12〔m^3 (ANR)/min〕×60〔min/h〕×2 500〔h/年〕

＝1 800 000〔m^3 (ANR)/年〕

$$\text{圧縮空気単価} = \frac{3\,000\,000 + 500\,000 + 1\,600\,000\ \text{〔円/年〕}}{1\,800\,000\ \text{〔m}^3\text{(ANR)/年〕}}$$

＝2.8〔円/m^3 (ANR)〕

圧縮空気のコストはコンプレッサのサイズや償却期間によって変化するが，おおむね 3 円/m^3 (ANR) 程度となる．

圧縮空気のコストを考えれば，エア漏れはお金を空気中に捨てていることになる．一般的な生産現場におけるエア漏れによる圧縮空気消費量は，少ない場合で 10%程度，多い場合には 50%程度を占めるといわれている．したがって，現状の設備に対するエア漏れの改善は，費用対コスト削減効果が大きい．例として，配管のピンホールからのエア漏れについて，穴径と損失コストの目安を以下に示す．

●漏れによる損失コスト●

穴径〔mm〕	毎分あたりの漏れ量〔l/min (ANR)〕	年間漏れ量〔m^3 (ANR)/年〕	年間損失コスト〔円/年〕
1	50	7.5×10^3	22 500
2	200	30×10^3	90 000
3	450	67.5×10^3	202 500
4	800	120×10^3	360 000
5	1 250	187.5×10^3	562 500

※ 圧縮空気単価 3 円/m^3 (ANR) として，使用圧力 0.6 MPa，10 時間/日で 250 日/年稼働とした場合

3章

空気調質機器

■自動化への適用例ーコンパクトシリンダによるクランプ装置

木材加工を行う機械のクランプ装置である．複数の空気圧シリンダを用いて木材のクランプを行う．

写真の例は，コンパクトシリンダを使うことにより省スペース化を図っている．またガイドロッドを併用してシリンダの回り止めを行っている．

3.1　空気中の水分，油分および不純物

図 3.1 に示すように，圧縮空気中には**水分**，**油分**，**塵あい**など，大気圧の空気とは比較にならないほどの多くの不純物が含まれている*1．この圧縮空気をそのまま空気圧システムに使用することは，不純物が空気圧機器に直接作用して動作不良を招いたり*2，あるいは配管や空気圧機器に錆を発生させ，間接的に動作不良を誘発する原因となり，システムの寿命を著しく縮めることになる．

したがって，圧縮空気は使用する空気圧機器，さらには空気圧システムの目的，機能，仕様，環境を考慮して，その必要度にあった**調質***3 を行う必要がある．空気の清浄度は，①水分，②油分，③塵あいに代表される不純物がどの程度除去されたかにより決定される．

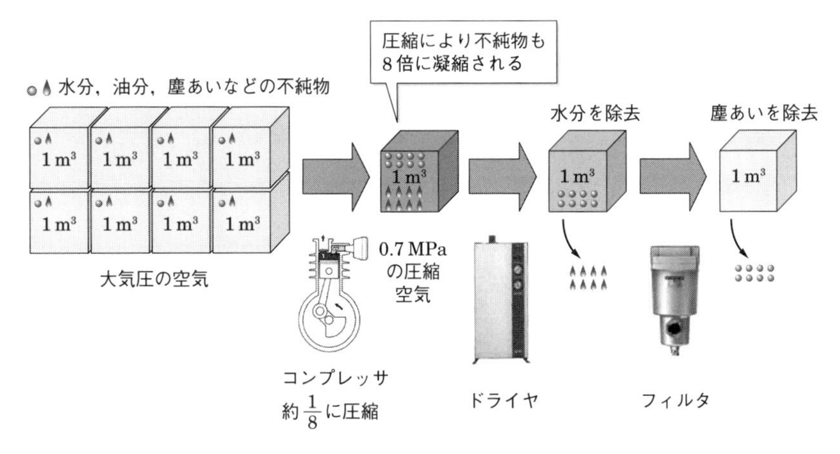

図 3.1　圧縮空気中の不純物

＊1　例えば，0.7 MPa の圧縮空気であれば，大気圧の空気を約 $\frac{1}{8}$ の体積に圧縮するため，圧縮空気の体積あたりの不純物は約 8 倍となる．

＊2　例えば，水分は空気圧機器中のグリスと混ざると性質が変化し，機器内部の可動部の動作不良を発生する．また，塵あいも機器内部に引っかかると，動作不良の原因となる．

＊3　求められる清浄度に応じて圧縮空気中に含まれる水分，油分，塵あいなどの不純物を取り除いたり，空気圧機器の必要に応じて潤滑油を噴霧することにより，圧縮空気に所用の性状を持たせること．

✿水　分

圧縮空気の乾燥度は，一般に**大気圧露点**によって表される．以下に大気圧露点について説明する．

空気中には，水分が**水蒸気**（気体）として存在できる最大量が決まっている．この量は温度に関係しており，これを飽和水蒸気量と呼ぶ．**飽和水蒸気量**をまとめたものを**表 3.1** に示す．

表 3.1　飽和水蒸気量

10℃単位における温度	1℃単位における温度									
	0	1	2	3	4	5	6	7	8	9
90	420.1	433.6	448.5	464.3	480.8	496.6	514.3	532.0	550.3	569.7
80	290.8	301.7	313.3	325.3	337.2	349.9	362.5	375.9	389.7	404.9
70	197.0	204.9	213.4	222.1	231.1	240.2	249.6	259.4	269.7	280.0
60	129.8	135.6	141.5	147.6	153.9	160.5	167.3	174.2	181.6	189.0
50	82.9	86.9	90.9	95.2	99.6	104.2	108.9	114.0	119.1	124.4
40	51.0	53.6	56.4	59.2	62.2	65.3	68.5	71.8	75.3	78.9
30	30.3	32.0	33.8	35.6	37.5	39.5	41.6	43.8	46.1	48.5
20	17.3	18.3	19.4	20.6	21.8	23.0	24.3	25.7	27.2	28.7
10	9.40	10.0	10.6	11.3	12.1	12.8	13.6	14.5	15.4	16.3
0	4.85	5.19	5.56	5.95	6.35	6.80	7.26	7.75	8.27	8.82
−0	4.85	4.52	4.22	3.93	3.66	3.40	3.16	2.94	2.73	2.54
−10	2.25	2.18	2.02	1.87	1.73	1.60	1.48	1.36	1.26	1.16
−20	1.067	0.982	0.903	0.829	0.761	0.698	0.640	0.586	0.536	0.490
−30	0.448	0.409	0.373	0.340	0.309	0.281	0.255	0.232	0.210	0.190
−40	0.172	0.156	0.141	0.127	0.114	0.103	0.093	0.083	0.075	0.067
−50	0.060	0.054	0.049	0.043	0.038	0.034	0.030	0.027	0.024	0.021
−60	0.019	0.017	0.015	0.013	0.011	0.0099	0.0087	0.0076	0.0067	0.0058
−70	0.0051									

（単位：g/m^3）

空気中の水分量を表すには，一般には**湿度**[*4]を用いるが，この湿度とは飽和水蒸気量に対して，圧縮空気中に実際にどれだけの水分が含まれているかを％で表したものである．

さて，ここに例えば 25℃において湿度 70％の空気があったと仮定する．この

＊4　厳密には相対湿度と呼ばれる．それに対して，空気 $1\,m^3$ 中の水分量そのものを表した絶対湿度と呼ばれる尺度もある．空気中の水分量そのものを表すのが絶対湿度であり，その状態における空気の湿り具合を表すのが相対湿度である

空気の水分量は，飽和水蒸気量表より 23.0〔g/m^3〕× 0.70 = 16.1〔g/m^3〕である．この空気の温度を下げていくことを考える．空気中には 16.1 g/m^3 の水分が含まれているから，19℃（飽和水蒸気量 16.3 g/m^3）付近で水分が飽和状態となり，水滴となって発生する．この温度を**露点**と呼ぶ．露点には，大気圧状態での**大気圧露点**と，圧縮された状態での**加圧露点**があるが，空気の乾燥度としては一般に大気圧露点が用いられる．露点が低いほど含有水分が少なく，乾燥度の高い空気であることを表す．

✿ 油分，塵あい

圧縮空気中の油分，塵あいなどの不純物は**フィルタ**によって取り除かれる．フィルタエレメントには，取り除くことが可能な不純物の種類によってフィルタ，**オイルミストセパレータ**，**活性炭フィルタ**や，さらに粒径によって 5 μm，0.3 μm，0.01 μm などの種類がある．どの種類のフィルタを組み合わせて使用したかにより，油分，塵あい除去のレベルが決まる．

空気の清浄度と，用いる**調質機器**の組合せの関係を**図 3.2**，および**表 3.2** に示す．図に示すように，コンプレッサで圧縮された空気はその直後アフタークーラおよびタンクで冷却され，メインラインフィルタで不純物を取り除かれた後，設備配管を通って使用端に運ばれる．使用端側で調質機器を用いて不純物を取り除くが，その組合せによって空気の清浄度のレベルが数段階に分かれる．図 3.2 に示す下の圧縮空気ほど清浄度の高い空気となるが，それに伴い使用される調質機器の種類が増え，メンテナンスにも手間がかかるためコストが増加する．したがって，使用するシステムの要求に応じた機器の組合せが必要である．

調質は，以下に示す空気調質機器によって行う．

- **エアドライヤ**：圧縮空気中の水分を取り除く
- **フィルタ**：塵あいなどの不純物を取り除く
- **レギュレータ**：システムに必要な圧力に調節する
- **ルブリケータ**：圧縮空気中に潤滑油を噴霧する
- **FRL ユニット**：上記フィルタ（F），レギュレータ（R），ルブリケータ（L）を一つにまとめユニット化したもの

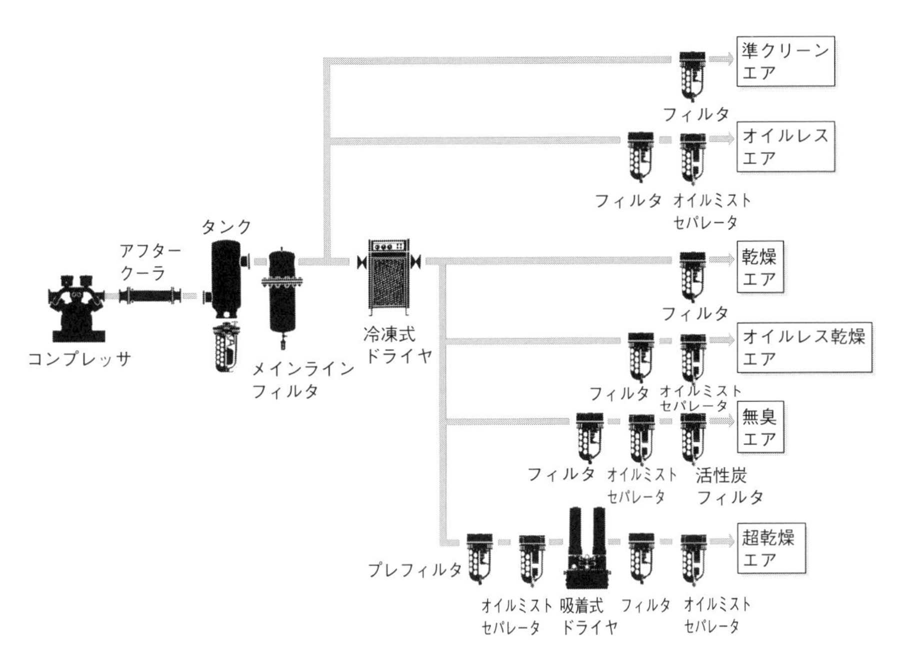

図 3.2 空気調質機器の組合せと空気の清浄度

表 3.2 空気の清浄度と用途例

空気の種類	条 件	用途例
準クリーンエア	少量のゴミ，水分が許容できる場合	一般産業用省力装置 空気圧治工具（空気バイスなど）
オイルレスエア	ゴミ，油分を除去した空気が必要な場合	一般産業用機器
乾燥エア	水分を除去，少量のゴミは許容できる場合	準クリーンエアと同様であるが，配管途中の温度効果が大きく，結露を発生するおそれがある場合
オイルレス乾燥エア	水分，ゴミ，油分が除去された空気が必要な場合	計装（プロセス），一般塗装，冷却
無臭エア	水分，ゴミ，油分，臭いがない空気が必要な場合	乾燥，包装，撹拌（食品など） クリーンルーム（条件によりクラス分け）
超乾燥エア	ゴミ，油分がなく特に高い乾燥度が必要な場合	電気・電子部品乾燥，高級塗装，粉末輸送

3.2 エアドライヤ

エアドライヤは，圧縮空気中に含まれる水分を除去する機器であり，水分除去方式で分類すると，①冷凍式ドライヤ，②吸着式ドライヤ，③浸透分離膜式ドライヤの 3 種類がある．エアドライヤの図記号を**図 3.3** に示す．

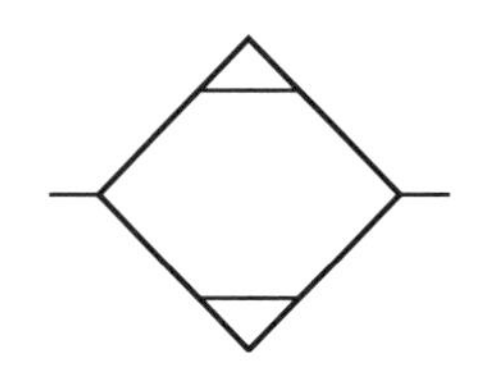

図 3.3　エアドライヤ図記号

✿ 冷凍式ドライヤ

冷凍式ドライヤは，冷凍機によって圧縮空気を常温以下に冷却して，圧縮空気中の水分を凝結・分離し水分を除去する方式のドライヤである*5．一般には大気圧露点で－10℃レベルの，一般空気圧機器で使用するのに十分な乾燥度の圧縮空気を得ることができる．また，次に説明する吸着式，浸透分離膜式と比べて比較的清浄度の低い空気をそのまま乾燥することができ，ドライヤの容量も小容量から大容量までそろっていることから，パッケージコンプレッサに組み込まれるなど，最も一般的なドライヤとして使用される．外観および構造と動作原理を**図 3.4** に示す．

(b) の上部が圧縮空気を冷却し，水分を凝結・分離する冷却部，下部が冷媒を循環する冷凍機である．空気入口から入った圧縮空気はプリクーラにより，吐き出し前の冷却空気との間で熱交換され予冷される．その後エバポレータで冷媒によって冷却され，その後再びプリクーラ内部を通り，ここでは逆にリヒートされ乾燥空気となって排出される．

---

*5　アフタークーラも圧縮空気を冷却することによって水分を取り除くが，アフタークーラの目的は加熱された空気を常温近くに冷却することであり，その結果，水分が分離される．それに対し冷凍式エアドライヤは，圧縮空気の乾燥が目的であり，圧縮空気を常温以下に冷却した後，再びリヒートすることで，乾燥空気として吐き出す．

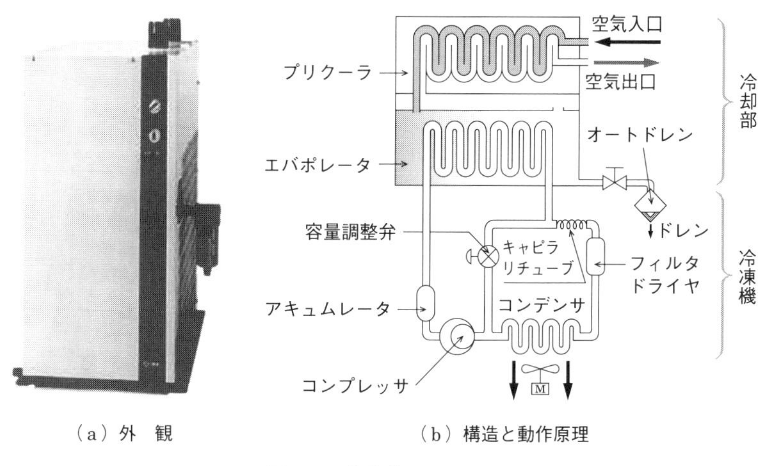

（a）外　観　　（b）構造と動作原理

図 3.4　冷凍式ドライヤ

✿ 吸着式ドライヤ

吸着式ドライヤは，シリカゲルや合成ゼオライトなどの乾燥剤中に圧縮空気を通すことにより水分を吸着し乾燥空気を得る．一般に，大気圧露点で－50 ～－70℃レベルの超乾燥空気を得ることができ，半導体や電子部品製造，精密機器設備，塗装設備など特殊な用途に使用される．外観および構造と動作原理を**図 3.5** に示す．

一般的な吸着式ドライヤでは，乾燥筒を二つ持ち，それぞれの乾燥筒の中に乾燥剤が充填されている．以下に，乾燥原理を説明する．

図 3.5 (b) に示すように，IN 側から入った圧縮空気は方向切換弁を介して左の乾燥筒に導かれる．吸着材によって乾燥されたのち，チェック弁を通って OUT 側に吐き出されるが，このうち 10%程度は途中で分岐され，もう片側の乾燥筒へ導かれ，乾燥剤の再生に使用される[*6]．方向切換弁により乾燥筒と再生筒は 2 ～ 3 分サイクルで切り換えられるが，これにより常に安定した質の超乾燥空気を得ることができる．

吸着式ドライヤでは，吸着剤の劣化を防ぐため入口側にオイルミストセパレータが必須である．また，切換弁を動作させるための電源が必要となる．

＊6　これをエアパージと呼ぶ．エアパージ量は乾燥筒手前の絞り弁により 10%程度となる．

（a）外 観

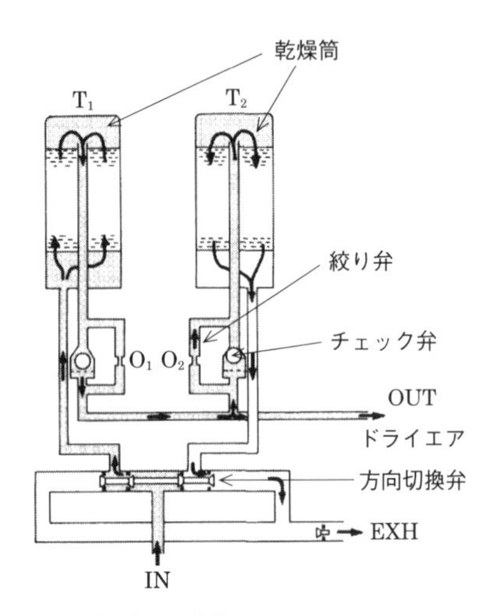

（b）構造と動作原理

図 3.5 吸着式ドライヤ

浸透分離膜式ドライヤ

浸透分離膜式ドライヤは高分子分離膜の中空糸を用いたドライヤであり，大気圧露点で－15℃の一般乾燥空気から－60℃レベルの超乾燥空気までを得ることができる．構造および除湿原理を**図 3.6** に示す．

この高分子材料は酸素や窒素は出入りしにくく，水蒸気は出入りしやすい性質を持つ．中空糸内部に圧縮空気を供給すると，中空糸の内側では空気中の気体濃度が高い状態で存在するため，各気体は濃度がより低い中空糸外に移動しようとする．しかし，中空糸は水蒸気だけが通りやすい材料でできているため，気体成分のうち水蒸気のみが外部へ放出され，中空糸の出口では乾燥した空気を得ることができる．

排出された乾燥空気の一部をパージエアとして中空糸外側へ流すことにより中空糸外側表面の水蒸気が速やかに大気中へ排出され，安定して除湿を行うことができる．

構造上電源が必要ないこと，および高分子分離膜を保護するためのオイルミストセパレータが必須であることから，後述するフィルタ，レギュレータユニットと組み合わせて使用される場合がある．外観を**図 3.7** に示す．

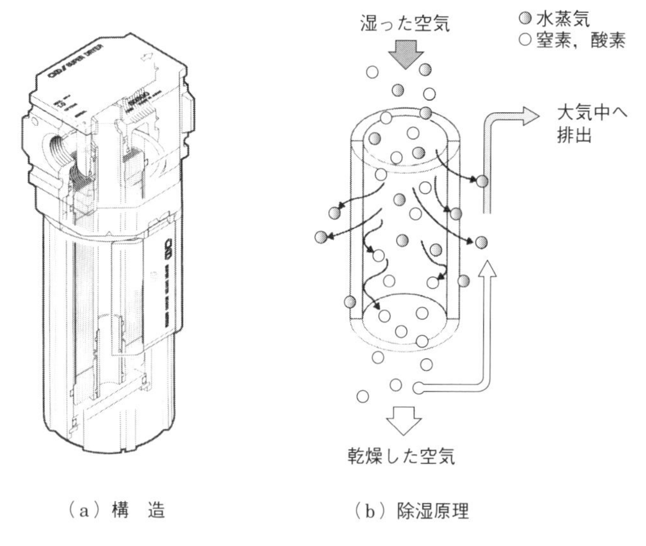

（a）構　造　　（b）除湿原理

図 3.6　浸透分離膜式ドライヤ

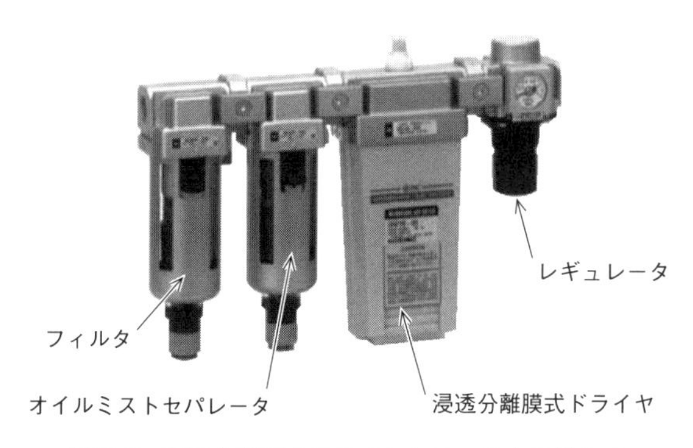

図 3.7　浸透分離膜式ドライヤとフィルタの組合せ

3.3　FRLユニット

前項で説明したように，コンプレッサから吐き出された圧縮空気は，ドライヤやメインラインフィルタにより不純物を除去された後，設備配管を通って使用端へと運ばれる．

一方，使用端では配管中で混入する可能性のある錆やシールテープ，切粉などを使用前にもう一度除去し，圧力を整えて空気圧機器に供給する必要がある．したがって，使用端ではこれらの役割を担うフィルタ，レギュレータ（減圧弁），および空気中に潤滑油を噴霧するルブリケータを必要に応じて組み合わせてユニット化した機器を用いる．これが**FRLユニット**である．**図3.8**にFRLユニットの外観および図記号を示す．

最近では，**無給油機器**[*7]の普及によりルブリケータが使用される機会が減ってきており，フィルタとレギュレータのみを組み合わせたユニットや，あるいは

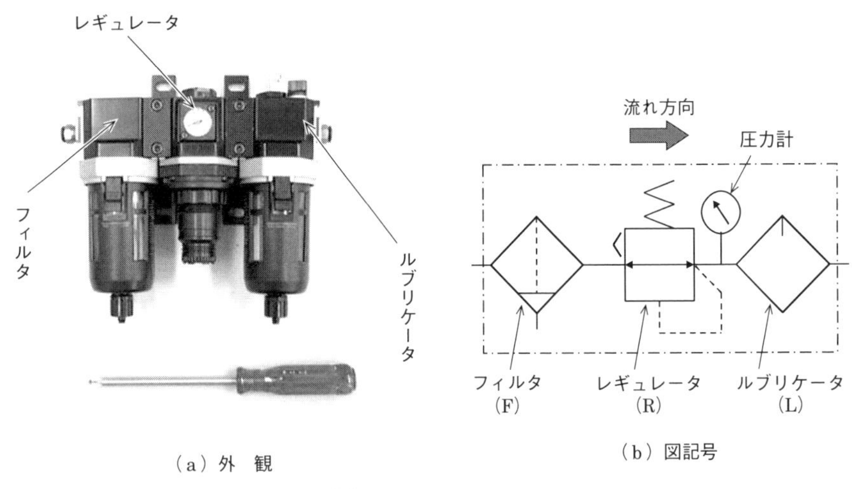

（a）外　観　　（b）図記号

図3.8　FRLユニット

＊7　機器内にあらかじめグリスを封入することにより，潤滑油の外部供給を必要としない機器．最近ではほとんどの機器が無給油形となっている．ルブリケータを使用しないことにより，給油の手間を省いたり，また給油を忘れた場合の機器の動作不良をなくすことができる．

これらの機能を一つの機器にまとめたフィルタレギュレータ（図 4.39，p.218 参照）などが使用される場合が多い．

✿ フィルタ

フィルタは，除去する対象によってフィルタエレメントの目の粗さが数種類用意されており，目的によって使い分ける．一般的には 5 μm のエレメントを用いるが，**タール**や**カーボン**などの**オイル酸化不純物**を効果的に取り除くには 0.3 μm のやや目の細かいエレメントを使用する[*8]．構造を**図 3.9** に示す．一般には手動排出弁付きのものが用いられる．

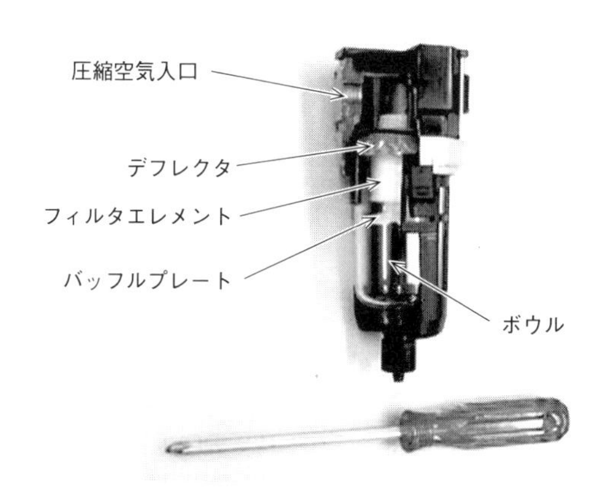

図 3.9　フィルタ（カットモデル）

入口から入った圧縮空気は，まず**デフレクタ**と呼ばれる羽根によって旋回運動し，その際の遠心力で水滴や比較的粒径の大きい不純物が除去される．その後，**フィルタエレメント**を通ることにより，エレメントの目の大きさに応じて不純物が取り除かれ，出口より排出される．

フィルタのその他の種類として，特に清浄な空気を必要とする機器を使用する際に，粒径の小さいオイルミスト成分まで有効に取り除く**オイルミストセパレータ**がある．**図 3.10** にオイルミストセパレータの図記号を示す．

---

*8　フィルタエレメントの表示は，一般に 95%捕集保証値である．したがって，ろ過度 5 μm といっても，5 μm 以上の不純物を 100%取り除くわけではなく，一部（5%以下）はそのまま通過する可能性がある．

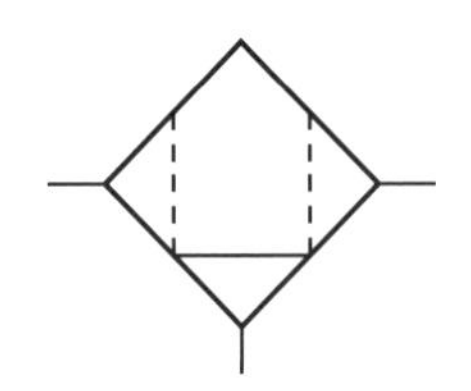

図 3.10　オイルミストセパレータ図記号

✿ レギュレータ（減圧弁）

コンプレッサから吐き出される圧縮空気の圧力は，配管の圧力損失や空気の使用量増大による圧力降下を考慮して，使用端の空気圧機器で必要とされる圧力よりやや高めに設定されている．この空気圧力を，使用端でシステムに必要な圧力まで降下し，安定供給する働きを担うのが**レギュレータ**（**減圧弁**）である．**リリーフ機能付きレギュレータ**の減圧原理を**図 3.11** に，構造を**図 3.12** に示す．

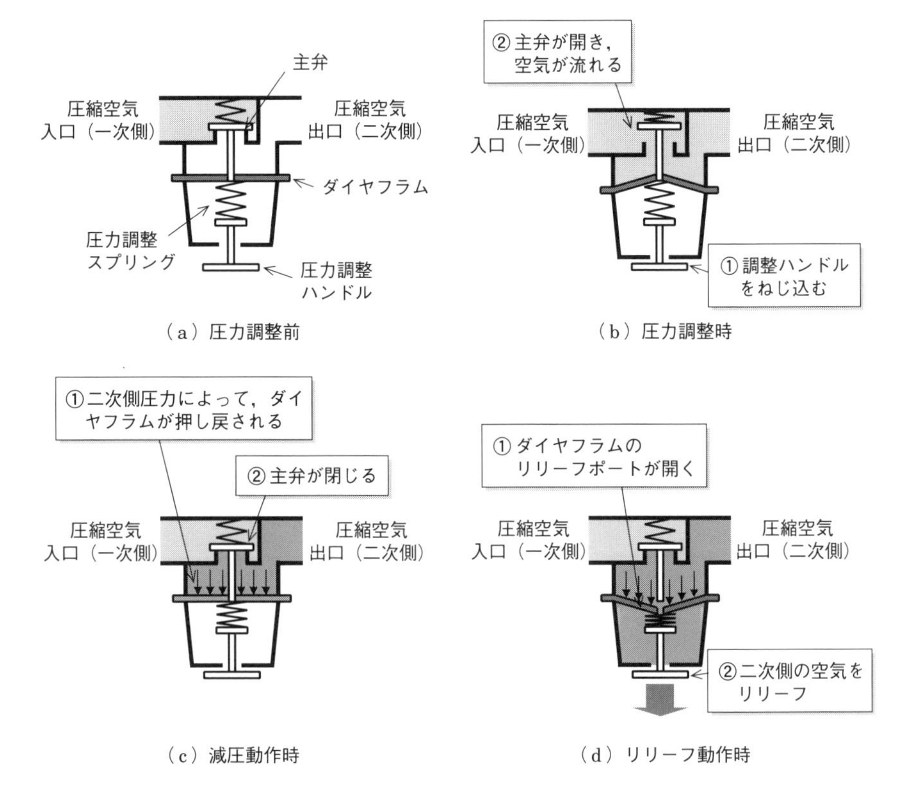

図 3.11　レギュレータ減圧原理

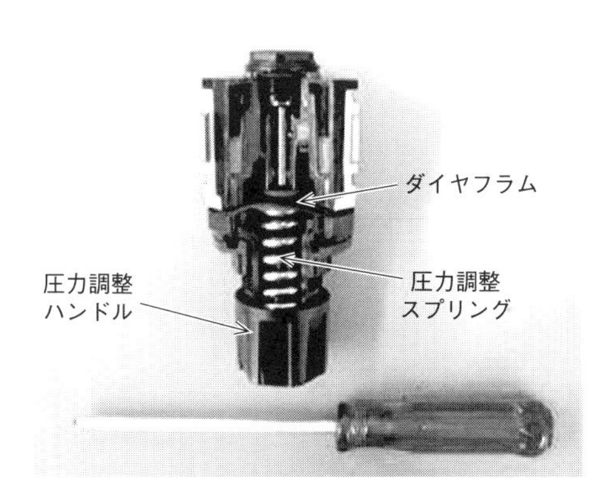

図 3.12 レギュレータ（カットモデル）

図 3.11 (a) に示す調整ハンドルをゆるめた圧力設定前の状態では，主弁が閉じているため空気は流れない．この状態から (b) に示すように調整ハンドルをねじ込み，圧力設定を行うと，圧力調整スプリングを介してゴムシート状の**ダイヤフラム**が上方に押し上げられ，主弁が開き二次側へ空気が流れる．(c) に示す二次側の圧力が調整ハンドルで設定した圧力に達すると，ダイヤフラムが二次側圧力により下方へ押し下げられるため主弁が閉じる．これにより，一次側から二次側への空気の流れを遮断し，二次側の圧力上昇を抑制する．(d) に示すようにシリンダなどへの突発負荷により二次側の圧力がさらに上昇した場合は，ダイヤフラム中央の**リリーフポート**が開き，二次側の空気を大気開放することにより二次側圧力を降下させる．

レギュレータの図記号および減圧時の動作イメージを**図 3.13** に示す[*9]．リリーフ機能付きレギュレータの図記号は図 3.8 (b) に示したとおりである．

*9 図 3.13 (b) はあくまで動作時のイメージを図示したものであり，実際はこのような記号は描かない．

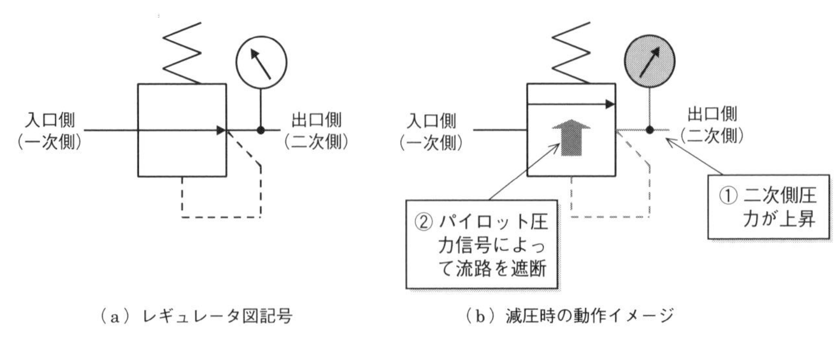

図 3.13　レギュレータ図記号

FRL ユニットの選定にあたっては，カタログなどに記載されている**流量特性線図**を利用する．流量特性線図を**図 3.14** に示す．流量特性とはレギュレータにより二次側圧力を設定した後[*10]，FRL ユニットに空気を流したときの二次側圧力変動をグラフ化したものである．一般に流量が増加するに従って圧力は設定値より降下するため，アクチュエータ動作時の**瞬間空気消費量**とシステムに許容できる圧力降下量を考慮して選定を行う．

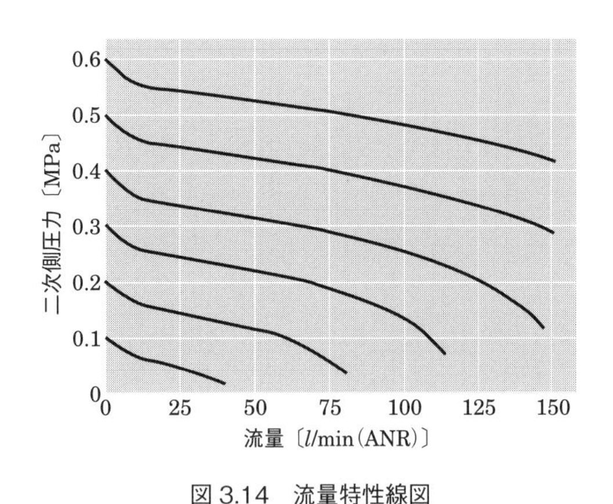

図 3.14　流量特性線図

＊10　通常はアクチュエータが停止している（空気が流れていない）状態で圧力設定を行う．設定後アクチュエータが動作すると（空気が流れると）二次側圧力が変動するが，これを図示したものが流量特性線図である．

✿ ルブリケータ

無給油形機器の普及により，最近の空気圧システムでは**ルブリケータ**が使用される機会が減りつつある*11．しかし，従来から使用されていた空気圧設備では多く見かける機器である．構造を**図 3.15** に示す．

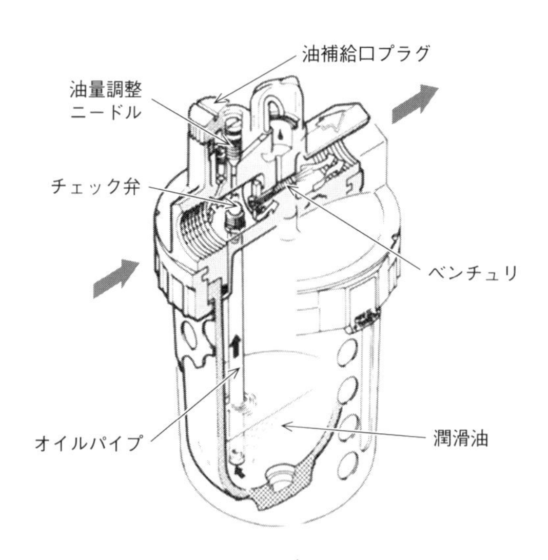

図 3.15　ルブリケータ

入口側から入ってきた圧縮空気の圧力が潤滑油の液面に作用し，潤滑油はオイルパイプ内に押し上げられ，チェック弁を通過した後ベンチュリ部から圧縮空気中に滴下される．ベンチュリ部では流路が絞られているため流速が速くなっているが，ここに潤滑油を滴下することによりミスト状に拡散させ，圧縮空気と混合して排出する．

ルブリケータの取付けは，圧縮空気の流れを利用して潤滑油を運ぶため，潤滑を必要とする機器までの配管距離は短いほうが望ましい*12．

---

*11　一般の無給油形の機器を，ルブリケータを設置し潤滑状態で使用することもできる．ただし，一度潤滑状態で用いると機器内部のグリスが潤滑油によって除去されてしまうため，その後は潤滑状態で使用し続ける必要がある．

*12　一般には 5 m 以下とする．また，配管の立上りなどがある場合はさらに短いほうが望ましい．

給油量は圧縮空気 10 m^3 (ANR) に対し 1 ml 程度である．ルブリケータ上部で滴下状態を確認できるようになっているので，空気流量に合わせて調節する（オイル 1 滴は約 0.02 ml）．ただし，**最小滴下流量**[*13] 以下では潤滑油が供給されないので，ルブリケータのサイズを決定する際には注意を要する．

使用する潤滑油の種類は，空気圧機器のパッキン[*14] との適合を考慮して選定する．一般にはタービン油（1 種）が用いられる．

＊13　ルブリケータのベンチュリ部を通過する流量が少ないと，ベンチュリ部で十分な差圧が確保できなくなり，潤滑油が滴下できなくなる．したがって，正常に潤滑油を滴下するための最小流量が定められており，これを最小滴下流量と呼ぶ．

＊14　一般には，NBR（ニトリルゴム）が用いられる．

4章 制御弁

■自動化への適用例 ― クランプ，搬送装置

自動車の組立の溶接工程において，プレス品を搬送，ジグに固定し，溶接を行うための装置である．

クランプにはクランプシリンダを用いて，装置設計の簡略化を図っている．エア源のトラブル時にもクランプを保持することを考え，シリンダにはブレーキ付きを用いるとよい（5.7節，ブレーキ付きシリンダ参照）．

4.1 圧力制御弁
—レギュレータ

空気圧システムを用いて適切な仕事を行うためには，仕事の対象となるワークの大きさやアクチュエータのサイズによって，圧縮空気の状態をコントロールし，力の大きさやスピードを必要な仕事に応じて制御する必要がある．

①力の大きさ，②仕事の速度，③方向を**仕事の三要素**と呼ぶが，空気圧システムにおいて仕事の三要素を制御して空気圧システムに所用の働きをさせる機器を**制御弁**と呼ぶ．制御弁の種類を**表 4.1** にまとめる．

表 4.1　制御弁の種類

圧力制御弁	圧力（アクチュエータの力の大きさ）を制御する
流量制御弁	流量（アクチュエータが動く速度）を制御する
方向制御弁	アクチュエータの動作と停止，および動作の向きを制御する

これらの中から最初に**圧力制御弁**について説明する．

空気圧システムでは圧力制御弁として**レギュレータ**が用いられる．FRL ユニットとして使用されるレギュレータについては前述したが，レギュレータはこれ以外にも回路中に組み込んで回路の一部を減圧する目的で使用されるものがある．レギュレータを回路中で使用する場合は，アクチュエータの動作の向きによって逆方向に空気を流す必要があるため，**図 4.1** に示すチェック弁付きのものを用いる[*1]．シリンダの片方向動作の減圧回路例を**図 4.2** に示す[*2]．

レギュレータの能力は，先の FRL ユニットと同様に**流量特性**，さらに**圧力特性**を用いて表される．一般的なレギュレータの流量特性線図，および圧力特性線図を**図 4.3** に示す．

＊1　切換弁とアクチュエータの間にレギュレータを使用する場合（片方向のみ減圧動作）は，チェック弁付きのレギュレータを用いる．

＊2　図 4.2 では，シリンダの前進方向で仕事を行い，後退方向は力が必要ない場合を仮定している．力が必要ない動作方向では，この図に示すように減圧することにより使用空気量を減らすことができるため，省エネとなる（使用圧力が低いほど大気圧に換算された流量は少なくなる）．

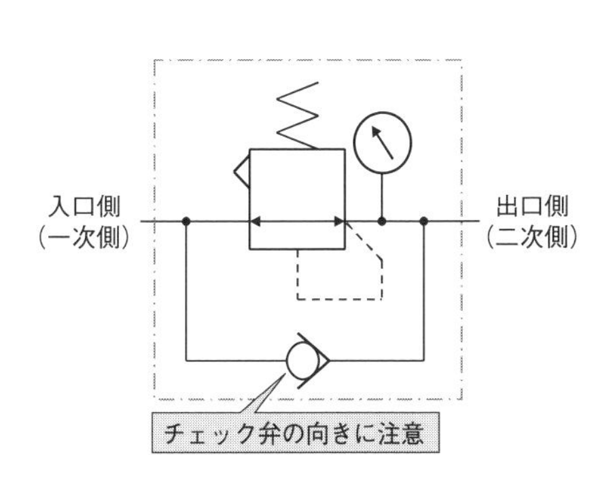

図 4.1　チェック弁付きレギュレータ図記号

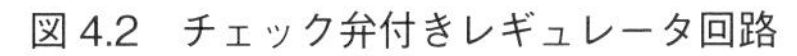

図 4.2　チェック弁付きレギュレータ回路

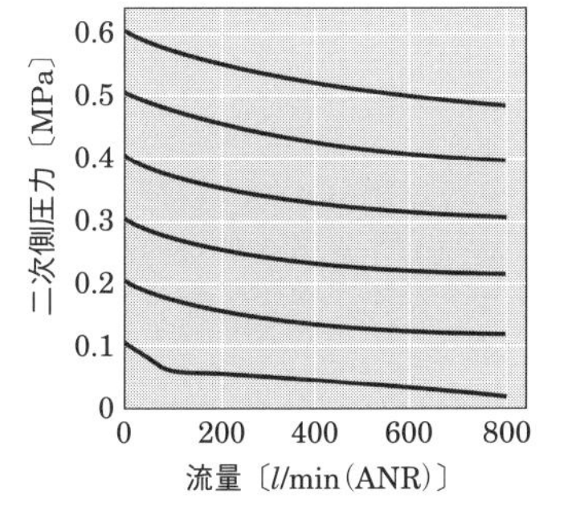

（a）流量特性線図（供給圧力 0.7 MPa）

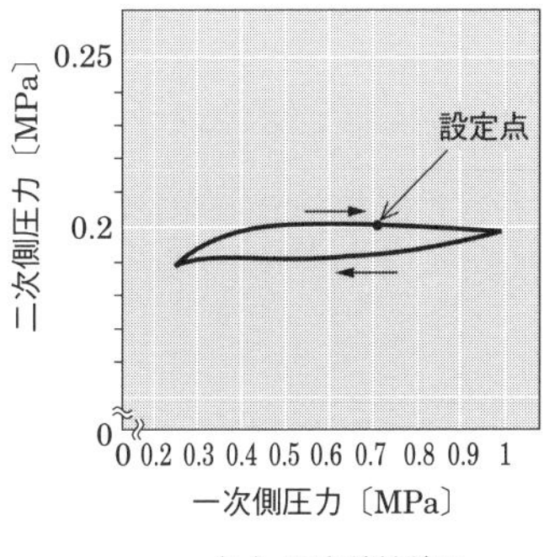

（b）圧力特性線図

図 4.3　レギュレータの特性

(a) に示す流量特性は，前述した FRL ユニットと同様，圧力設定後にアクチュエータを動作させた際の圧力降下特性を表したものである．一方，(b) に示す圧力特性とは一次側の圧力変動に対して二次側圧力をどの程度精密に維持できるかを表したものである．図に示すように，一次側圧力の変化によって二次側圧力が影響を受けるが，横一直線に近いものほど性能がよいことを示す．

レギュレータで精密な圧力制御を行いたい場合は，**精密形のレギュレータ**[*3]を用いる．一般形および精密形レギュレータの外観を**図 4.4** に，精密形レギュ

＊3　精密レギュレータ，プレシジョンレギュレータなどと呼ばれる．

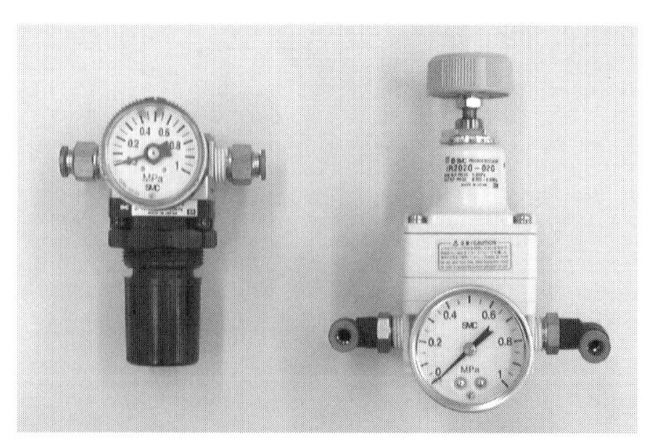

（a）一般形　　　　　　（b）精密形

図 4.4　レギュレータ（一般形および精密形）外観

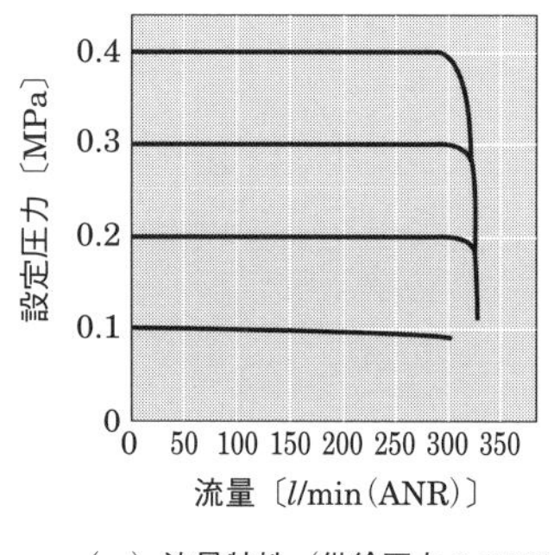

（a）流量特性（供給圧力 0.7 MPa）

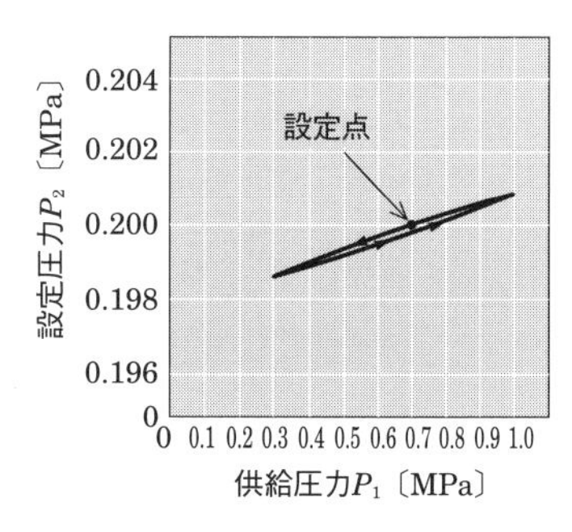

（b）圧力特性

図 4.5　精密形レギュレータの特性

レータの流量特性線図および圧力特性線図を**図 4.5** に示す．前述した一般形のレギュレータと比較すると，流量特性，圧力特性共に横一直線で，理想特性に近いことがわかる（圧力特性線図は縦軸のスケールに注意）．

精密形レギュレータの使用例を**図 4.6** に示す．ここに示すシート材巻取り機の精密テンションコントロール以外にも，ラッピングマシンの精密押し圧制御や，リークテスト回路などに用いられる．

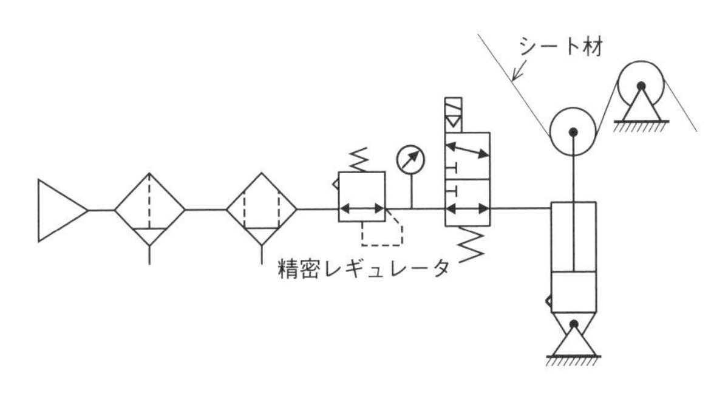

図 4.6　精密形レギュレータを用いた回路例（テンションコントロール）

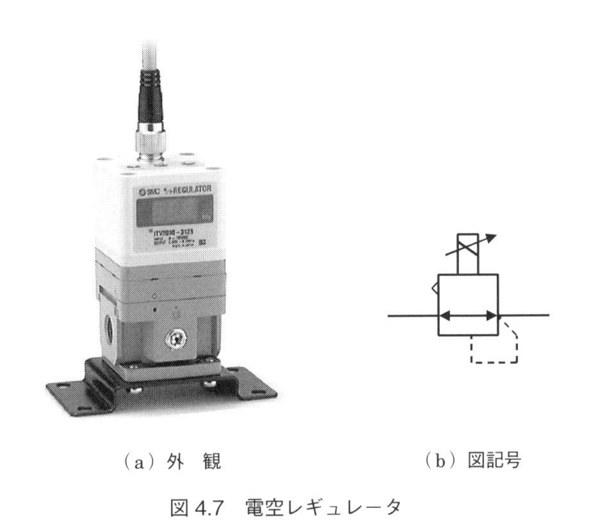

（a）外　観　　（b）図記号

図 4.7　電空レギュレータ

さて，一般のレギュレータの圧力設定は本体の調整ハンドルにより行うが，これを電気信号に置き換えたものが**電空レギュレータ**である．条件によって圧力を多段階に切り換えて使用したい場合など，一般のレギュレータでは困難な制御を電気的に行うことができる．**図 4.7** に電空レギュレータの外観および図記号を示す．

4.2　流量制御弁 ―メータインとメータアウト

流量（速度）**制御弁**は，流路の一部を絞ることにより空気の流量を制御し，アクチュエータの動作速度を調整したり，あるいはエアパイロットを用いた回路で意図的に時間遅れを作る場合に使用する．

流量制御弁には，絞り機構のみで構成される**絞り弁**と，絞り機構にチェック弁機能を並列に組み合わせ，片方向のみで流量制御が行える**流量調整弁**（**スピードコントローラ**）がある．アクチュエータの速度制御は一般にスピードコントローラにより行う*4．スピードコントローラにおいて，流量制御が行われる方向を制御流れ方向，反対方向を自由流れ方向と呼ぶ．外観を**図 4.8** に，絞り弁とスピードコントローラの図記号を**図 4.9** に示す．

アクチュエータの速度制御方式には，スピードコントローラの接続方向によって**メータイン方式**と**メータアウト方式**がある．それぞれの方式を**図 4.10** に示す（チェック弁の向きが逆となる）．

（a）インライン形（ねじ継手）

（b）インライン形（ワンタッチ継手）

（c）ポート直結形（残圧排気機能付き）

（d）ポート直結形

図 4.8　スピードコントローラ

＊4　片方向動作ずつ独立して速度制御できたほうが便利であるため．

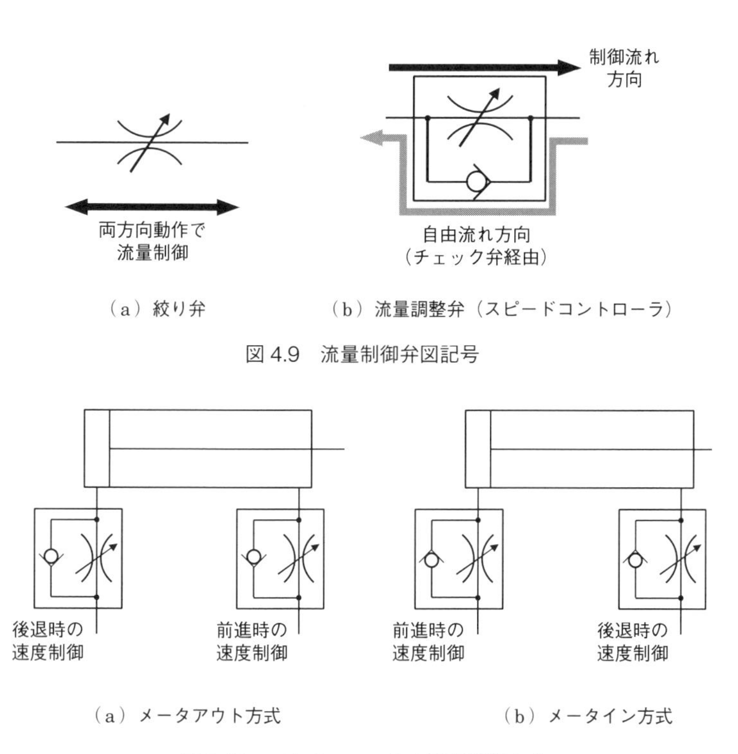

（a）絞り弁　（b）流量調整弁（スピードコントローラ）

図 4.9　流量制御弁図記号

（a）メータアウト方式　（b）メータイン方式

図 4.10　アクチュエータの速度制御方式

(a) に示すメータアウト方式は，シリンダの前進・後退両方向動作において，いずれもアクチュエータから流れ「出す」空気の流量を絞ることにより速度制御を行う．したがって，シリンダ動作中はヘッド側，キャップ側の圧力はいずれも圧縮状態でバランスを取りながら動作している．一方，メータイン方式では，アクチュエータに流れ「込む」空気の流量を絞ることにより速度制御を行う．

これらのうち，メータアウト方式は速度調節が容易で動作速度が安定しており，さらに**図 4.11** に示すように，シリンダに負荷が作用している状態でも速度制御が可能であるため，一般にはこちらの方式が用いられる*5.

*5　メータアウト絞りにより，負荷が圧縮方向に作用するためこれを受けることができる．
これに対しメータインでは，負荷が引張方向に働くため，受けることができない．

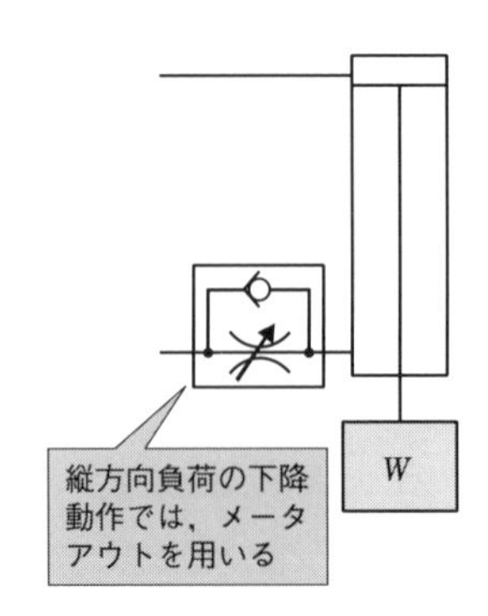

図 4.11　負荷付きシリンダの速度制御

ただし，メータアウト方式ではアクチュエータの残圧が排気された後の動作で*6，シリンダの**飛出し（ジャンピング）現象***7 が発生する（章末のコラム参照）．したがって，残圧排気後の飛出しをなくしたい場合はメータイン方式を用いるか，またはメータアウト方式とメータイン方式を併用する．

スピードコントローラの接続方式には，ポート直結形とインライン形がある．それぞれの外観を**図 4.12** に示す．ポート直結形は，アクチュエータのメスねじポートに直接接続できるように，片側がオスねじ継手，反対側がチューブ接続用のワンタッチ継手となっている．一方，インライン形は両ポートがねじ継手またはワンタッチ継手となっており，配管の途中に組み込んで使用する．

それぞれの構造を**図 4.13** および**図 4.14** に示す．図 4.13 に示すポート直結形は，ねじ側がアクチュエータ，ワンタッチ継手側がチューブと接続が決まっているため，あらかじめメータインタイプ，メータアウトタイプを指定して購入する必要がある．構造は，省スペース化を図るため独立したチェック弁の機構は持っておらず，内部の V パッキンがその役割を果たす．メータアウトタイプとメータインタイプでは，V パッキンの向きが逆になっている．

一方，図 4.14 に示す比較的大流量用のインライン形は内部に絞りと並列にチェック弁機構を持っている．いずれのポートもねじ継手となっているため，向

*6　シリンダのメンテナンスを行った直後などは，シリンダ内の残圧が排気されている．また，後述する 3 位置弁の ABR 形を用いた場合は，中間停止のたびに残圧が排気される．

*7　速度制御が利かず，シリンダが一定距離を瞬間的に飛び出してしまう現象．安全対策上で問題がある．章末のコラム参照．

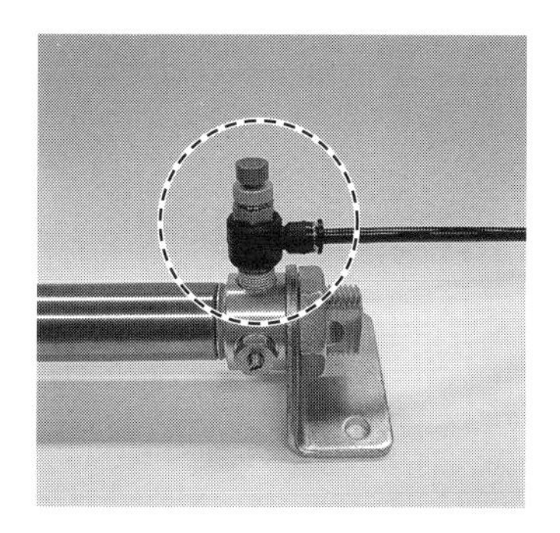

（a）ポート直結形

（b）インライン形

図 4.12　スピードコントローラ

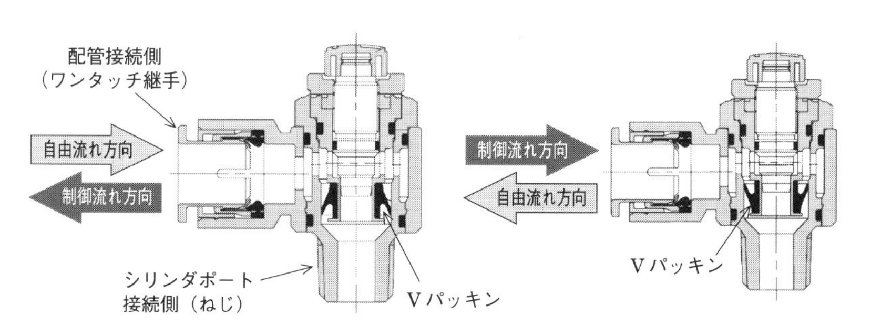

（a）メータアウトタイプ　　　（b）メータインタイプ

図 4.13　ポート直結形スピードコントローラ構造

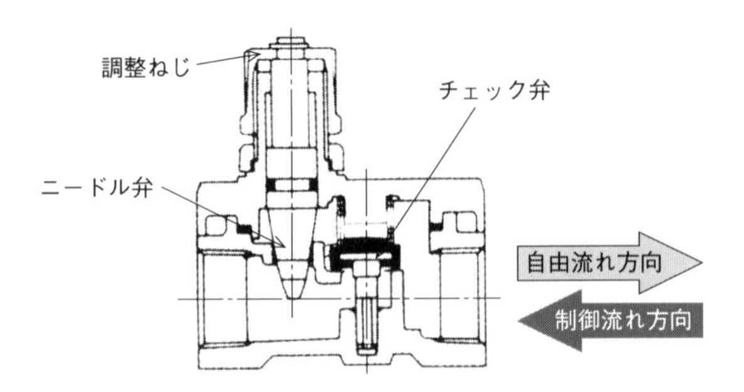

図 4.14　インライン形スピードコントローラ構造

きを変えることで，メータイン方式，メータアウト方式どちらでも使用することができる．

図 4.15 にスピードコントローラの流量特性の例を示す．特性は横軸にニードル（流量調整ねじ）回転数，縦軸に流量および有効断面積が表されており，ニードルの開度に対して流量変化がゆるやかな，破線で囲んだ範囲で使用できるものを選定する．

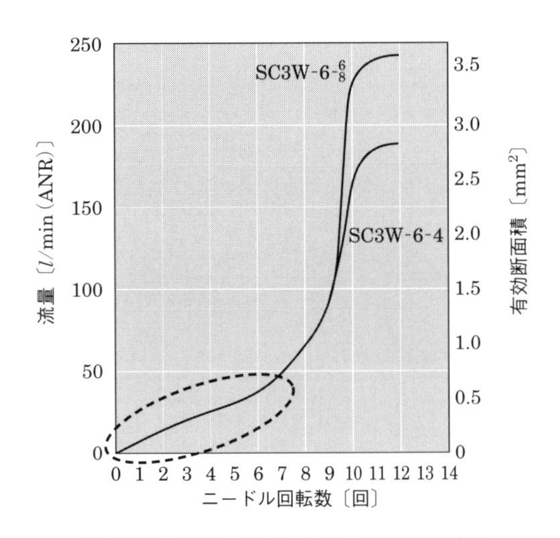

図 4.15　スピードコントローラの流量特性

4.3 方向切換弁
―切換原理および位置数による分類

✿ 方向切換弁の原理

アクチュエータに流れる空気の方向を制御し，シリンダの前進・後退，あるいは揺動アクチュエータの正転・逆転などを制御するのが**方向切換弁**である．**図 4.16** に各種方向切換弁の外観を示す．

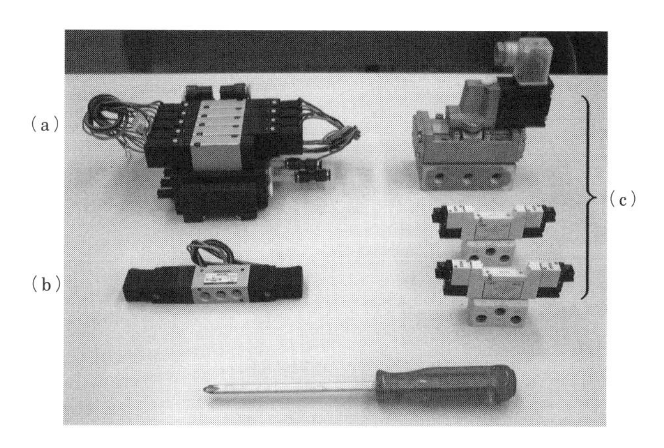

図 4.16　各種方向切換弁
((a) マニホールド配管方式，(b) 直接配管方式，(c) ベース配管方式)

一般的な**スプール方式**の方向切換弁（5 ポート 3 位置オールポートブロック形）の構造および動作原理を**図 4.17** に示す．ポート（配管接続口）は，P, A, B, R×2 の計 5 ポートである．P ポートには元圧，A および B ポートには複動形アクチュエータ，R ポートには消音器がそれぞれ接続される．一般的な方向切換弁はスプール方式を採用しており，内部のスプールと呼ばれる糸巻き形の弁体がスライドすることにより切換えが行われる．

(a) に示す中立状態では，スプールはスプリング力によって中間位置に保持，すべてのポートがブロックされ空気は流れない．弁の切換えを行う場合は，(b) に示すようにプッシュピンを押し込み，スプールをスライドさせることにより，P ポートと A ポート，および B ポートと R ポートがそれぞれつながり，空気が流れ，アクチュエータが動作する．

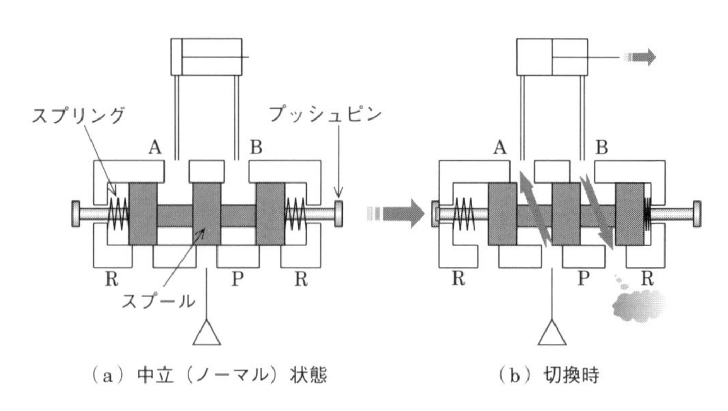

図 4.17　方向切換弁の動作

✿ 位置数，およびポート数による分類と図記号

方向切換弁の切換要素の数を**位置数**と呼ぶ．例えばシリンダにおいて，前進／後退の2通りの動作を行う場合は**2位置弁**を，前進／後退およびストローク途中での中間停止の3通りの動作を行う場合は**3位置弁**を用いる．

図 4.18 に2位置弁，およびオールポートブロック3位置弁の図記号を示す．実際の図記号には，ここに示す切換弁の記号にさらに切換操作方式を示すシンボルが追加される．

(1) 5ポート弁

方向切換弁に配管を接続する口を**ポート**と呼ぶ．空気圧機器では主として，5ポート，2ポート，3ポートの切換弁が用いられる．

5ポート弁は主に複動シリンダの往復制御や揺動形アクチュエータの正転，逆転制御に用いられ，方向切換弁の中で最もポピュラーな弁である．**図 4.19** に電磁パイロット操作形の5ポート弁の図記号を示す．5ポート弁には先に示した2位置弁と3位置弁があり*8，2位置弁には**シングルソレノイド形**，**ダブルソレノイド形**，また3位置弁には**オールポートブロック形**（**クローズドセンタ**），**ABR形**（**エキゾーストセンタ**），**PAB形**（**プレッシャセンタ**）がある．

---

*8　一部特殊なもので4位置弁もあるが，これは3ポート2位置弁を二つ合わせた構造となっている．

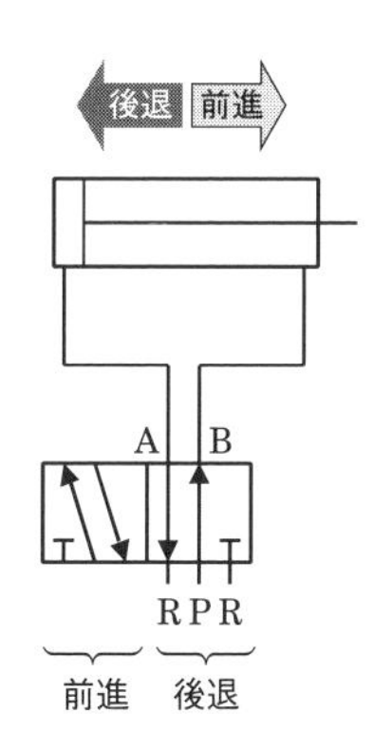

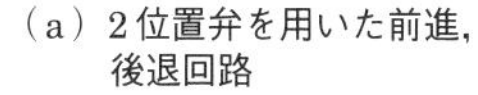
（a）2位置弁を用いた前進，
後退回路

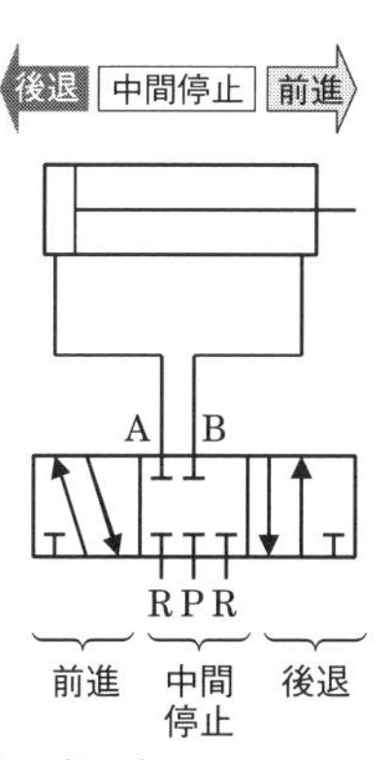

（b）3位置弁を用いた前進，
後退，中間停止回路

図 4.18　方向切換弁の位置数と図記号

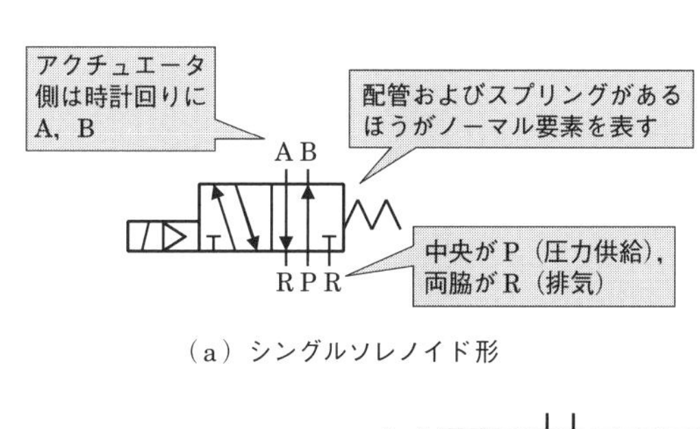

（a）シングルソレノイド形

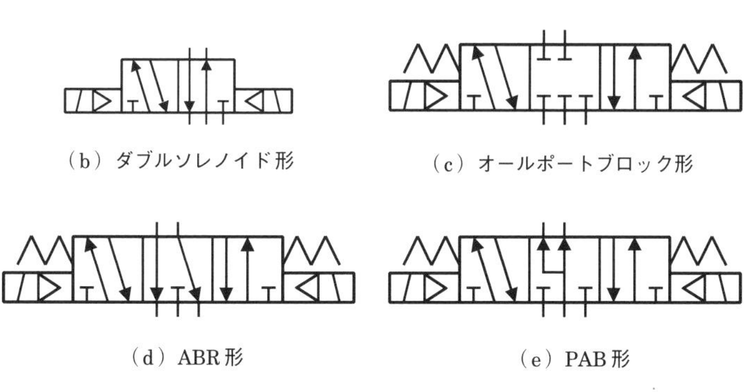

（b）ダブルソレノイド形

（c）オールポートブロック形

（d）ABR形

（e）PAB形

図 4.19　5ポート弁

(a) シングルソレノイド形，ダブルソレノイド形方向切換弁

2位置弁のシングルソレノイド形では，制御信号が切れている場合の要素，すなわちノーマル要素が決まっている．また，一つの制御信号で弁の切換えが可能であるため，**PLC**[*9] などで制御を行う場合は必要出力点数が少なくてすむ．

一方，2位置弁のダブルソレノイド形では，記号から明らかなように，一度制御信号を入力し弁の切換えを行えば，その後信号を遮断してもその位置の要素が保持される．よって，同じ動作を行う場合でも，**図 4.20** に示すように制御信号のパターンは複数種類考えられる[*10]．いずれを用いるかはソレノイドバルブの消費電力や，安全上の配慮[*11] をもとに決定する．

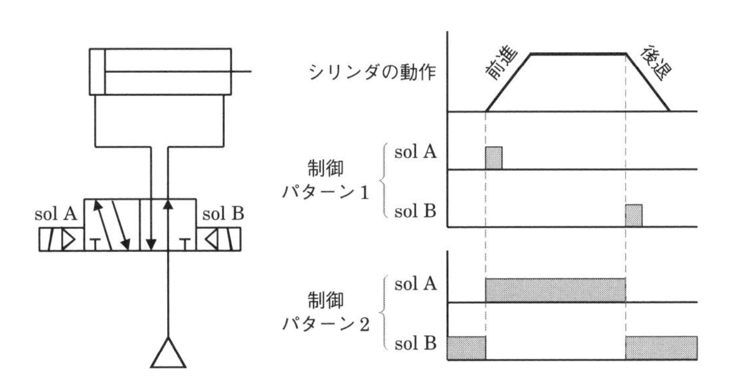

図 4.20　ダブルソレノイドの制御パターン

一般には**図 4.21** に示すように，何らかのトラブルによって制御信号が絶たれた場合，原点位置に戻ったほうが好ましいアクチュエータ（加工系）にはシングルソレノイド形を，逆にトラブル発生時も直前の動作要素を保持し続けることが望ましいアクチュエータ（クランプ系）にはダブルソレノイド形を用いるのがよい[*12]．

＊9　Programmable Logic Controller の略．電気信号を用いて制御を行う場合の代表的な制御器であり，シーケンサ，あるいは PC などとも呼ばれる．

＊10　例えば制御パターン1は省エネ形，制御パターン2は安全重視形．

＊11　方向切換弁を縦方向に取り付けて使用するような場合は，スプールの自重によって弁が勝手に切り換わってしまうおそれがあるため，常に制御信号が入っている状態で使うことが望ましい．

＊12　制御系のトラブルによって，加工中にいきなりクランプが外れてしまうようなことがないように考慮する．

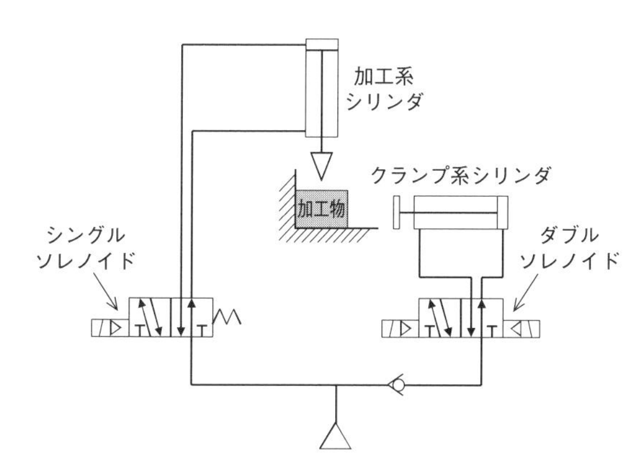

図 4.21 2位置弁シングルとダブルの使い分け

(b) オールポートブロック形（クローズドセンタ）方向切換弁

シリンダのストローク途中で一時停止を行う必要がある場合*13 は，3 位置弁を用いる．3 位置弁には先に示したようにオールポートブロック形，ABR 形，PAB 形がある．オールポートブロック形は内圧を封じ込めた状態で中間停止を行うため，シリンダに負荷荷重が働く場合でもストローク途中での位置保持が可能である*14．

一方，装置入口の残圧排気弁（図 4.39，p.218）によって残圧処理を行った後も，アクチュエータと方向切換弁の間の残圧は排気されないため，特に，メンテナンスなどで配管を取り外す場合は注意が必要である*15．一般にはこれらの処理を考慮して，**アクチュエータ用残圧排気弁**を併用する．**図 4.22** にアクチュエータ用の各種残圧排気弁を示す（7.3 節，p.260 も参照）．

速度制御はメータアウト方式が一般に用いられること，および残圧排気状態では飛出し現象が発生することは前述したとおりであるが，ここで説明したオールポートブロック形方向切換弁と**アクチュエータ残圧排気弁**の組合せを用いた場合

＊13 シリンダの多点位置決めや，シリンダストロークが長い場合の非常停止措置など．

＊14 ただし，スプール弁の構造上，漏れをゼロにすることは不可能であるため，長時間の中間停止はできない（数分程度）．また，使用状態や弁の劣化の程度により漏れが変化し，シリンダが動作してしまうことがある．

＊15 不用意に配管を外すと，内部に残った圧縮空気の影響でアクチュエータが思いがけない動作をすることがあり，設備を壊したり，事故発生などの原因となる．

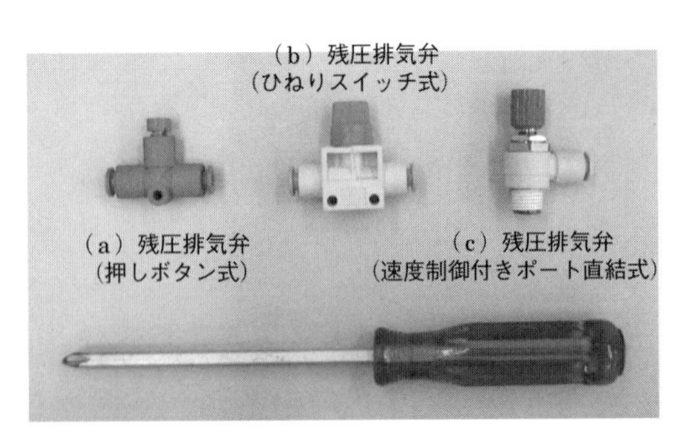

図 4.22 アクチュエータ用残圧排気弁の種類

も，残圧排気後 1 回目の動作で飛出し現象が発生するため注意が必要である．

(c) ABR 形（エギゾーストセンタ）方向切換弁

ABR 形は，その名が示すとおりアクチュエータ側の圧力を排気した状態で中間停止を行う．したがって，中間停止状態ではシリンダを外力によって操作することが可能であり，例えば工作機械の扉の開閉など手動操作を併用したい場合に使用される．

ABR 形方向切換弁では，中間停止のたびにアクチュエータ側の残圧が排気されるため，メータアウト制御では飛出し現象により確実な速度制御を行うことができない．よって，メータイン速度制御を用いるか，メータイン速度制御とメータアウト速度制御を併用する．また，負荷荷重が働くシリンダでは中間停止状態で位置を保持することができないため，4.6 節に示す**パイロットチェック弁**を併用する（7.3 節，p.260 も参照）．

ABR 形方向切換弁とパイロットチェック弁の組合せでは，パイロットチェック弁の弁方式として**ポペット弁**[*16] が用いられているため，オールポートブロック形単体の中間停止より位置保持が確実である．

(d) PAB 形（プレッシャセンタ）方向切換弁

PAB 形は中間停止時，P ポートと A，B ポートが接続されており，両ポートに圧力を供給した状態で中間停止を行う．一般には 5.7 節（p.232）に示す**ロッド**

＊16 円錐形，あるいは円盤形の弁体が弁座の開口部に対して垂直に移動する形式の弁．スプール弁と比較するとシールが確実である．よって，オールポートブロックより確実な負荷保持が可能である．

レスシリンダの中間停止*17 や，**ブレーキ付きシリンダ**の中間停止に用いられる．それぞれの基本回路を**図 4.23** および**図 4.24** に示す．

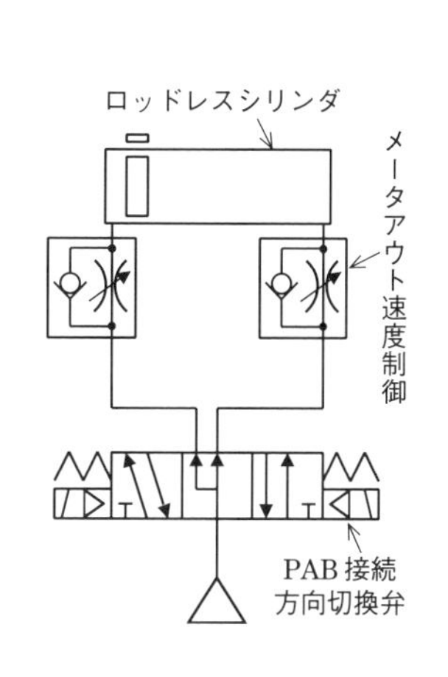

図 4.23　スリット式ロッドレスシリンダの基本回路

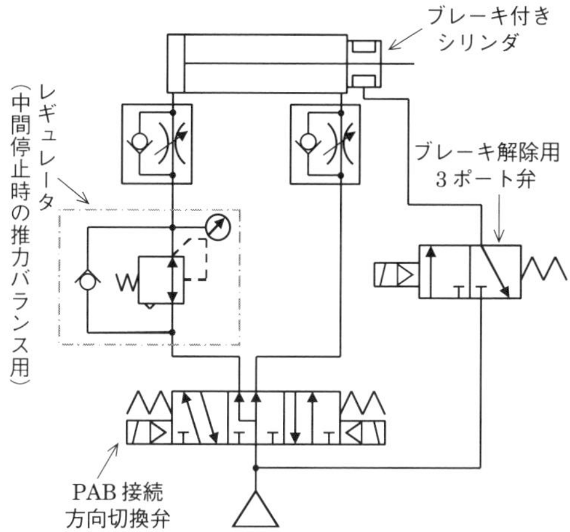

ブレーキ付きシリンダ
レギュレータ（中間停止時の推力バランス用）
ブレーキ解除用3ポート弁
PAB 接続
方向切換弁

図 4.24　ブレーキ付きシリンダの基本回路

A，B 両ポートを同圧で加圧するため，片ロッドシリンダのように前進側と後退側で受圧面積が異なるシリンダを用いた場合，**差動***18 により前進方向の力が発生し，そのままでは中間停止を行うことができない．したがってレギュレータによりシリンダのキャップ側圧力を減圧し，力のバランスを取ることにより中間停止を行う．

以上，5 ポート 3 位置弁について説明した．それぞれの特徴を**表 4.2** に，方向切換弁の選定フローチャートを**図 4.25** に示す．

＊17　スリット式ロッドレスシリンダ（5.7 節参照）は構造上漏れが多く，オールポートブロック方向切換弁では漏れにより位置保持が困難となる．したがって，一般的には PAB 形方向切換弁と組み合わせて用いる．

＊18　片ロッドシリンダのヘッド側とキャップ側に同圧をかけた場合，受圧面積の差によって推力に差が生じ，シリンダは前進する．このような動作を差動と呼ぶ．

表 4.2　3位置弁の特徴

	オールポートブロック形	ABR 接続形	PAB 形
中間停止の状態	内圧封じ込め	残圧排気	両加圧 圧力調整により力をバランスさせた状態で中間停止
外力による操作	不可能 （空気の圧縮分のみ可能）	可　能	可　能
メータアウト速度制御を使用した場合の飛出し	通常，発生なし ただし，残圧排気（メンテナンスなど）後の1回目のみ発生	毎回発生 メータイン速度制御かメータアウトとメータインを併用	発生しない
その他注意点	中間停止時，弁やシリンダの内部漏れにより動作するおそれがある． 特にメンテナンス時のアクチュエータ側の残圧に注意．アクチュエータ用残圧排気弁を併用する	負荷が働くシリンダの位置保持には，パイロットチェック弁を併用する．負荷が大きい場合，あるいはシリンダ速度が速い場合は中間停止の位置制御が難しい	片ロッドシリンダでは作動が発生する．レギュレータで推力のバランスをとって中間停止する． 元圧を投入する際，シリンダが動作することがある．元圧投入はゆっくり行う

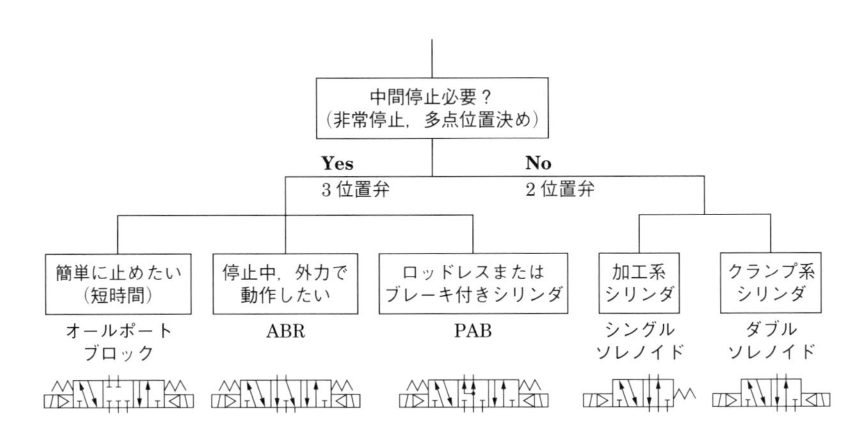

図 4.25　方向切換弁選定フローチャート

(2) 2ポート弁，3ポート弁

(a) 2ポート弁

2ポート弁は，圧縮空気を流すか止めるかを切り換える弁であり，ブローガン，スプレーガンなどに用いられる．**ノーマルクローズ形**と**ノーマルオープン形**の2種類があり，操作を行う（ボタンを押すなど）ことにより，圧縮空気を流すものがノーマルクローズ形[*19]，その逆の動作となるものがノーマルオープン形である．**図 4.26** に手動操作形の 2 ポート弁の図記号を示す．

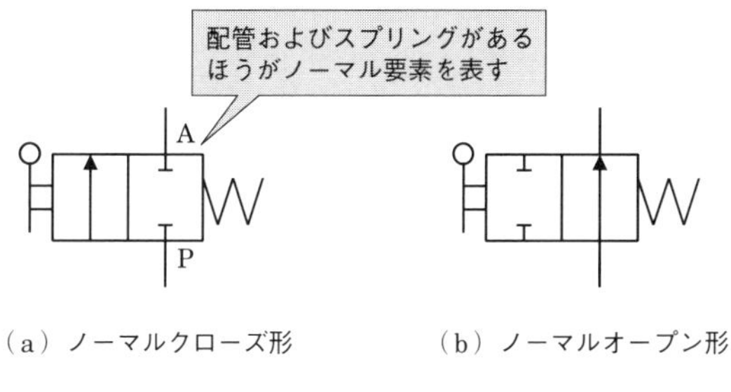

（a）ノーマルクローズ形　（b）ノーマルオープン形

図 4.26　2 ポート弁（手動操作，スプリングリターン形）

(b) 3 ポート弁

3 ポート弁は，圧縮空気を流すか排気するかを切り換える弁であり，主に単動シリンダの制御に用いられる．2 ポート弁と同様に，ノーマルクローズ形とノーマルオープン形がある．**図 4.27** に手動操作形の 3 ポート弁の図記号を，**図 4.28** に 3 ポート弁を用いた単動シリンダの基本動作回路を示す．

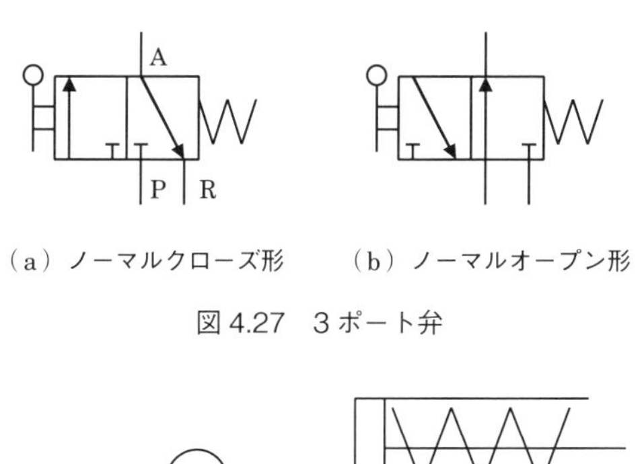

（a）ノーマルクローズ形　（b）ノーマルオープン形

図 4.27　3 ポート弁

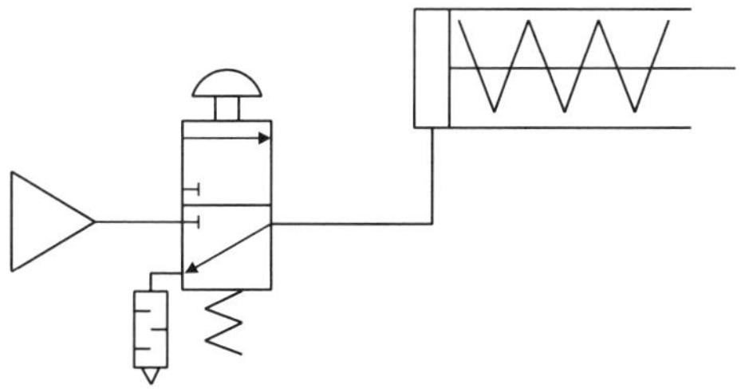

図 4.28　3 ポート弁による単動シリンダの制御

＊19　操作を行う前（ノーマル）の状態で，クローズ（空気を流さない）している．

4.4 切換操作方式による分類と図記号
―直動形と電磁パイロット形

表 4.3 に，代表的な切換えの方式による分類と図記号を示す．

表 4.3　切換方式の分類と図記号

人力操作	機械操作	電磁操作	パイロット操作
一般記号　レバー	ローラ	電磁操作（直動）	直接パイロット操作
押しボタン　ペダル	ばね	電磁パイロット操作	

これらの中で，一般的な方向切換弁の切換方式としてよく使用されているものが**電磁パイロット形操作方式**である．電磁操作（直動）形と電磁パイロット操作形方向切換弁の構造を**図 4.29** に示す．

(a) に示す電磁操作（直動）形は，その名が示すとおり，**ソレノイド**の吸引力を直接利用してスプールの切換えを行う方向切換弁である．ソレノイドを励磁することにより，**プランジャ**が電磁石（右方向）へ引き付けられ，スプールは左側のスプリングに押されて右へスライドし，その結果，切換えが行われる．直動形は，一般に応答性がよく，小形の切換弁で使用される．

一方，(b) に示す電磁パイロット形は，ソレノイドの吸引力で弁内部の**パイロット圧力**を切り換え，その圧力を利用してスプールの切換えを行うタイプである．(b) では，P ポートの圧力が弁内部で分岐され，パイロットポートを介してプランジャのパイロット弁部まで導かれている．ソレノイドを励磁することにより，プランジャが右方向へ引き付けられパイロット弁が開き，パイロット圧がスプール右側のピストンに作用し，スプールを左にスライドさせ切換えが行われる．

電磁パイロット形は流せる流量に対してソレノイドを小形化でき，したがってコストも低く抑えることができる．ただし，電磁操作形と比較すると応答性がやや劣り，また**最低使用圧力**[*20] が決まっているので使用の際には注意を要する．

通常，方向切換弁は電磁操作以外にも手動操作用の押しボタンなどが併設され

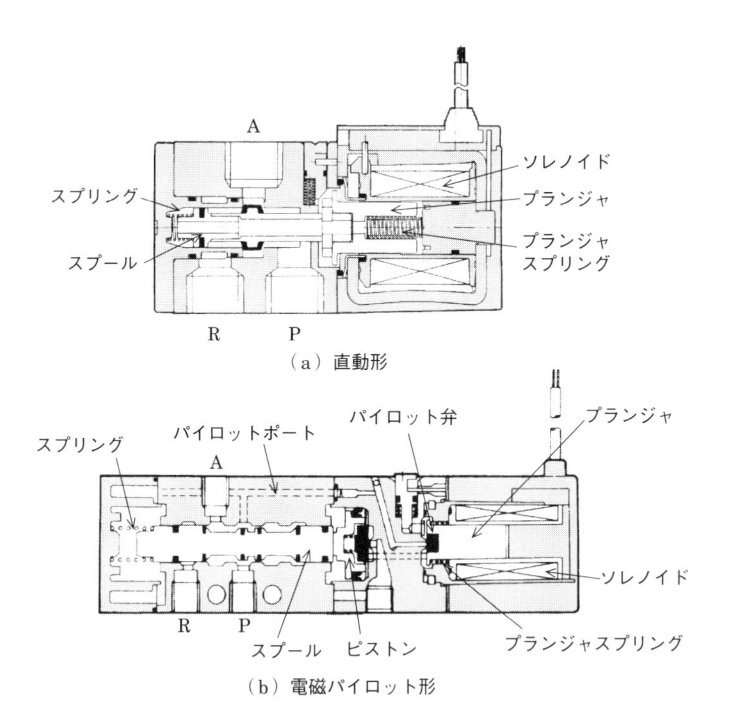

図 4.29 3ポート方向切換弁（ノーマルオープン形）

ている．そのため，これらの図記号を組み合わせて用いる．図記号を**図 4.30** に示す．

記号から明らかなように，手動で操作できるのは内部のパイロット圧力部の切換えである．よって最低使用圧力以下では，スプールそのものの切換えはできない*21.

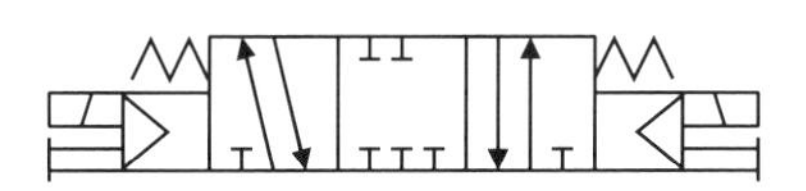

図 4.30 5ポート3位置オールポートブロック形切換弁図記号

＊20 電磁パイロット切換弁では，Pポート圧力が低すぎると弁を切り換えるだけの十分な操作力が得られず，切換えが不安定になることがある．そのため，弁の切換えを行うために必要なPポートの最低圧力が決まっており，これを最低使用圧力と呼ぶ．一般には 0.1 ～ 0.2 MPa 程度．

＊21 電磁パイロット弁のほとんどのタイプが，手動切換えでは図 4.29 (b) のプランジャを手動で引き上げることにより切換えを行うタイプである．よって，最低使用圧力以下ではスプールの切換えはできない．

4.5　方向切換弁の配管方式

方向切換弁の選定にあたっては，まずアクチュエータの種類や動作によってポート数，位置数，操作方式が決定される．実際の選定ではさらに有効断面積，配管方式，電源の種類などを考慮する必要がある．この中から配管方式について**図 4.31** にまとめる．

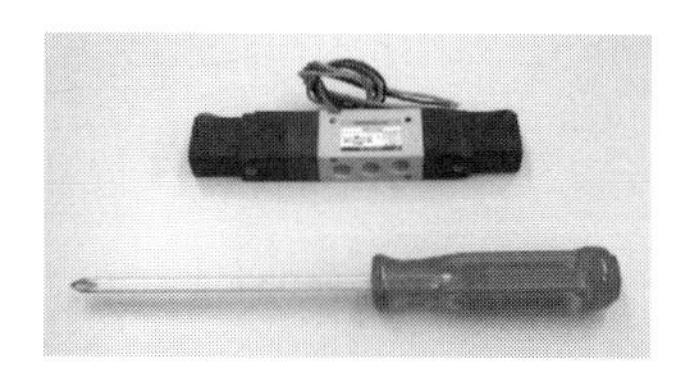

（a）直接配管方式

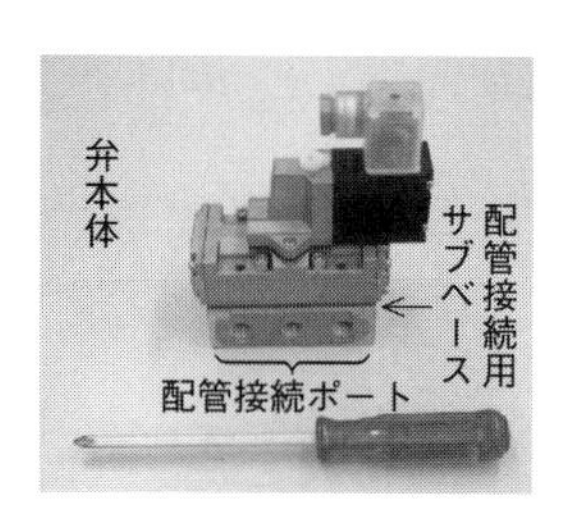

（b）ベース配管方式

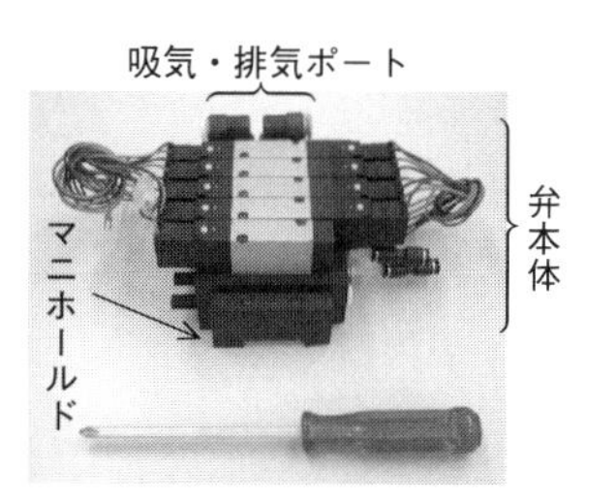

（c）マニホールド配管方式

図 4.31　配管方式

(1) 直接配管方式

弁本体にねじ加工を施したポート穴があり，ここにワンタッチ継手を介して，または直接配管を接続するタイプである．他の方式に比べると，最も設置スペースが小さい．

(2) ベース配管方式

弁本体にベースと呼ばれる配管を接続するための土台を持つタイプである．直接配管方式と比べると，メンテナンス時の配管取外しの必要がなく，作業が楽である．

(3) マニホールド配管方式

一般的な空気圧システムでは，複数のアクチュエータとそれぞれのアクチュエータに対応する複数の方向切換弁を使用するが，マニホールド配管方式は複数の方向切換弁をマニホールドブロック上に並べて設置する．吸気・排気ポートや制御線をまとめることができ，レイアウトが簡単になるのでメンテナンス性に優れる．一方，方向切換弁からアクチュエータまでの距離が長くなる場合には，配管抵抗が増え，アクチュエータの速度低下を招くことに注意が必要である．**図 4.32** にマニホールド配管方式の回路図の例を示す．

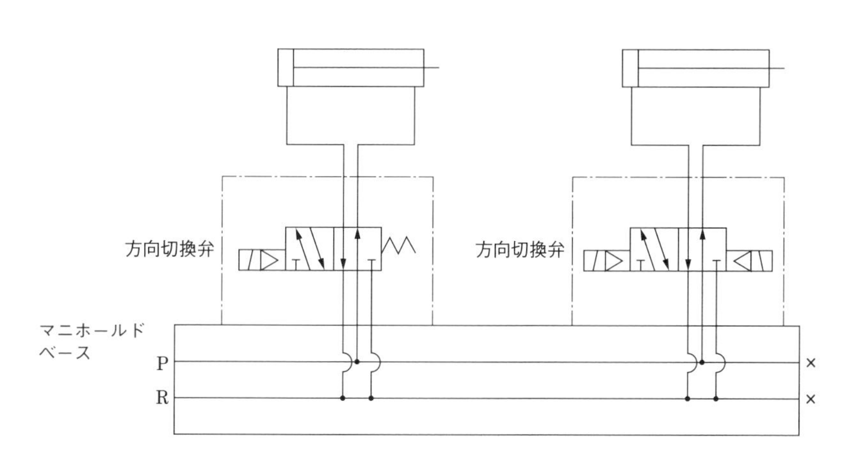

図 4.32 マニホールド配管方式の回路図

4.6　チェック弁，パイロットチェック弁

チェック弁

一方向にだけ空気を流し，逆方向は流れを止める弁が**チェック弁**である．構造および図記号を**図 4.33** に示す．

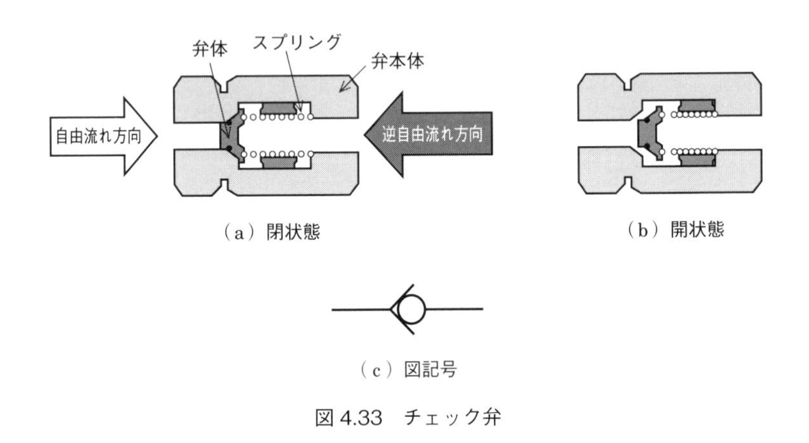

（a）閉状態

（b）開状態

（c）図記号

図 4.33　チェック弁

自由流れ方向に圧力をかけた場合は，弁体が開いて空気を流す．ただし，この際，内部のスプリング力に勝つだけの最低圧力が必要となり，これを**クラッキング圧力**という．クラッキング圧力は圧力損失の原因となるため，低いほうが望ましい．逆自由流れ方向では，スプリングの力だけでなく圧縮空気の圧力によって弁体が弁座に押し付けられるため，シール性能がよい．

✿ パイロットチェック弁

チェック弁に逆方向流れの機能を追加したものが**パイロットチェック弁**である．パイロットポートに圧力を作用させることにより，逆方向に流すことができる．外観および図記号を**図 4.34** に示す．

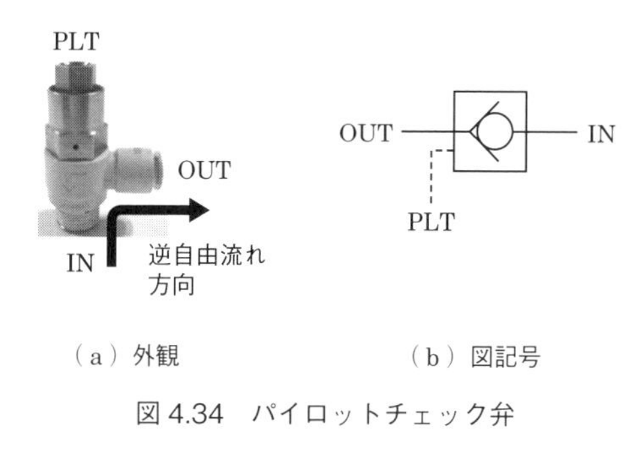

（a）外観　（b）図記号

図 4.34　パイロットチェック弁

前述した ABR 形方向切換弁とパイロットチェック弁の組合せでは，パイロットチェック弁の OUT 側圧力が排気されることによってシールがよくなり，より確実な中間停止となる．7.3 節（図 7.4 (b)，p.261）に ABR 形方向切換弁とパイロットチェック弁を併用した中間停止回路の例を示す．

4.7 シャトル弁，急速排気弁，残圧排気弁

✿ シャトル弁

シャトル弁は**OR 弁**とも呼ばれ，二つのIN側ポートと一つのOUT側ポートを持つ．IN側ポートのうちいずれか高圧側のポートからOUT側ポートへ空気を流し，もう片側のIN側ポートをブロックする働きをする．図記号および使用回路例を**図 4.35**に示す．ここに示すように，複数の空気圧信号の切換えなどに使用される．

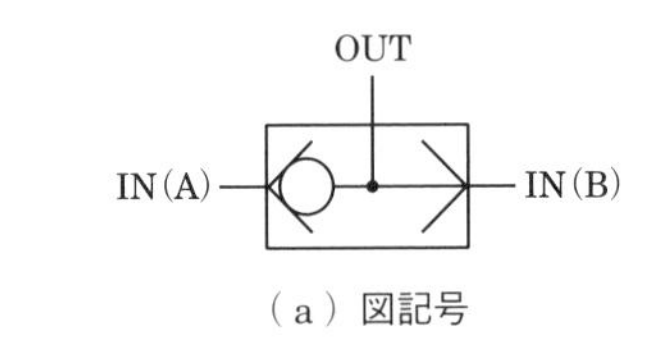

（a）図記号

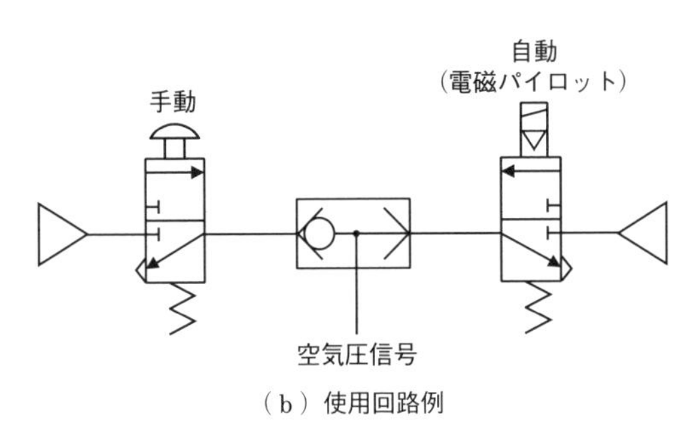

（b）使用回路例

図 4.35 シャトル弁

✿ 急速排気弁

シャトル弁を応用した弁に，**急速排気弁**がある．図記号および構造を**図 4.36**に，回路例を**図 4.37**に示す．

急速排気弁は，アクチュエータと方向切換弁との間に設置することにより，アクチュエータ動作時にアクチュエータの空気を直接大気中へ排気する．これにより，配管および方向切換弁の排気抵抗をなくし，動作を高速化することができる．

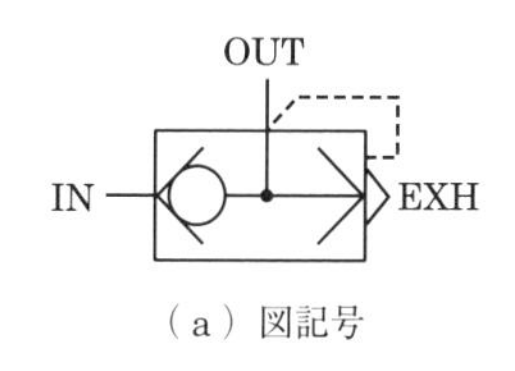

（a）図記号

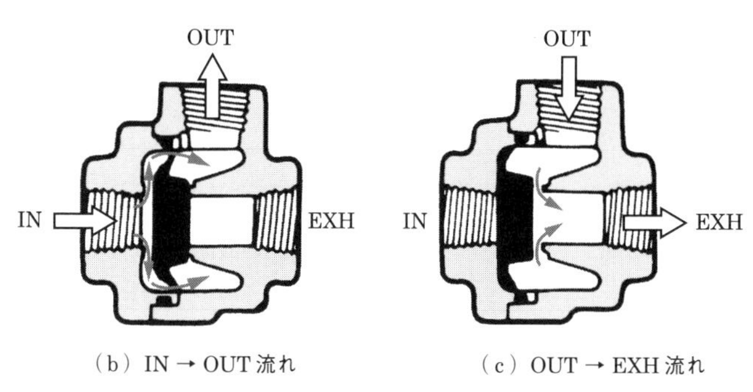

（b）IN → OUT 流れ　　（c）OUT → EXH 流れ

図 4.36　急速排気弁構造

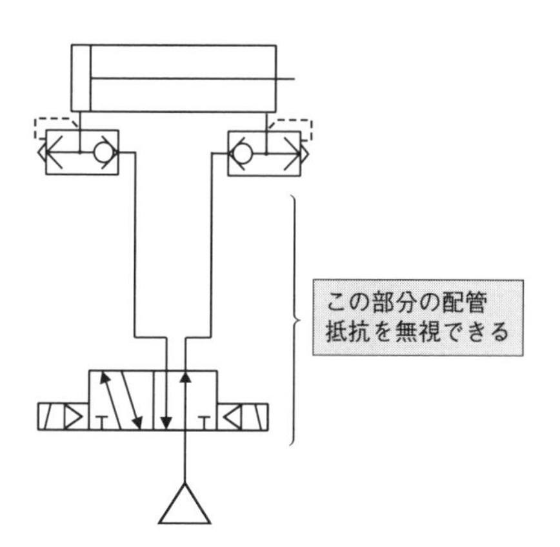

図 4.37　急速排気弁を用いた回路

特に，マニホールド方式の方向切換弁を用いた場合，配管距離が長くなり配管抵抗が増す傾向があるが，このような場合に急速排気弁が威力を発揮する．

✿ 残圧排気弁

残圧排気弁は空気圧システムの入口に設置し，作業終了後やメンテナンス時など，回路内の圧力を排気する場合に使用する．仕組みは**デテント機構**[*22]付きの3ポート弁である．図記号を**図 4.38** に示す．

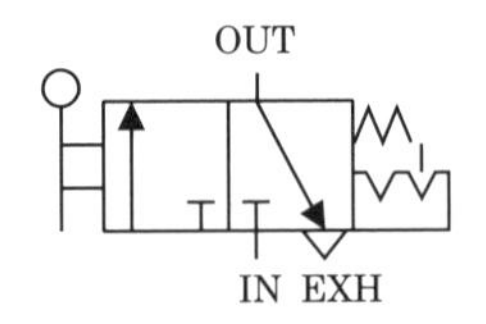

図 4.38　残圧排気弁図記号

最近は省エネへの関心が高いが，残圧排気弁を用いることで作業終了時に対象となる系統への空気供給を完全に遮断できるため[*23]，エア漏れなどによるロスをなくすことができる．

一般には，**図 4.39** に示すように空気圧システムの入口でフィルタレギュレータなどと組み合わせて用いられることが多い．

図 4.39　残圧排気弁とフィルタレギュレータ

＊22　方向切換弁などにおいて，いったん切換えを行った後に操作力や制御信号を遮断しても，パッキンの摩擦や戻り止めによってその位置を保持し続ける機構．

＊23　消費空気量として無視できないのがエア漏れである．作業終了時，残圧排気弁により圧縮空気供給をもとから遮断することにより，エア漏れによる無駄な消費をなくすことができる．ただし実用上は縦方向配置シリンダなどの位置保持が必要となるが，これには 5.7 節（p.235）で示すエンドロック付きシリンダ，ブレーキ付きシリンダなどを用いればよい．

コラム 飛出し（ジャンピング）現象

スピードコントローラによってアクチュエータの速度制御を行ったにもかかわらず，動作の際シリンダが瞬間的に飛び出したり，逆に引っ込んだりしてしまう現象を**飛出し**と呼ぶ．飛出しは，作業者の予想しない動作となるため事故の原因となりやすく，これをいかに発生させないようにするかが回路設計のポイントとなる．以下に，飛出し現象が生じるケースとその対策を示す．

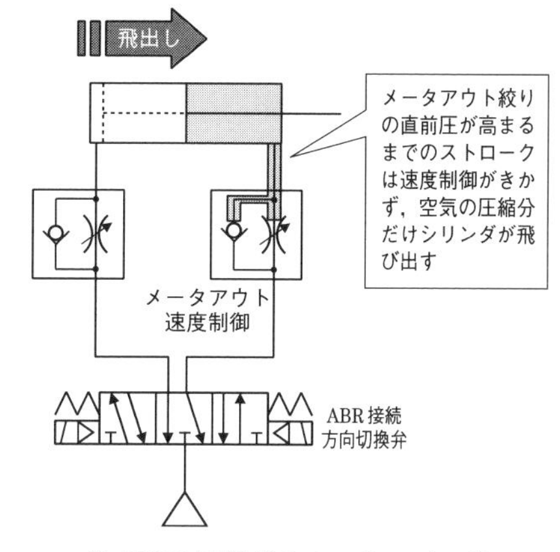

● 飛出し現象発生のメカニズム ●

【Case1】メータアウト速度制御を行っている場合に，アクチュエータの残圧が排気された状態から動作させたとき

① 残圧が排気されないような回路構成とする（外力動作させたい場合は，PAB接続方向切換弁を用いるなど）

② メータイン方式，またはメータイン方式とメータアウト方式を併用する（メータインとメータアウトを一体化したデュアルスピードコントローラを用いてもよい）

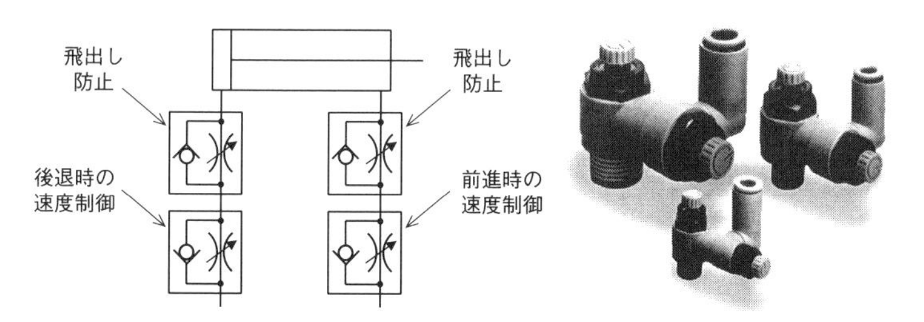

● メータインアウト方式とデュアルスピードコントローラ ●

【Case2】重量物の上下動

シリンダの取付け姿勢が垂直であり，特に重量の大きいワークの上下動を行う場合，シリンダ下降時に飛出し現象が発生する場合がある．これを防止する

には，下降方向のみ減圧を行い，上昇方向，下降方向の力のバランスをとる．

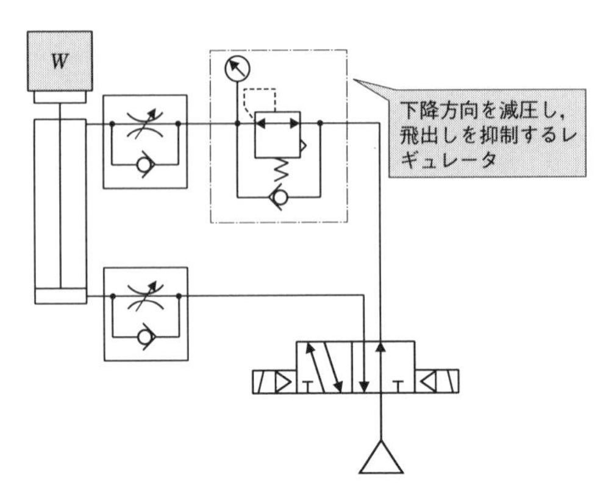

● 重量物の上下動 ●

【Case3】シリンダパッキンの固着

シリンダを動作させないまま長時間が経過すると，シリンダ内でパッキンが固着して動き出しの動作を妨げ，飛出しを発生させることがある．こういった現象は，月曜の朝（機械を長時間停止した後）発生することが多いため，MMS（Monday Morning Stick＝月曜の朝の固着現象）と呼ばれ，特にスクイーズタイプのパッキン*24で発生しやすい．これといった有効な対策がないため，長時間の停止後の運転では慣らし動作を行い，これを防止する．

＊24　パッキンにはリップタイプとスクイーズタイプがあり，O リングに代表されるような「つぶす」ことによってシールを確保するようなタイプを**スクイーズパッキン**と呼ぶ．それに対して V パッキンや U パッキンのように断面形状が唇形で，圧力を受けることによって広がり，シールを行うタイプを**リップパッキン**と呼ぶ．

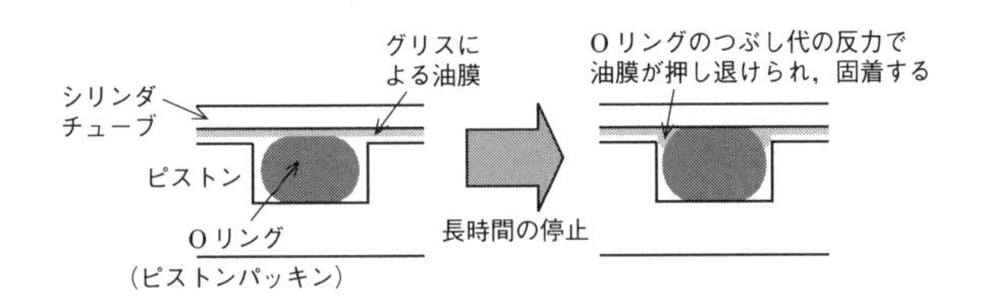

● スクイーズパッキンの固着 ●

5章 アクチュエータ

■各種のアクチュエータ

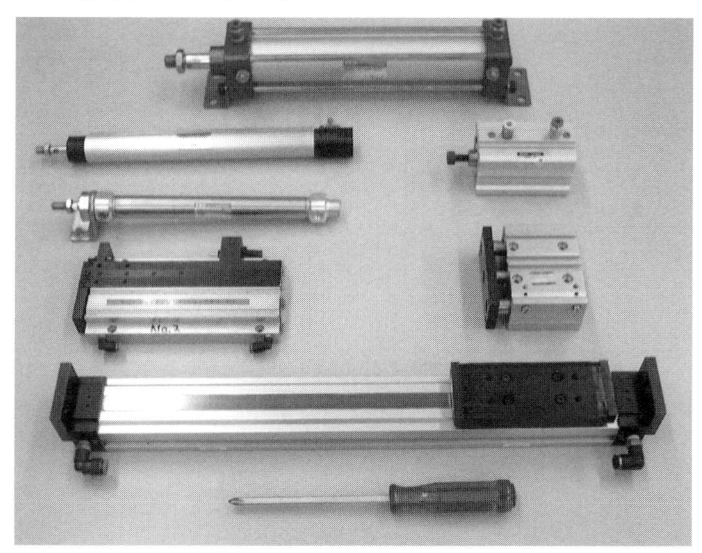

5.1 アクチュエータの種類と空気圧シリンダ

空気圧システムとは，ある負荷に対して目的の動作，例えば押す，持ち上げる，クランプする，止める，向きを変える，つかむ，吸着搬送する，吹き飛ばす，冷却するなどを行うシステムである．これらの作業形態に応じて，実にさまざまなアクチュエータが市販されている．動作とアクチュエータの種類をまとめて**表 5.1** に示す．

表 5.1　動作の種類とアクチュエータの種類

動作の種類	アクチュエータの種類	バリエーションと付加機能	
直　線	空気圧シリンダ	一般形（フート，フランジ，クレビス，トラニオン）	→ 一般的な動作
		ガイド付き（リニアガイド，ガイドロッド）	→ 回り止め精度，耐横荷重
		ロッドレスシリンダ	→ 長ストローク（省スペース）
		クランプシリンダ	→ クランプする
		低速シリンダ，低摩擦シリンダ	→ ゆっくり動かす
		ハイスピードシリンダ	→ 速く動かす
		低摩擦シリンダ	→ 一定圧で押す
		ロック付きシリンダ	→ 動作端で止める（安全）
		ブレーキ付きシリンダ	→ 任意の位置で止める
		薄形（コンパクト）シリンダ	→ 短ストローク，省スペース
		ストッパシリンダ	→ ストッパ（横荷重）
揺動（回転）	揺動形アクチュエータ	ベーン形	→ バックラッシュなし
		ラックアンドピニオン形	→ 角度調整，エアクッション，高トルク
吸　着	真空パッド	平形パッド	→ 一般的な吸着
		リブ付きパッド	→ 変形しやすいワーク
		深形パッド	→ 球面
		ベロウ付きパッド	→ 押付けストロークの確保
		スポンジパッド	→ ワーク表面が粗いとき
		導電性パッド	→ 静電気対策
つかむ	空気圧チャック	平行開閉形（高精度）	リニアガイド スライドガイド 長ストローク 巾広形
		支点開閉形	トグル機構付き 大物ワーク（180° 開閉）
		三つ爪（丸形ワーク芯出し） 四つ爪（角形ワーク芯出し）	
吹き飛ばす 冷却する	ブローノズル	一般形ノズル 首振ノズル 低騒音ノズル 高効率ノズル	

空気圧機器はその使いやすさや制御の自由度の高さから，自動化において中心的な役割を担っている．その結果ここに示したように，求められる動作形態に合わせて多くのアクチュエータが存在する．また，使用する側のニーズに応じてこれらのバリエーションはますます増加している．アクチュエータ選定にあたっては求める機能を考慮し選定を行うことにより，機能性を保持しつつコストダウンを図ることができる．すなわち，上手なアクチュエータ選びが上手な空気圧システム構築のポイントとなる．

アクチュエータの中で直線運動を行う場合に用いるのが**空気圧シリンダ**である．さまざまな機能が付加されており，そのバリエーションも多い．

空気圧シリンダを動作方式から分類すると，**複動形シリンダ**と**単動形シリンダ**に分けることができる．複動形シリンダは，押し引き両方向の動作に圧縮空気を用いる．それに対して単動形シリンダは，押しまたは引き動作のいずれか片方を圧縮空気を用いて行い，逆方向の動作はスプリングやワークの自重で行う．単動形シリンダは複動形シリンダと比較すると圧縮空気の消費量が半分ですむため，省エネ上メリットがある*1．それぞれの片ロッドシリンダの図記号を**図 5.1** および**図 5.2** に示す．ロッドが出ているほうを**ヘッド側**（従来はロッド側），反対側を**キャップ側**（同ヘッド側）と呼ぶ．

一般に複動形シリンダは 5 ポート弁，単動シリンダは 3 ポート弁を用いて制御する．

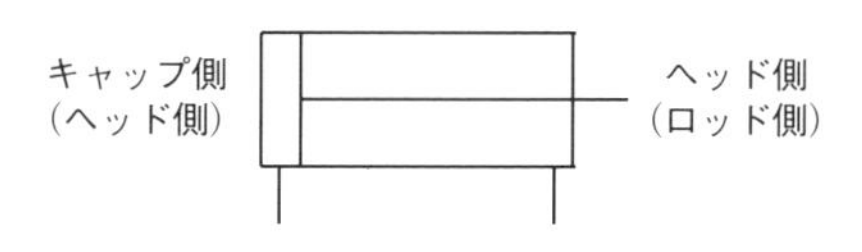

図 5.1　複動形片ロッドシリンダ図記号

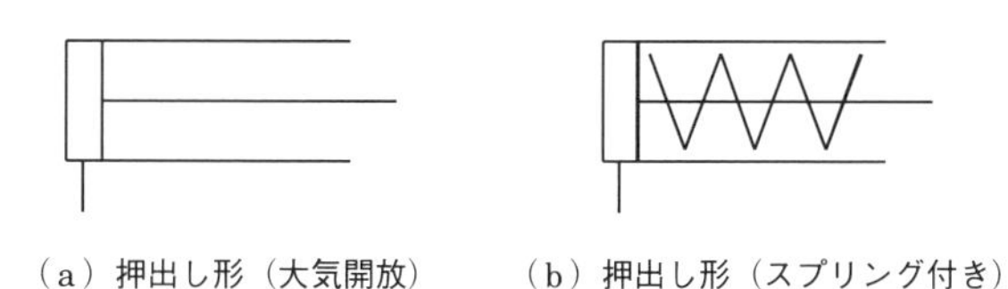

図 5.2　単動形片ロッドシリンダ図記号

*1　ただし，スプリング復帰方式では，動作時にスプリング力が余分に必要になる．

5.2 空気圧シリンダの構造

空気圧シリンダは，一般にシリンダチューブをヘッド側，キャップ側それぞれのカバーで挟み込んだ構造になっているが，細径のもの（おおむねチューブ内径が ϕ40 mm 以下）と普通径のもので構造がやや異なる．それぞれの外観を**図 5.3**に，構造を**図 5.4**に示す．細径のものはシリンダが発生する力も小さいため，シリンダチューブとキャップが**カシメ**または**ねじ**で直接接合されており，部品点数が少なく構造が簡単である．ただし，このタイプは一般に分解，メンテナンスが不可能である．また，後で説明するエアクッション機構がない場合があり，大きなエネルギーの吸収には耐えられない*2.

それに対して普通径のものは，一般にシリンダチューブをカバーで挟み，**タイロッド**で固定する構造となっており，細径のシリンダに比べ作りがしっかりしている．こちらは分解，メンテナンスが可能であり，一般にストローク端でエアクッションが装備されている．

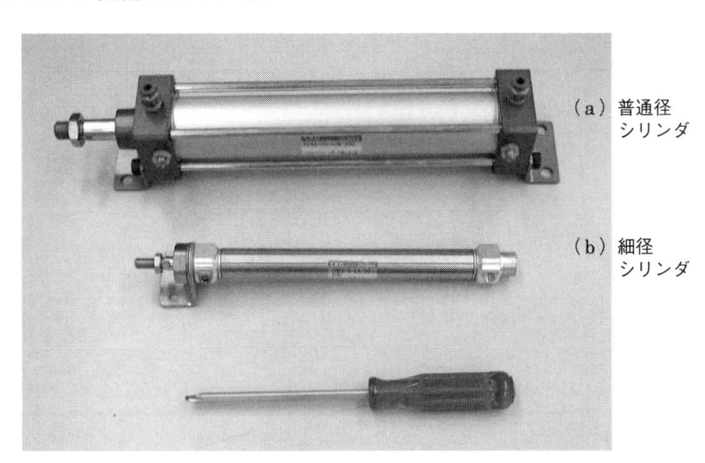

図 5.3　複動形片ロッドシリンダ外観

*2　特に高速搬送がエネルギーにおよぼす影響が大きいため，細径シリンダの場合はあらかじめポートに固定絞りを設け，速度が上がりすぎないよう配慮されている．ワークの運動エネルギーがシリンダの許容エネルギーをオーバする場合は，後述するショックアブソーバを別途取り付け，エネルギーの吸収を行う（5.4 節，p.228 参照）．

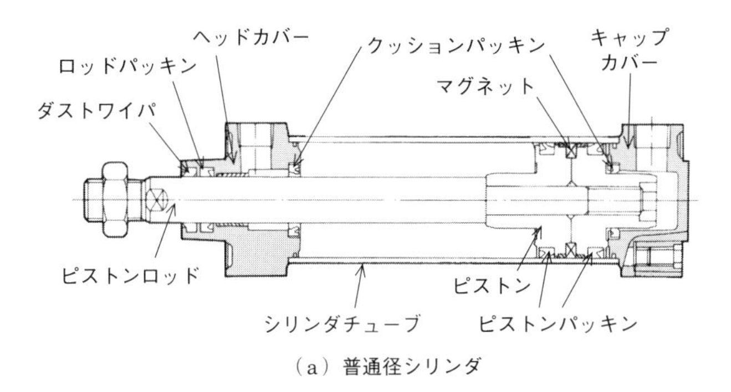

（a）普通径シリンダ

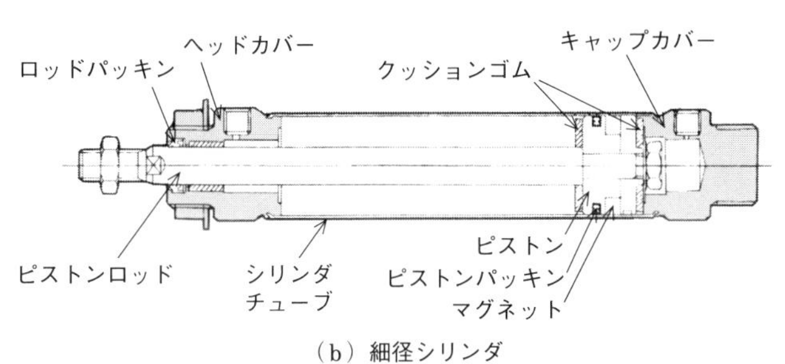

（b）細径シリンダ

図 5.4　複動形片ロッドシリンダ構造

シリンダチューブの材質としては，一般にアルミ合金やステンレス鋼が用いられる．仕事を行う際に力を受ける**ピストンロッド**には，機械構造用炭素鋼に熱処理を施したものが用いられる．ロッド表面はシリンダの動作に伴う傷を付きにくくするため，硬質クロムメッキが施されている．

ピストンパッキンは，リップタイプのパッキンを背中合せで用いるのが一般的であるが，細径のシリンダや薄形シリンダではスクイーズパッキンを単独で用いることもある．

空気圧シリンダの一般的な使用速度は 50 ～ 500 mm/s 程度で，空気圧シリンダをこれ以下の低速で使用した場合，スティックスリップと呼ばれるビビリが発生し動作が不安定になる．また，高速ではパッキンやグリス，あるいは衝撃吸収機構が耐えられずシリンダ破損の原因となる．ただし最近では，低速シリンダや微速シリンダ（50 mm/s 以下でも安定して動作），あるいは高速シリンダ（3 000 mm/s 程度まで使用可）なども市販されている．

5.3　シリンダサイズと取付け形式

一般的なシリンダのサイズは，シリンダチューブ内径とストロークによって表される．シリンダの選定は負荷の大きさ，使用空気圧力，および負荷率を勘案して行うことを1.3節（p.144）で説明した．シリンダチューブ内径およびストロークは標準サイズがJISで規定されており，市販されているシリンダの多くもJISで定められた標準サイズがもとになっている*3．また，ストロークについては標準品以外のものもあるが，特殊仕様となるため一般に受注生産である．一般的な標準径とロッド径の組合せおよび標準ストロークを，**表5.2**，**表5.3**にまとめる*4．

シリンダの取付け形式を**図5.5**に示す．1種類のシリンダに対して，複数の取付け形式が存在するため，実際のシリンダの選定にあたっては，シリンダサイズ

表5.2　シリンダチューブ内径とピストンロッド径の組合せ

シリンダチューブ内径〔mm〕	ピストンロッド径〔mm〕	シリンダチューブ内径〔mm〕	ピストンロッド径〔mm〕
6	3	63	20
10	4	80	25
12	6	100	30
16	5 8	125	36
20	8 10	140	36
25	10 12	160	40
32	12 16	180	40 45
40	14 16	200	40 50
50	20	250	60
		300	70

表5.3　シリンダ標準ストローク

25, 50, 75, 100, 125, 150, 175, 200, 250, 300, 350, 400, 450, 500, 600, 700

*3　ただし最近では，空気圧機器が使用される分野もさまざまであるため，標準サイズ以外にも，超小形シリンダなど多種多様なものが市販されている．

*4　これらは，受圧面積や推力とともに表にまとめられたものがメーカのカタログに掲載されている場合が多い．実際の選定にあたっては，それらを参考にするとよい．

とストロークを決めたうえで取付け方式や，5.6節（p.231）で説明するシリンダスイッチの有無などを指定して購入することができる．これらのうちトラニオン形は，シリンダスイッチの取付けに制限を受ける場合があるので注意を要する．

また，シリンダのチューブ内径とワークの支持状態，および負荷の大きさによりシリンダには実用上の**最大ストローク**が決められている．これを超える使い方をするとロッドが座屈したり，あるいはロッド部やピストン部のパッキンに異常摩耗をきたし，シリンダの寿命を短くすることがある．空気圧メーカのカタログには，技術資料としてこれらの限界ストロークを取付け形式別に図および表にまとめたものが掲載されているので，使用条件が厳しい場合*5などはチェックしておく必要がある．

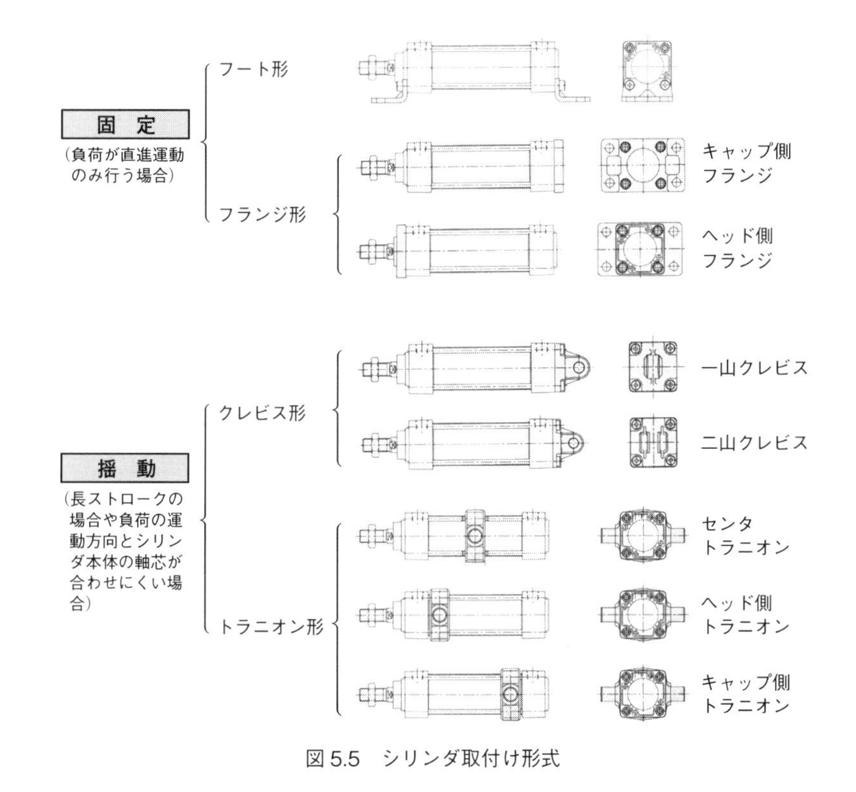

図5.5　シリンダ取付け形式

*5　高負荷，長ストロークでの使い方．例えば長ストロークシリンダを用い，前進端で，外部ストッパによる位置決めを行うなど．

5.4　シリンダのクッション機構

シリンダの動作ストローク端には**クッション機構**が備えられている．クッションの種類としては，**エアクッション**と**ゴムクッション**がある．エアクッションはある程度のエネルギー吸収も可能であるが*6，ゴムクッションの主な目的は消音である．

また，エアクッション付きのものでもシリンダのチューブ径や種類によって吸収できるエネルギーが決まっているため，ワークの運動エネルギーが許容吸収エネルギーをオーバする場合*7 は別途**ショックアブソーバ**などの衝撃吸収機構が必要となる．エアクッションの動作原理を**図 5.6** に，ショックアブソーバを**図 5.7** に示す．

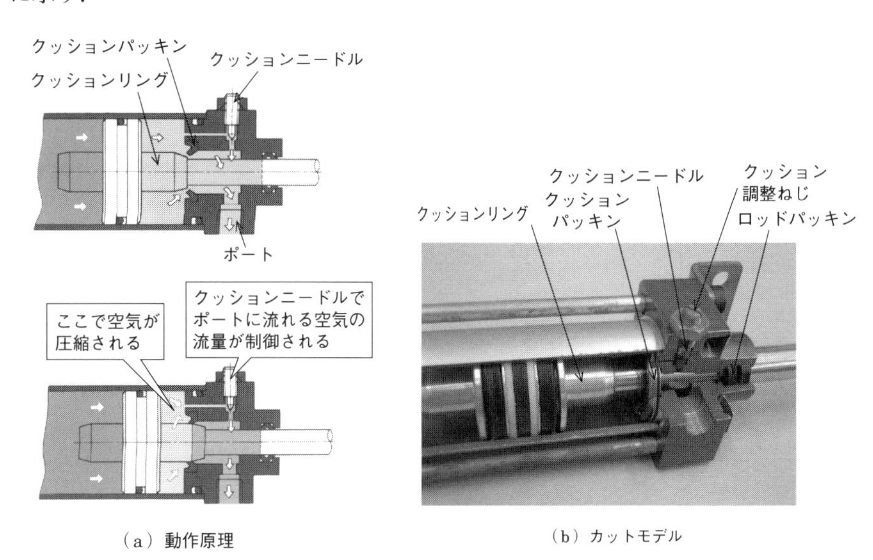

（a）動作原理　　（b）カットモデル

図 5.6　エアクッションの動作原理

＊6　エアクッションは，本来は停止時の衝撃が直接カバーに作用するのを防止し，シリンダを保護するためのものである．よってある程度のエネルギー吸収はできるが，それが主な目的ではない．

＊7　エネルギーは $\dfrac{mv^2}{2}$ となるので，特に重量物を高速で動作させる場合は注意が必要．

エアクッションの動作について説明する．クッション動作前はシリンダチューブ内の空気はポートから直接排出されるが，ストロークの終端近くで**クッションリング**が**クッションパッキン**内に入ると，これらの密封作用によってチューブ内からポートへの直接の空気の流れが遮断され，空気は**クッションニードル**から流量制御されながらポートへと排出される．この際のシリンダチューブ内の空気の圧縮性を利用して，エネルギーを吸収する．

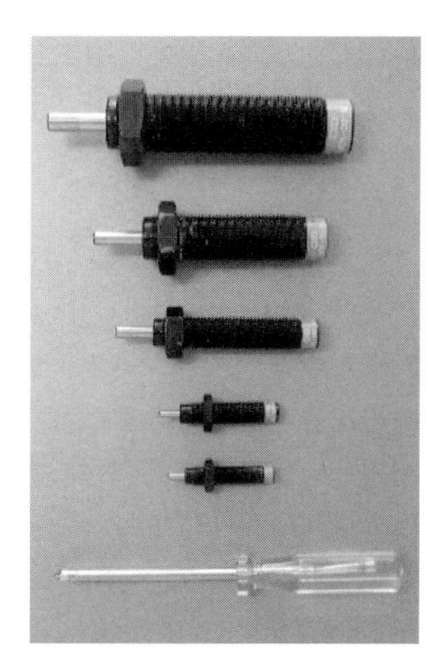

図 5.7　ショックアブソーバ

エアクッションの衝撃吸収能力は，圧力条件やシリンダクッションストロークの容積（シリンダの種類やサイズによる）など種々の条件によりまちまちである．そこで，これらをシリンダのシリーズごとにまとめたグラフなどが空気圧機器メーカのカタログに掲載されている．選定にあたってはこれを参考に，衝撃エネルギーが許容値内かどうかのチェックを行う．空気圧シリンダの中でも高速で使用されることが前提の**ハイスピードシリンダ**などは，クッションストロークが通常のシリンダより長くなっており，またパッキンやグリスなどが一般形のシリンダと異なる．これにより同径の一般形シリンダと比較すると 5 倍程度の衝撃吸収能力となる．一般的な空気圧シリンダの使用最高速度は 500 mm/s 程度であるが，ハイスピードシリンダでは 3 000 mm/s 程度まで使用可能なものもある．

表 5.4　エアクッションの衝撃吸収能力例

チューブ内径〔mm〕	有効クッション長さ〔mm〕	許容吸収エネルギー〔J〕
φ40	14.6	4.29
φ50	16.6	8.37
φ63	16.6	15.8
φ80	20.6	27.9
φ100	23.6	49.8

5.5 シリンダの横荷重

シリンダはピストンロッドの方向に作用する荷重には強いが，直角方向に作用する力には弱い．これをシリンダの**横荷重**と呼ぶ．シリンダに過度の横荷重が加わった場合，ピストンロッドの動作時のビビリや推力不足の原因になる．また，この状態で繰返し動作を行うとパッキンが偏摩耗し，シリンダの寿命を著しく縮める．そこで，ワークが直線以外の動作を行う場合は，シリンダ支持形式に**トラニオン形**や**クレビス形**を用い，また，ロッド先端のワークとの結合に**フリージョイント**を使用するなど，シリンダに加わる横荷重の軽減を図ることが重要である．

一般に，シリンダに許容できる横荷重は，シリンダ推力の$\frac{1}{20}$に，てこの原理でパッキンに作用する力を考慮した以下の式により表される．

$$F_x = \frac{1}{20}\,\frac{L_2}{L_1 + L_2}\,\frac{\pi}{4}D^2 P \tag{5.1}$$

ここで，F_x ：シリンダの許容横荷重

L_1 ：**ロッドパッキン**部から横荷重が加わる点までの距離

L_2 ：ロッドパッキン部からピストンパッキン中心までの距離

D ：シリンダチューブ内径

P ：使用空気圧力

図 5.8　フリージョイント

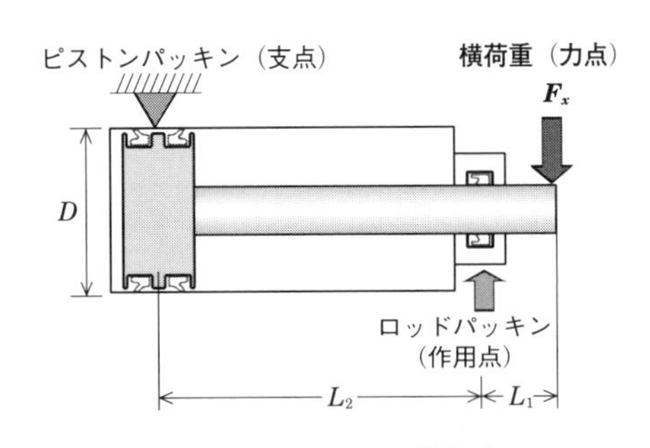

図 5.9　シリンダの横荷重

5.6 位置検出器

シリンダは方向切換弁により前進，後退の動作を行うが，目標位置まで到達したかどうかの検出は位置検出器によって行う．位置検出器には，**シリンダスイッチ**と**リミットスイッチ**がある．外観を**図 5.10** に示す．

シリンダスイッチはピストンのマグネットを利用して位置の検出を行う位置検出器であり，シリンダのタイロッドや取付溝を利用してシリンダチューブ表面に直接固定される．リミットスイッチと比較すると，①リミットスイッチを操作するためのカム，ドッグやスイッチ本体の取付金具が不用であること，②取付スペースが小さく，位置調整が容易であること，③機械的な機構を持たないため寿命が長いことなどから，最近ではリミットスイッチに変わってよく使用される．

シリンダスイッチの種類には**有接点式**，**無接点式**がある．有接点式はリードスイッチなど物理的に開閉する接点部を持つのに対し，無接点式は磁気を検出する素子を用いた構造となっており物理的な接点を持たない．したがって**チャタリング**[*8] が発生しないことや寿命が長いことでは無接点式が有利である．シリンダスイッチは購入後のシリンダに後から追加できない場合があるため注意が必要である（マグネットがないピストンの場合）．

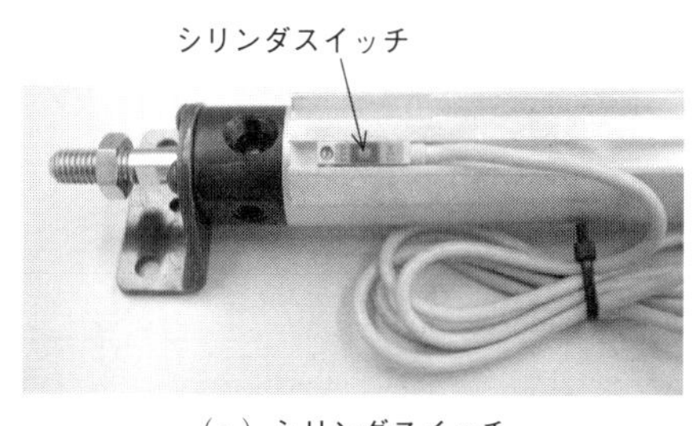

（a）シリンダスイッチ

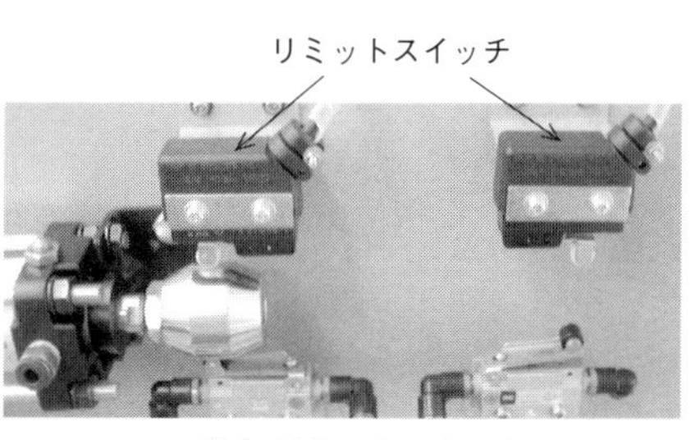

（b）リミットスイッチ

図 5.10　シリンダの位置検出器

＊8　リレーなどの機械式スイッチが開閉する瞬間の不均衡な力により，正規の信号パルス以外のイレギュラーパルスが発生する現象．何も対策を施さないままコントローラに入力すると，誤動作の原因になる．

5.7　さまざまなシリンダ

✿ ロッドレスシリンダ

空気圧シリンダには前述した一般的な構造のもの以外にも，表 5.1（p.222）に示したように特別な用途向けのものや，付加機能により使い勝手を向上させたり，周辺機器を含め設計の手間を省いたものが多くある．それらの代表的なものについて紹介する．

ロッドレスシリンダは，その名のとおり，ピストンロッドを持たない構造のシリンダであり，ワークへの動力伝達はシリンダ本体の上部をスライドするテーブルにより行う．片ロッドシリンダと比べると動作ストロークに対する占有スペースが約 $\frac{1}{2}$ となり，特にワークを長ストローク移動させる場合に有利である[*9]．

ロッドレスシリンダの構造には，**スリット式**と**マグネット式**がある．スリット式ロッドレスシリンダの外観を**図 5.11** に，構造を**図 5.12** に示す．

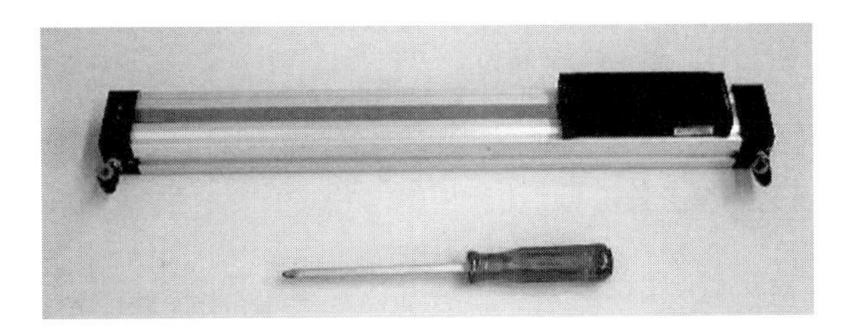

図 5.11　ロッドレスシリンダ（スリット式）の外観

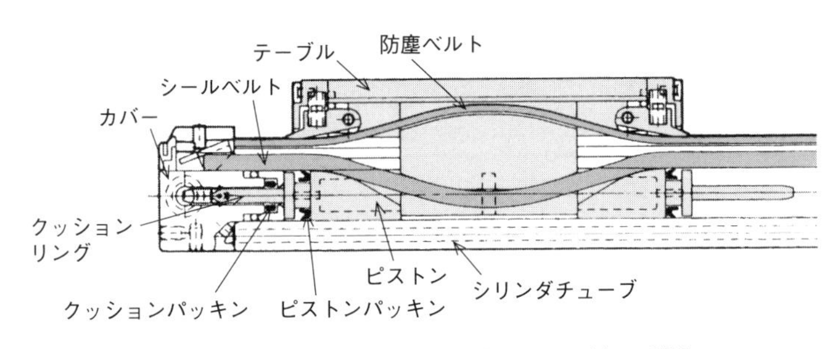

図 5.12　ロッドレスシリンダ（スリット式）の構造

＊9　最大で 5 000 mm 程度のものまである．

(1) スリット式

メカジョイント式とも呼ばれ，シリンダ内部のピストンと外部のテーブルが機械的に結合されている．したがって，シリンダ上面にジョイントがスライドする隙間（スリット）があり，この部分にシリンダ内部からの圧縮空気の漏れを防ぐための**シールベルト**が使用されている．ただし，一般的なシリンダと比較すると構造上漏れが多く*10，したがってスリット式ロッドレスシリンダを使用する場合は，一般的には 4.3 節（d）（p.206）で説明した PAB 形の方向切換弁と組み合わせて使用する*11．

(2) マグネット式

マグネット式はテーブルとピストンの同調をマグネットによって行っており，エア漏れが少ないことが特徴である．ただし，可搬重量や速度に制限があり，許容値を超える負荷が働いた場合マグネットが脱調するおそれがある．構造を**図 5.13** に示す．

ロッドレスシリンダのサイズ選定は，負荷の大きさと速度，および取付方向と負荷の状態によるモーメントを考慮して行う*12．

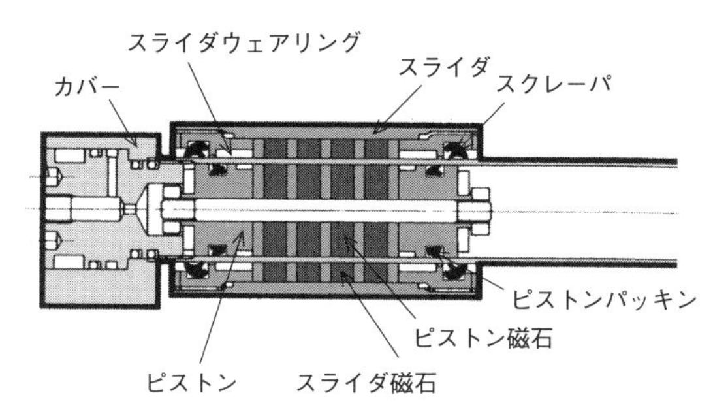

図 5.13　ロッドレスシリンダ（マグネット式）の構造

*10　漏れ量はシリンダのサイズや使用条件により異なるが，一般的には 100 cm^3/min 程度の漏れを考えておいたほうがよい．オールポートブロック形の切換弁を組み合わせた場合は，停止時間によってはアクチュエータ内の残圧が抜けてしまうことから，停止位置の変化や動作時の飛出し現象が発生することがある．

*11　ロッドレスシリンダは，長いストロークのワークの移動に用いられることが多い．したがって，一般には中間停止が可能な 3 位置弁を使用する．

*12　シリンダ取付けの向きが垂直方向や水平横向きとなる場合，シリンダには垂直下向きの負荷重量とともにモーメントが作用するため，水平で使用する場合と比べると可搬重量が小さくなる．

✿ ガイド付きシリンダ

5.5節（p.230）で説明したように，シリンダは横荷重に弱い．そこでシリンダに横荷重が働く場合，あるいは，シリンダの回転を抑制したい場合は，シリンダ外部に**ガイド機構**を別途設置する必要がある．これらのガイドをあらかじめシリンダと一体化したものが**ガイド付きシリンダ**である．外観を**図5.14**に示す．また，主な用途を**表5.5**，**図5.15**，**図5.16**にまとめる．

ガイド付きシリンダはガイドの種類*13，取付け向き，横荷重の大小によって可搬重量が異なる．選定にあたっては，カタログに掲載されている許容負荷荷量のグラフなどを参考にすればよい．

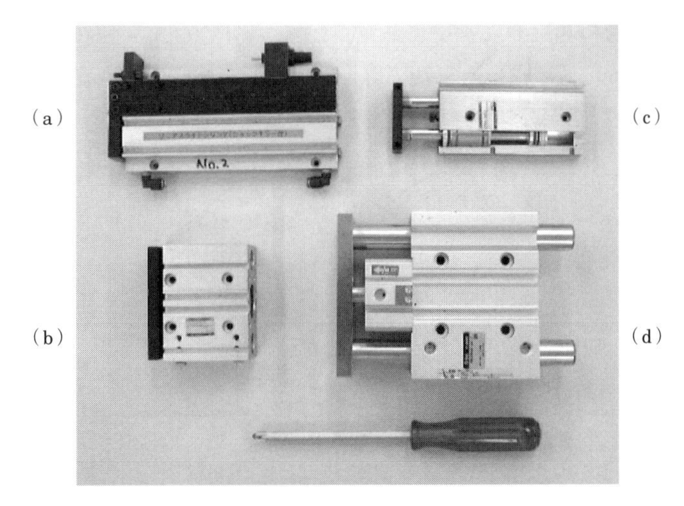

図5.14　ガイド付きシリンダ
((a) リニアガイド付きシリンダ，(b) ガイドロッド付きシリンダ，
(c) ツインロッドシリンダ，(d) ガイドロッド付きシリンダ（片方向ブレーキ付き))

表5.5　ガイド付きシリンダの用途

シリンダ	用　途
ガイドロッド付きシリンダ	ストッパ，プッシャ，リフタ，クランプ
ツインロッドシリンダ	ピックアンドプレースのZ軸など
リニアガイド付きシリンダ	高剛性，高精度が要求されるZ軸など

*13　すべりガイド，ボールブッシュガイドなどがある．

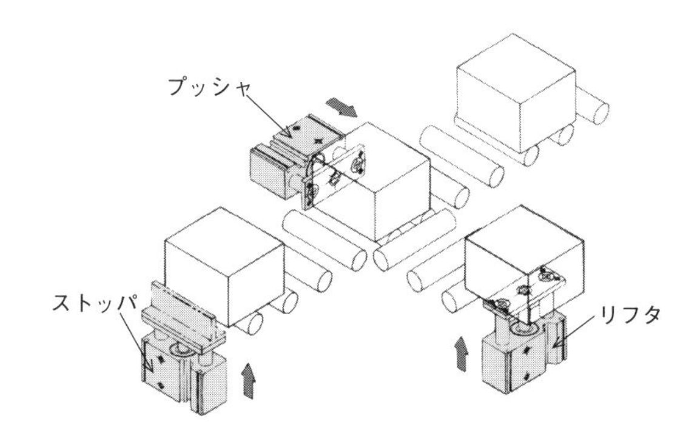

図 5.15　ガイドロッド付きシリンダの用途

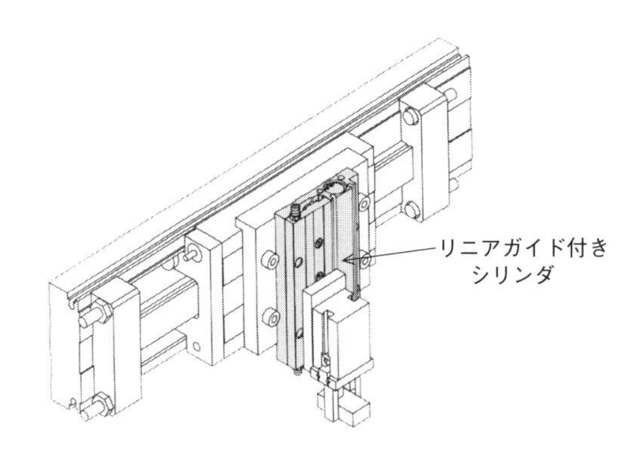

図 5.16　リニアガイド付きシリンダの用途

✿ エンドロック付きシリンダ，ブレーキ付きシリンダ

空気圧装置において，何らかの異常で垂直に設置されたシリンダに供給されていた圧縮空気が排気された場合，ピストンロッドが自重で落下し，装置を壊したり事故を招くおそれがある．このような場合を想定して，シリンダの前進あるいは後退端でロックがかかる機能を持ったシリンダが**エンドロック付き（落下防止付き）シリンダ**である．ロックの原理を**図 5.17** に示す．

(a) に示すように，ピストンロッドがストローク終端に近づくと，ロックピストンがピストンロッド端のテーパ部に押し上げられ，終端でロックピストンがロッドの溝にはまりロックがかかる．シリンダ下降時は，(c) に示すように一般のシリンダと同様にポートに圧縮空気を供給することにより，これを利用してロックピストンが押し上げられ，ロックが自動的に解除される．

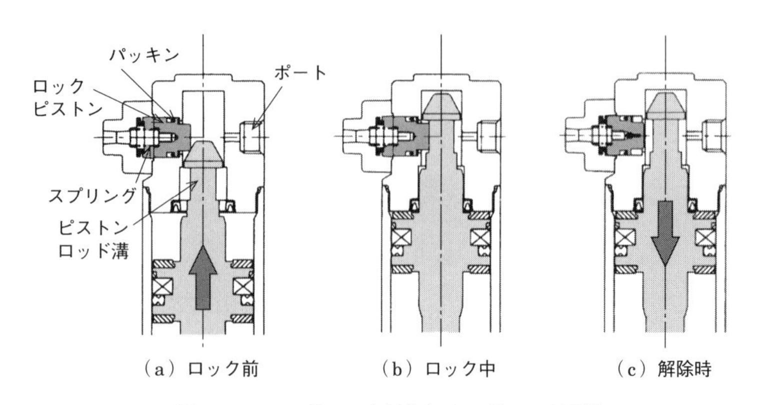

図 5.17　エンドロック付きシリンダロック原理

エンドロック付きシリンダを用いる場合は，ロック解除前は逆方向に圧縮空気が供給されている必要があるため*14，一般には**図 5.18** に示すように **2 位置弁**を使用する．3 位置弁（特にオールポートブロック形）を使用した場合，アクチュエータ側の内圧によってロック機構が作動しない場合があり，またいったんロックがかかった後も，切換弁からのエア漏れによりロックが勝手に解除されるおそれがあるため，注意が必要である．

エンドロック付きシリンダはストローク終端でロックが作動するが，ストロークのどの位置でも機械的にロックできるようにしたものが**ブレーキ付きシリンダ**

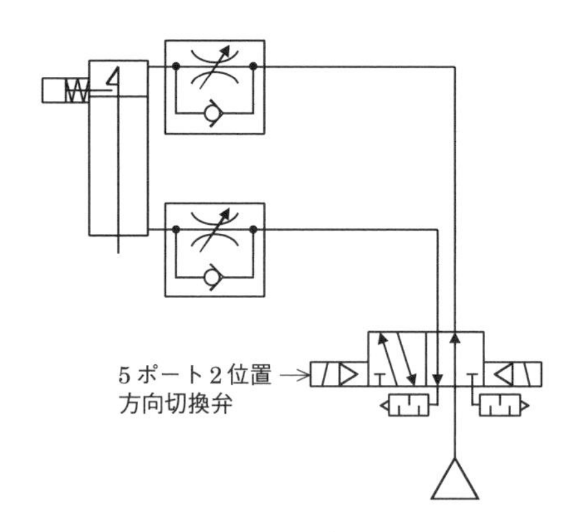

図 5.18　エンドロック付きシリンダ回路

＊14　背圧がない状態からいきなりロックが外れると，シリンダの飛出しの原因になる．

である．ブレーキ付きシリンダには，両方向にブレーキが働くものと片方向のみ働くものがある．さらに，ブレーキの作動はスプリング，ブレーキ解除はエアにより行うスプリングロック方式と，ブレーキの作動，解除いずれも空気圧で行う空気圧ロック方式がある．いずれの方式も，ピストンロッドをブレーキシューでつかみ機械的にブレーキをかける構造となっている．両方向ブレーキ付きシリンダの外観を**図 5.19** に，構造を**図 5.20** に示す．

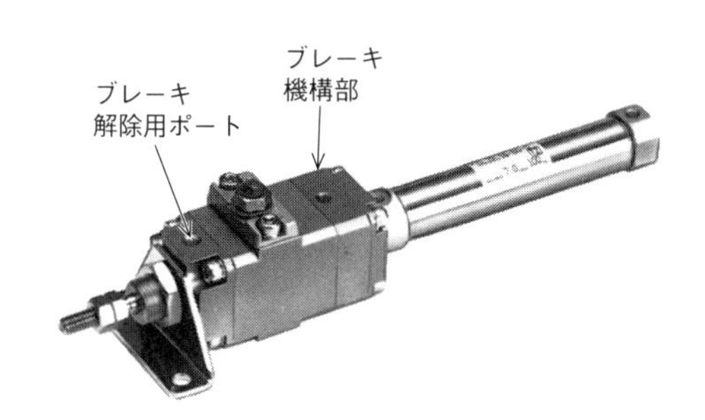

図 5.19　両方向ブレーキ付きシリンダ外観

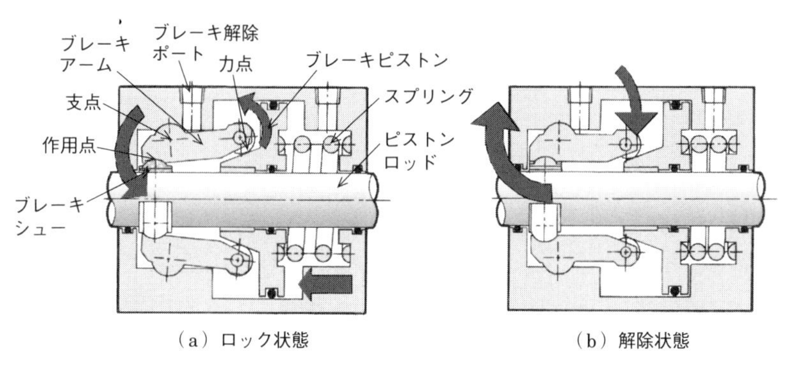

図 5.20　両方向ブレーキスプリングロック方式

(1) 両方向ブレーキの動作

図 5.20 (a) に示すロック状態では，ブレーキピストンはスプリング力によって図の左方向に押されている．ブレーキピストンの左側面はテーパになっているため，ブレーキアームがてこの原理でピストンロッドにブレーキシューを押し付け，ブレーキがかかる．ブレーキ解除ポートに圧力を供給すると，(b) に示すようにエアの圧力によってブレーキピストンが右へスライドする．これによりブ

レーキが解除される.

(2) 片方向ブレーキの動作

片方向ブレーキの場合は機構がさらに簡単である. 構造を**図 5.21** に示す. ピストンロッドはロックアップリングと呼ばれる板を貫通しているが, (a) に示すロック状態では, このリングがスプリングによってロッドに食い込む方向に力が働き, これによりピストンロッドをロックする. ブレーキ解除ポートに圧力が作用すると, (b) に示すようにロックアップリングがスプリングに逆らって右方向に倒れるため, ブレーキが解除される. 図 7.7 (p.264), 図 7.8 (p.265) にブレーキ付きシリンダの基本回路の例を示す.

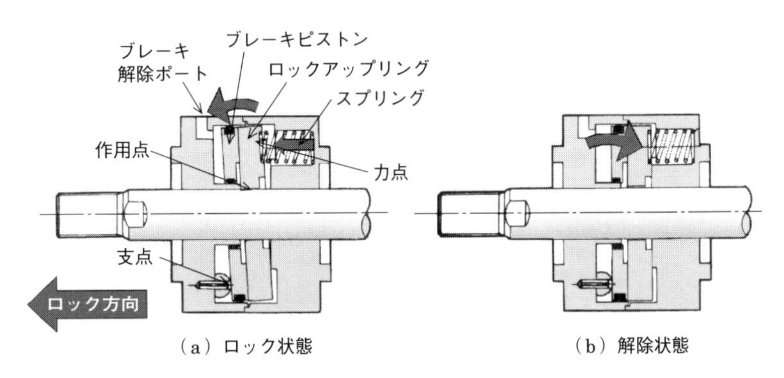

図 5.21　ブレーキ機構 (片方向ブレーキ　スプリングロック方式)

✿ 薄形シリンダ

装置の小型化に伴い短ストロークのシリンダが用いられることが多くなってきた. このような場合, 前述したような一般的な構造のシリンダでは, 図 5.4 に示したようにシリンダの前後をカバーで挟む構造となっているため, ストロークに対して全長が長くなってしまう. この点を改良し, コンパクト化を図ったのが**薄形 (コンパクト) シリンダ**である. 構造を**図 5.22** に示す.

本体はアルミ合金の押出し材を使用し, シリンダスイッチを取り付けるための外溝があらかじめ加工されている. また, 一般的なシリンダのように前後のカバーが外部に出ておらず, 薄形のカバーが本体内部に C リングなどを利用して固定されている.

ピストン部は, 一般にスクイーズタイプのパッキンが使用され, ピストンも薄形になっている.

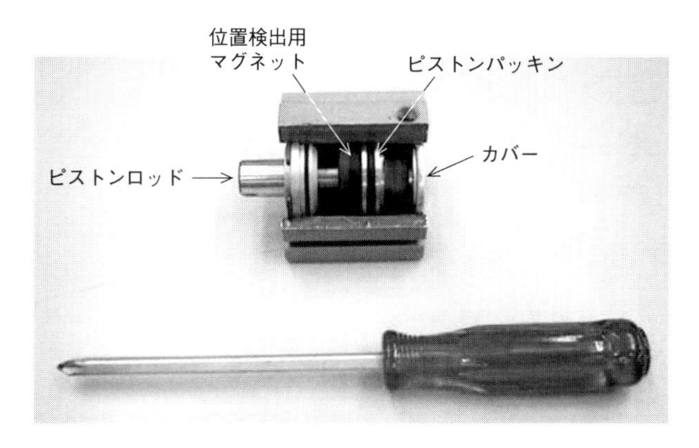

図 5.22 薄形シリンダ（カットモデル）

さらに最近では，省スペースでありながら，落下防止のためのブレーキや，エアクッションなどの機能を付加したものが市販されている．**図 5.23** にブレーキ付き，エアクッション付きの薄形シリンダ外観を示す．

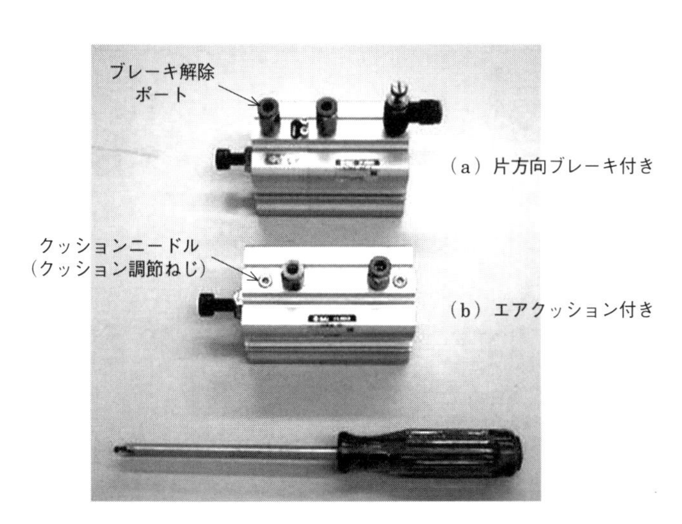

図 5.23 薄形シリンダ外観

5.8　揺動形アクチュエータ

揺動形アクチュエータとは，おおむね1回転以下の回転運動を行うアクチュエータであり，**ロータリーアクチュエータ**とも呼ばれる．揺動機構によって，**ベーンタイプ**と**ラックアンドピニオンタイプ**がある．それぞれの構造を**図5.24**および**図5.25**に，図記号を**図5.26**に示す．

(1) ベーンタイプ

図5.24に示すベーンタイプは，ボディ内を摺動するベーンおよびベーンと一体になった出力軸によって構成されている．ポートから流入した圧縮空気がベーンを押し，出力軸を回転させるトルクを発生する．ダブルベーン形は回転角度が小さくなるが，2枚のベーンで圧力を受けるため発生トルクが大きい．

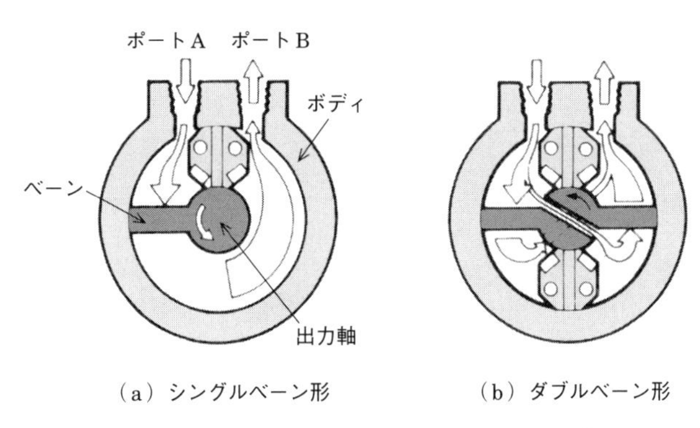

図5.24　揺動形アクチュエータ（ベーンタイプ）

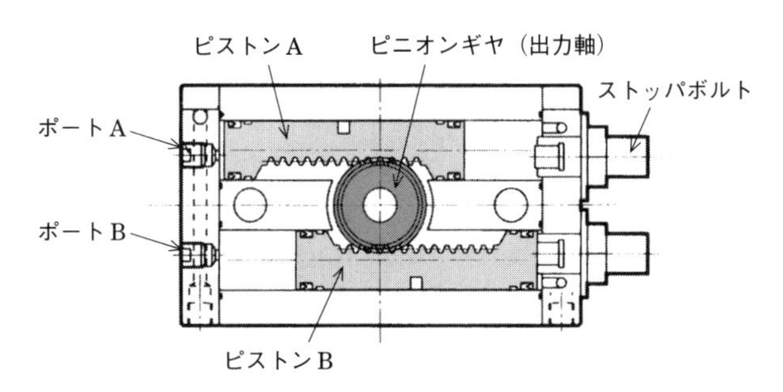

図5.25　揺動形アクチュエータ（ラックアンドピニオンタイプ）

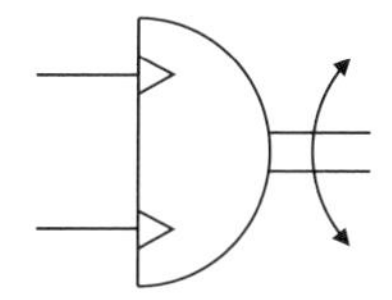

図 5.26 揺動形アクチュエータ図記号

(2) ラックアンドピニオンタイプ

図 5.25 に示すラックアンドピニオンタイプは，二つの平行したシリンダ内を摺動するラックギヤ付きピストンと，それにかみ合うピニオンギヤから構成されている．ポート A から圧縮空気を供給すると，圧縮空気はピストン A の左面，および本体内部の通路を通りピストン B の右面にも作用し，ピニオンギヤと直結された出力軸にトルクを発生する．

揺動形アクチュエータの使用例を**図 5.27** に示す．

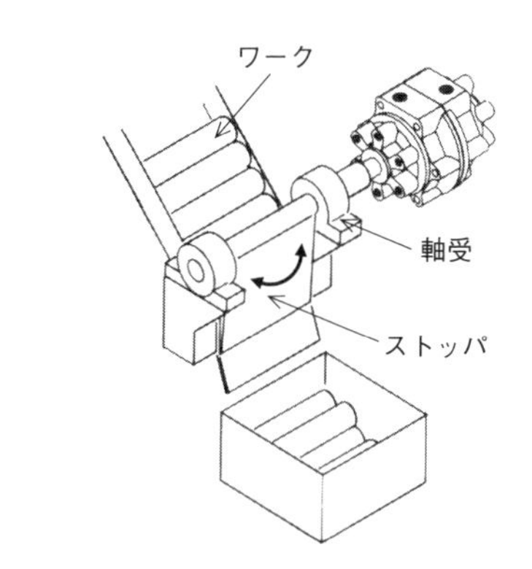

（a）部品供給装置のストッパ

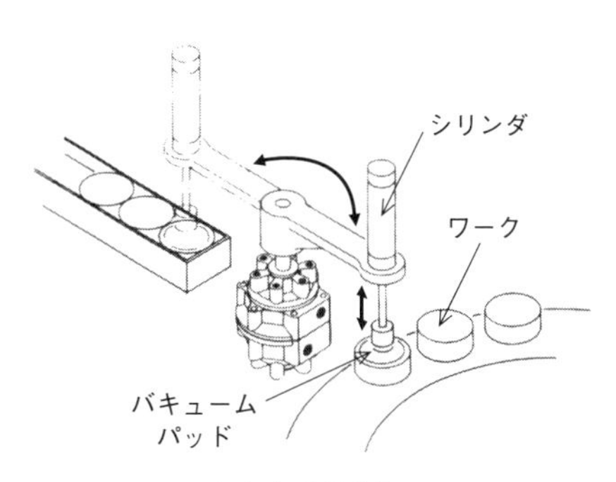

（b）部品供給装置

図 5.27 揺動形アクチュエータ使用例

5.9　真空パッド

5.10節（p.244）に示す空気圧チャックによって直接把持することが難しいワークでは，真空パッドによる吸着という方法を用いる．真空パッドによる吸着は，吸着面さえ確保できればワークの大きさ，形状を問わないため，特に板状の大物ワークや把持による傷を付けたくないワークなどの搬送に適する．真空パッドの外観を**図 5.28** に示す．

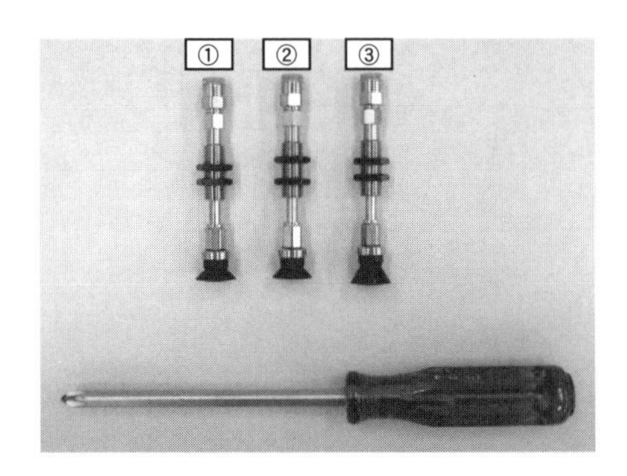

（a）①平形，②リブ付き，③深形　　（b）リブ付きパッド拡大

図 5.28　真空パッド（バッファ付き）

パッドの種類としては一般的な平形パッド以外にも，平行リブを付けたもの[*15]，深形[*16]，ベロウ形[*17]，スポンジタイプ[*18]，導電性パッド[*19]などワークの吸着面の状態に応じた種類を選定する．また首振り機構[*20]，バッファ機構[*21]，圧力スイッチ付きなどの機能を付加したものもある．

＊15　ワークが変形しやすい場合，ワークの脱着を確実に行いたい場合など．

＊16　ワークの形状が曲面の場合．

＊17　バッファを取り付けるスペースがないとき，ある程度の押付けストロークを確保したい場合．

＊18　表面が粗いワークの場合．

＊19　静電気の発生を避けたい電子部品などの搬送に適している．

＊20　吸着面がパッドに対して斜めの場合．

＊21　パッドをワークに押し付けた際の，バネによる押付けストロークを吸収する機構．

吸着パッドを用いるための負圧を発生するには，**エジェクタ**か真空ポンプを用いる．このうちエジェクタは圧縮空気から手軽に負圧を発生できるため，小規模な真空装置ではよく用いられる．エジェクタの外観と構造を**図 5.29** に示す．

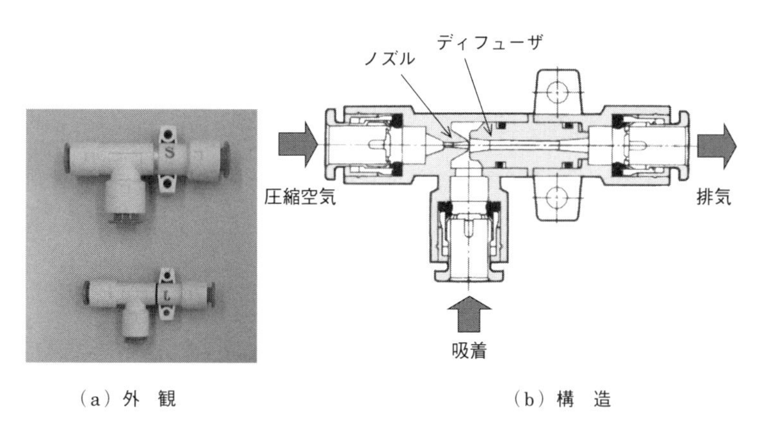

（a）外　観　　　（b）構　造

図 5.29　真空エジェクタ

図 5.29 に示すように，エジェクタは**ノズル**と**ディフューザ**で構成されている．ノズルから圧縮空気を噴出することにより流速を高め，流体の圧力エネルギーを運動エネルギーに変換して負圧を発生する．

パッドの必要径を求める際の，パッドのリフト力は以下の計算式により求める．

$$W = PS \times 0.1 \times \frac{1}{t}$$

ここで，W：リフト力〔N〕

P：真空圧力〔kPa〕

S：パッド面積〔cm^2〕

t：安全率（水平吊上げ→ 4 以上，垂直吊上げ→ 8 以上）

この値がワークの重量を上回るようにパッドの径を選定する．また，1 個のパッドで吸着力が不足する場合は，複数のパッドを用いる．

エジェクタ選定の詳細は空気圧機器メーカのカタログなどを参照すること．

5.10　空気圧チャック

空気圧チャックは空気圧シリンダや産業用ロボットの先端に取り付け，フィンガを開閉することによってワークを把持し，搬送やハンドリングを行う目的で使用する．ワークの形状によって**二つ爪**，**三つ爪**，**四つ爪**などがあるが，二つ爪形を動作から分類すると，平行開閉形と支点開閉形に分けられる．それぞれの構造を**図 5.30** に示す．

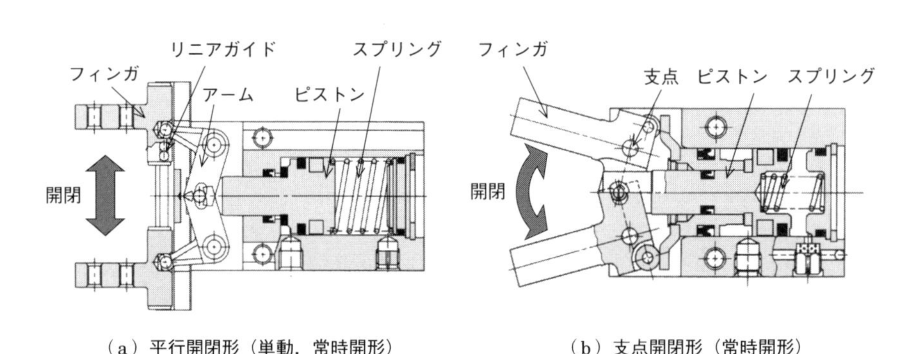

（a）平行開閉形（単動，常時開形）　（b）支点開閉形（常時開形）

図 5.30　空気圧チャック構造

平行開閉形はフィンガが互いに平行を維持しながらスライドして開閉するタイプである．平行移動機構にはリニアガイドやクロスローラガイドなどを使用し，開閉動作のスムーズさと高精度が維持されている．これに対して**支点開閉形**はリンク機構などを用いて，フィンガが支点を中心に回転しながら開閉するタイプである．

いずれのタイプもフィンガの開閉には複動シリンダを用いたものと単動シリンダを用いたものがあり，単動シリンダを用いたものには**常時開形**と**常時閉形**がある．

空気圧チャックはワークの形状に合わせてフィンガ部にアタッチメントを装着して使用する．この際アタッチメントの形状によってはフィンガにモーメントが作用するが，これが許容値を超えない範囲で使用する必要がある．チャックの必要把持力は次のようになる．

$$F > \frac{mg}{2\mu} a = \frac{mg}{2 \times 0.1 \sim 0.2} \times 4 = 10 \sim 20mg$$

ここで，F ：把持力〔N〕

μ ：アタッチメントとワークの摩擦係数（0.1 ～ 0.2）

m ：ワーク質量〔kg〕

g ：重力加速度（9.8）〔$\mathrm{m/s^2}$〕

a ：余裕率（4）

図 5.31　ワーク重量とチャックの把持力

式から，一般にはワーク重量の 10～20 倍の把持力を持つチャックを選定する．

以上より必要な把持力が明らかになったら，これとカタログ中の**実効把持力**＊22のグラフを比べ，条件を満たすものを選定する．実効把持力のグラフの例を**図 5.32** に示す．実効把持力は把持点までの距離 L が長いほど小さくなる．また，同じシリーズのチャックであっても複動形か単動形か，あるいは外径把持か内径把持かによって異なるため，使用条件に最も近いグラフを参照し選定を行う．

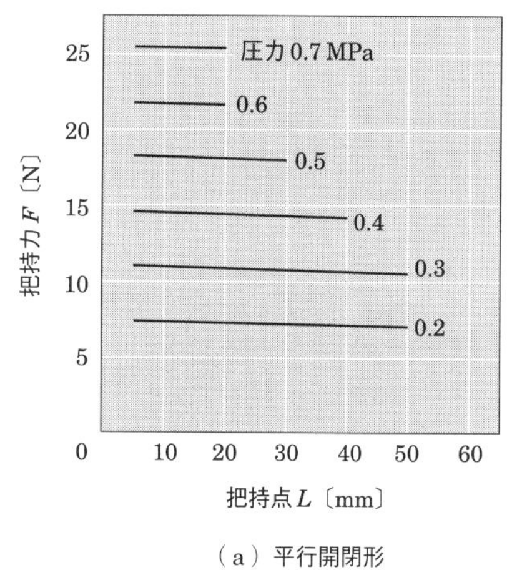

（a）平行開閉形

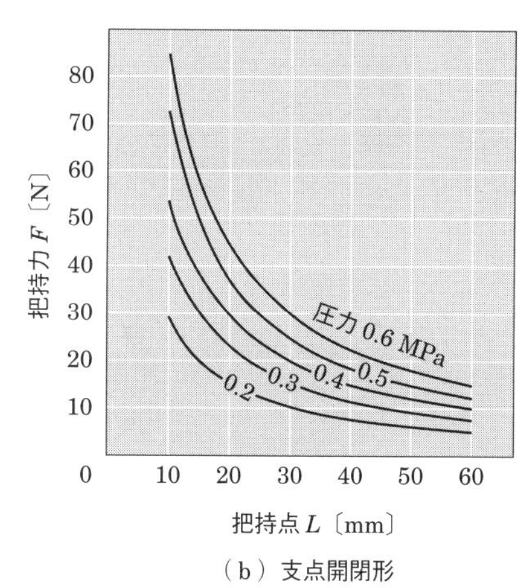

（b）支点開閉形

図 5.32　実効把持力

＊22　フィンガからワーク重心までの距離 L を考慮した把持力を表す．

機種選定が終わったら，最後にオーバハング量*23 H および搬送に伴う加速の際フィンガにかかるモーメントが許容値内に収まっているかどうかの確認を行う．許容値以上で使用した場合，チャックのフィンガスライド機構などに偏荷重や過負荷が働き，空気圧チャックの寿命に影響をおよぼす場合がある．

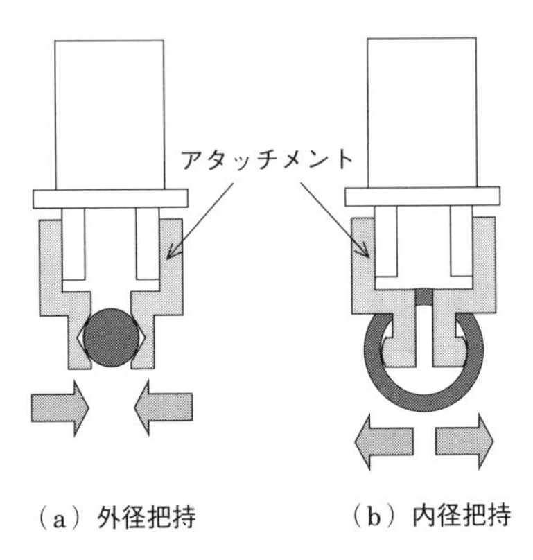

（a）外径把持　（b）内径把持

図 5.33　外径把持と内径把持

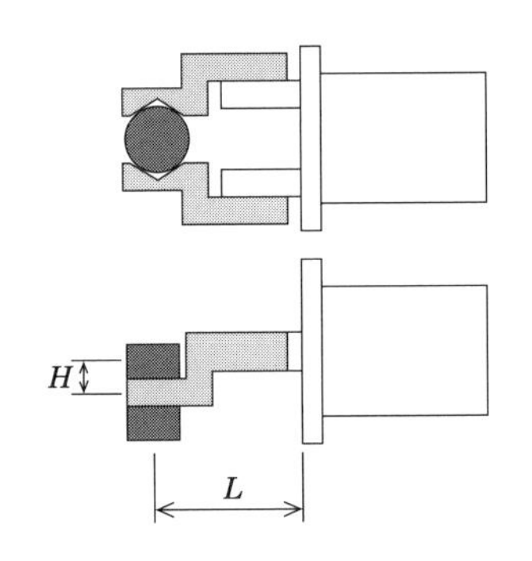

図 5.34　ワーク重心までの距離 L およびオーバハング量 H

*23　フィンガのスライド機構部とワークの把持部の垂直方向距離（フィンガに取り付けたアタッチメントの形状による）．

6章 アクセサリおよびその他の機器

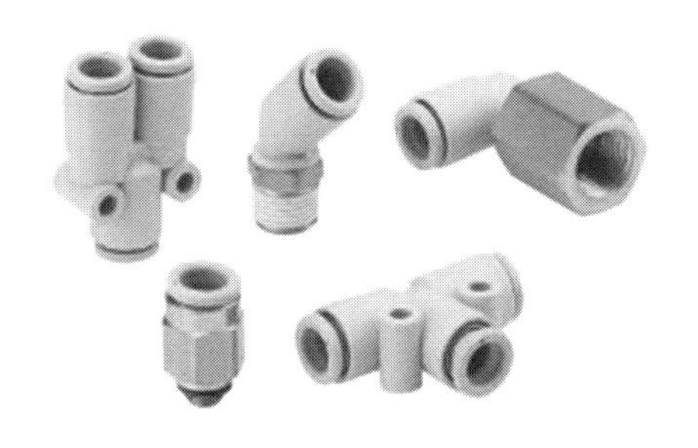

6.1 継手およびチューブ

これまで説明してきたシリンダや方向切換弁，FRL ユニットなど，空気圧機器の配管接続口にはねじ加工が施されている．これらを用いた一般的な空気圧回路では，樹脂製のチューブを用いて機器どうしを配管し，目的に応じた動作回路を製作するが，機器とチューブを接続するには**継手**，あるいは**スピードコントローラ**を用いる．これらは機器側にねじ込んで使用するねじと，チューブの抜き差しが簡単にできるワンタッチ継手の組合せとなっている．**図 6.1** にワンタッチ継手の構造を示す．

ワンタッチ継手は樹脂製のチューブを奥まで差し込むことで内部の爪によりロックがかかり，圧力をかけた状態で抜けることなく使用できる．また，チューブを抜きたい場合は，開放（リリース）リングを押し込むことで爪が外れ，必要に応じて簡単に引き抜くことができる．

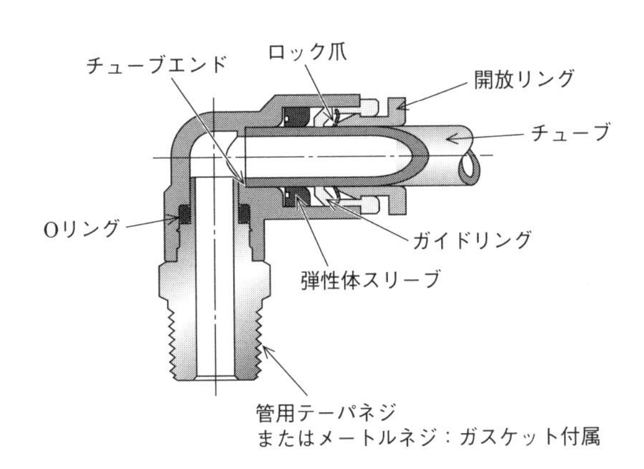

図 6.1　ワンタッチ継手構造

図 6.2 に空気圧シリンダと，ポート直結形のスピードコントローラを示す（4.2 節（p.196）も参照のこと）．**ポート直結形スピードコントローラ**はシリンダの接続口のねじに直接取り付け使用できるよう，片側が管用ねじ，もう片側が樹脂製のエア配管チューブを接続するワンタッチ継手で，内部に片方向の絞り（流量調整弁）を持つ構造となっている．

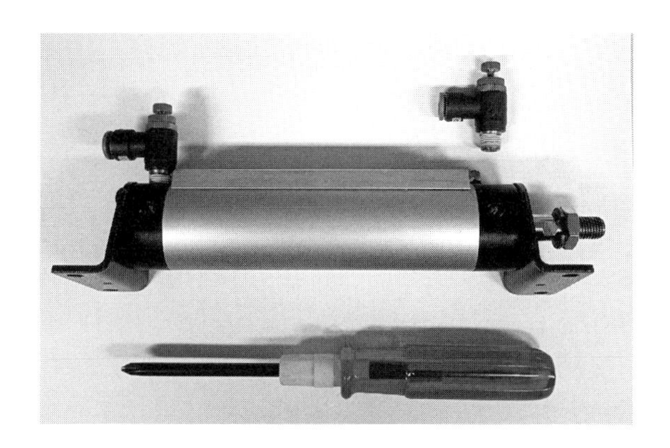

図 6.2 エアシリンダとスピードコントローラ

空気圧機器で用いられるねじの種類としては，小型の空気圧機器では**メートルねじ**（M5，または M3），それより大きなものでは**管用ねじ**が用いられる．いろいろなサイズのスピードコントローラを**図 6.3** に，管用ねじの規格を**図 6.4** に示す．

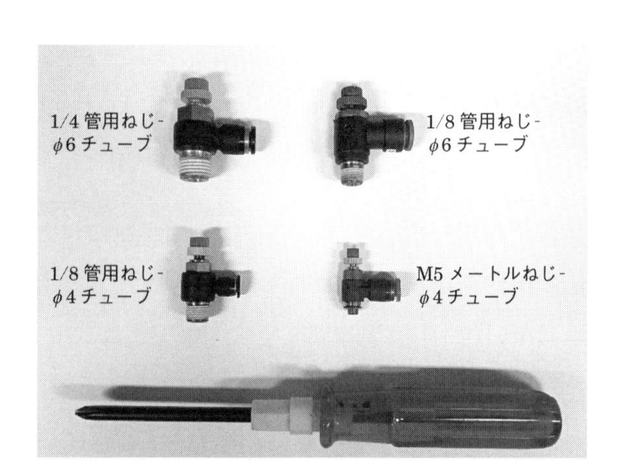

図 6.3 いろいろなサイズのスピードコントローラ

管用ねじのサイズの基準はインチである．規格は R：テーパおねじ，Rc：テーパめねじ，Rp：平行めねじ，となっており，R と Rc（テーパねじどうし），または R と Rp（テーパねじと並行ねじ）を組み合わせて使用する．テーパねじと

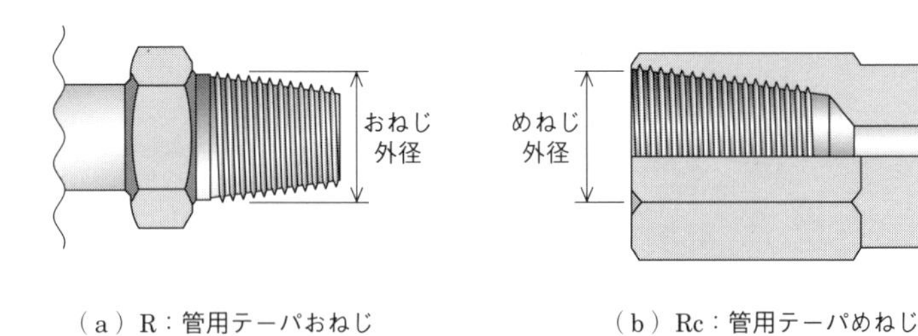

（a）R：管用テーパおねじ　　（b）Rc：管用テーパめねじ

図6.4　管用ねじ
（サイズ：1/8，1/4，3/8，1/2，3/4，1インチ）

なっていることで，おねじとめねじをねじ込むと互いが食い込みながら密着し，機密を保ちながら内部に流体を流すことができる．それに対しM5などのメートルねじでは，パッキンによって機密を保つ．

ワンタッチ継手を介して接続される**チューブ**には，主にポリウレタン製，ナイロン製のものがある．チューブと，切断に用いる**チューブカッタ**の外観を**図6.5**に示す．一般に，ナイロン製は強度が高く高い圧力に耐えるが，硬いため最小曲げ半径が大きく，配管時の取回しがしにくい．それに対してポリウレタン製は，使用圧力はやや低いが軟らかく，曲げ半径も小さい．また，柔軟性をさらに高めたソフトナイロン，ソフトポリウレタンなどの素材もある．これら以外にも，溶接現場などで使用できるよう難燃性樹脂を用い2層構造としたもの，高温や耐薬品性に優れたフッ素樹脂製などもある．

樹脂チューブのサイズは外径で表され，ミリメートル基準のものとインチ基準のものがある．日本では一般にミリメートル基準が用いられ，4，6，8，10，12 mmがよく用いられる．シリンダ径とポートのおおよそのねじサイズ，またそれに組み合わせるチューブ径の目安を**表6.1**に示す．

空気圧回路で用いる継手，スピードコントローラの選定では，まずは選定した機器のねじサイズが基準になる．これに動作速度を勘案して，1.9節（p.161）で説明した瞬間空気消費量と有効断面積をもとにチューブ径を選定し，これらの組合せから継手，スピードコントローラの選定を行う．これらを簡単に選定できるよう，推奨される組合せがカタログに記載されている場合もあるので，参考にするとよい．

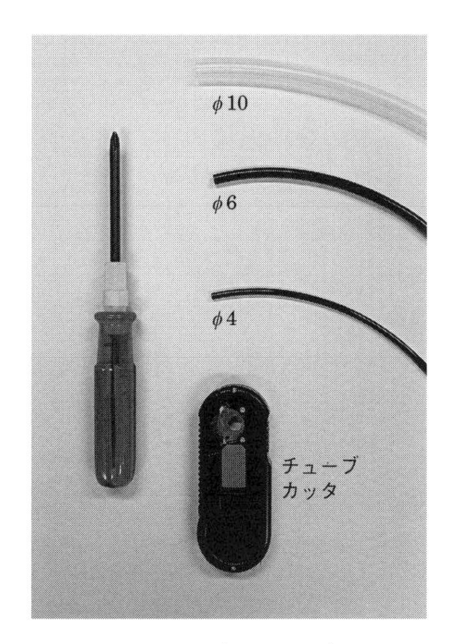

図 6.5　チューブとチューブカッタ

表 6.1　シリンダ径と継手ねじ，チューブ径の目安

<table>
<tr><td>シリンダ径</td><td>～ϕ16</td><td>ϕ20</td><td>ϕ25</td><td>ϕ32</td><td>ϕ40</td><td>ϕ50</td><td>ϕ63</td><td>ϕ80</td><td>ϕ100</td></tr>
<tr><td>理論推力
(0.4 MPa)</td><td>～80 N</td><td>125 N</td><td>190 N</td><td>320 N</td><td>500 N</td><td>780 N</td><td>1 240 N</td><td>2 000 N</td><td>3 100 N</td></tr>
<tr><td>接続ねじ
サイズ
(参考)</td><td>M5</td><td colspan="3">1/8 インチ</td><td colspan="2">1/4 インチ</td><td colspan="3">3/8 インチ</td></tr>
<tr><td>配管
チューブ径
(参考)</td><td colspan="2">ϕ4</td><td>ϕ4 ～
ϕ6</td><td colspan="2">ϕ6</td><td>ϕ8</td><td colspan="3">ϕ10 ～ ϕ12</td></tr>
</table>

回路製作の際はチューブを適切な長さに切断して使用するが，切断には専用のチューブカッタを使用することで，作業性がよく，切断面を直角にきれいに切断できる．

6.2　圧力スイッチ，真空スイッチ

空気圧を用いた装置の元圧の確認や，真空パッドを用いたワーク搬送の吸着の確認などを電気信号によって行いたい場合に用いられるのが，**圧力スイッチ**，**真空スイッチ**である．外観を**図 6.6** に示す．

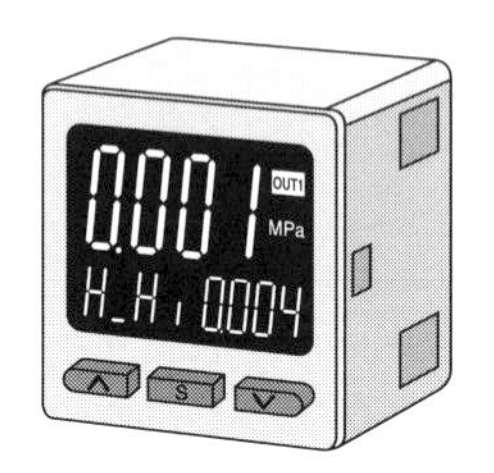

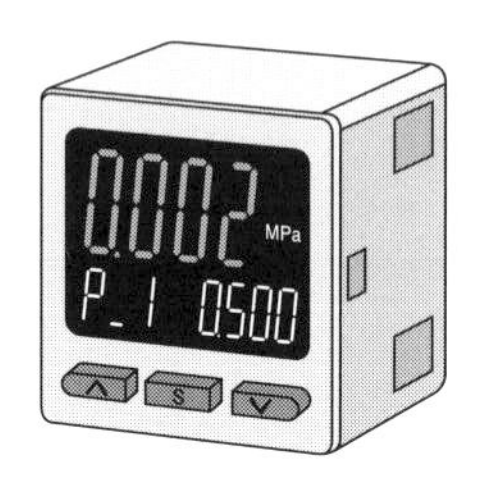

図 6.6　圧力スイッチ，真空スイッチ外観

本体は圧力値をデジタルで表示できるようになっている．また，本体のスイッチを操作してあらかじめ圧力を設定しておけば，この圧力を上回る，あるいは下回った際に電気信号を出力することができる．これにより，装置の起動時の元圧上昇の確認や，ワークの吸着確認を行うことができる．

圧力スイッチの使用例を**図 6.7** に示す．

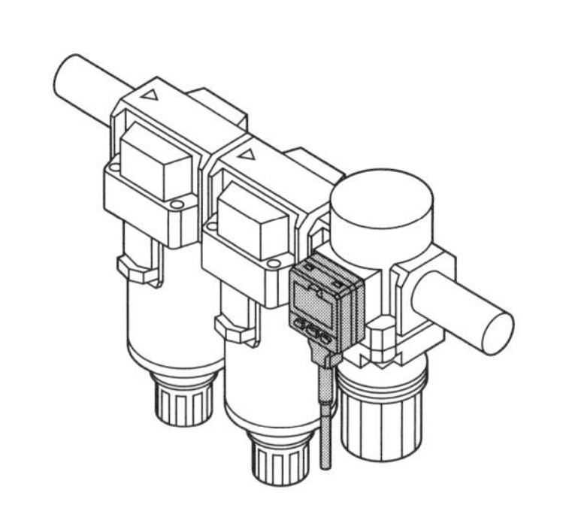

（a）装置の元圧確認

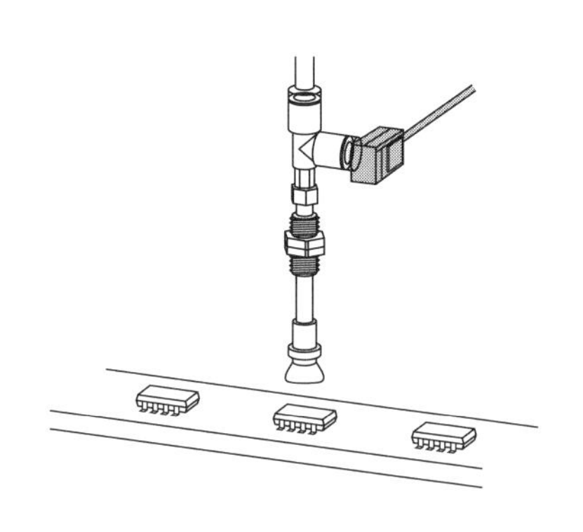

（b）ワークの吸着確認
（7.5 節，図 7.9，p.266 参照）

図 6.7　圧力スイッチ，真空スイッチ使用例

6.3 増圧器（ブースタ）

通常，コンプレッサの消費電力は工場で消費される電力の多くの割合を占める．また，コンプレッサの吐出し圧力が高いほど大きな動力を必要とするため，コンプレッサの低圧化は電力費の直接の削減や，また配管や設備からの漏れの削減にもつながり，生産現場の省エネルギーの推進において有効な手段となる．

一方，コンプレッサの吐出し圧力を下げることで，設備の一部の動作に支障をきたす場合，その一部をコンプレッサの設定圧力以上に増圧して使用することが必要となる．また，設置スペースの関係で大径のシリンダが使用できない場合，駆動部をコンパクト化したい場合なども，局所的に高い圧力が必要となる．このような場合に，設備の一部を増圧する目的で用いられるのが**増圧器（ブースタ）**である．**図 6.8** に増圧器の外観を示す．

図 6.8　増圧器外観
（SMC（株）ホームページから引用）

図 6.9 に増圧器の構造，および動作原理を示す．IN 側から流入した圧縮空気は，IN 側チェック弁を通り，増圧室 A，増圧室 B に流入する．さらに，ガバナ（圧力調整弁），切換バルブを経由し駆動室 B に流入し，この圧力により，ピストンは図の左方向に移動する．この際，増圧室 B の圧縮空気は，増圧室 A，および駆動室 B の圧縮空気によりおよそ 2 倍に増圧され，OUT 側チェック弁を経由して OUT 側へ吐き出される．

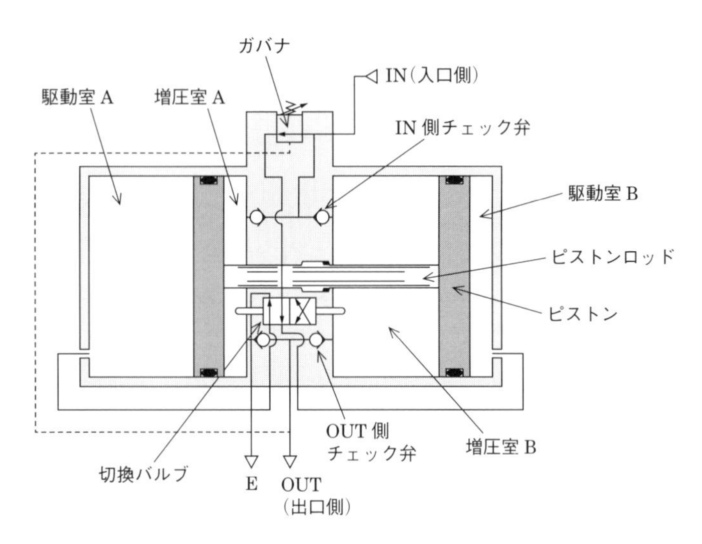

図 6.9 増圧器構造および動作原理
(SMC(株)ホームページから引用)

ピストンがストローク端に達すると，右のピストンが増圧室 B の機械式スイッチを操作し，切換バルブが切り換わる．これにより駆動室 B の圧縮空気が排気され，同時に駆動室 A に圧縮空気が供給される．今度はピストンが右方向へ移動し，増圧室 A の圧縮空気が増圧され，チェック弁を通過し OUT 側へ吐き出される．以上の往復動作を繰り返すことで，増圧した圧縮空気が OUT 側から連続して吐き出される．増圧弁は吐出し圧力を安定させるため，通常は OUT 側にレシーバタンクを設置して使用する．

OUT 側圧力は，これをガバナ（圧力調整弁）へフィードバックすることにより，駆動室へ供給する圧縮空気を減圧することで，IN 側圧力の 2 倍以下で調整することが可能である．また，増圧器の動作には機械操作式の切換バルブが用いられているため，電源が不要で手軽に使用することができる．

一方，以上で説明したように増圧器は動作原理上，1 ストロークごとに駆動室の圧縮空気が排気されるため，動作効率（有効な仕事の割合）は 2 倍増圧時で 50%，実用上は摩擦などによりそれ以下となる．したがって，増圧器を多用することは逆にエネルギーを無駄に消費することにつながる．**図 6.10** に示すように，増圧器の使用は設備の一部，必要最小限にとどめるべきである．

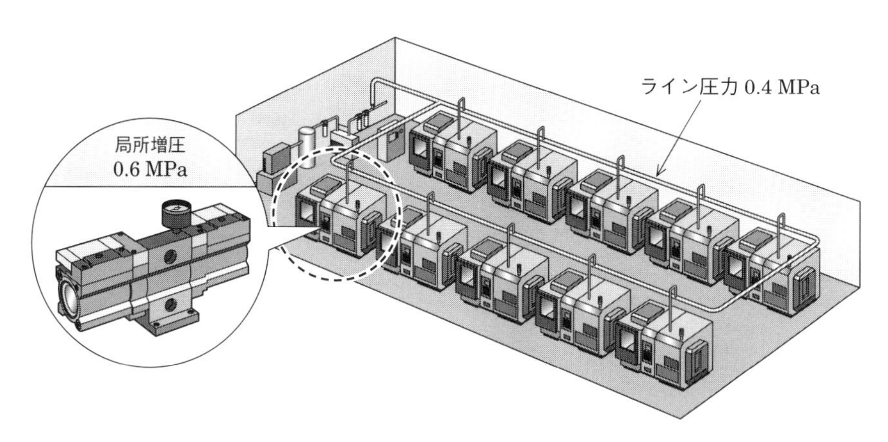

図 6.10　設備の一部を増圧して使用する例
（SMC（株）ホームページから引用）

7章 空気圧の基本回路

この章では，空気圧の基本回路例を示す．基本回路例では，装置入口の残圧排気弁，フィルタおよびレギュレータなどの調質機器は省略してある．実用上は，ここに示した基本回路に必要な機能を持つ機器を組み合わせて用いる．

■バランサ回路（1章扉参照）

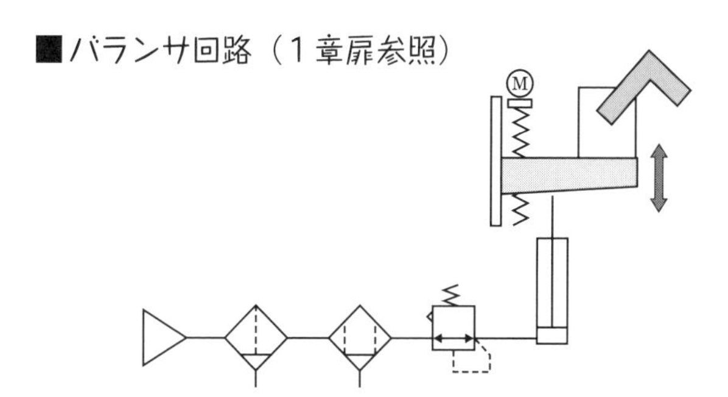

■加圧回路（2章扉参照）

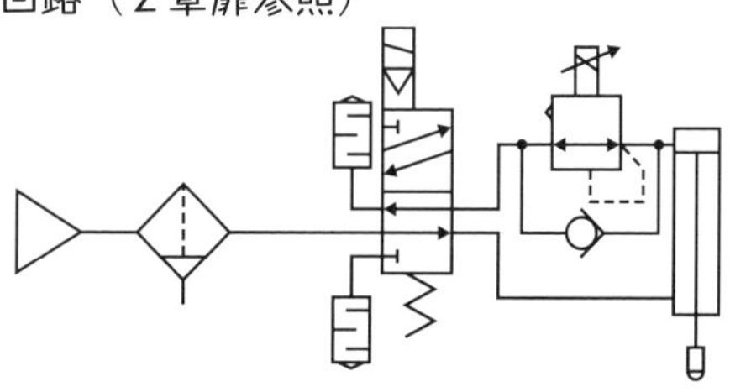

7.1　基本回路（速度制御回路）

図 7.1 は，複動シリンダ，単動シリンダを動作する最も基本となる回路である．速度制御は一般に複動シリンダではメータアウト方式で，単動シリンダではメータイン方式，メータアウト方式を直列に接続して行う．

ここに示す回路ではいずれも 2 位置弁を用いているため，中間停止はできない．したがって，比較的短ストロークのシリンダ制御に適している．

ここではいずれの回路もシングルソレノイドの方向切換弁を用いているため，停電などで制御電源が遮断された場合，シリンダが自動的に後退する．このようにシングルソレノイドバルブを用いる場合は，万一のトラブルの際にどのような動作になるかを考慮して，シリンダと方向切換弁の配管を行う必要がある．

トラブル時も直前の動作状態を保持したい場合は，ダブルソレノイドの方向切換弁を用いる（図 4.20，p.204 参照）．

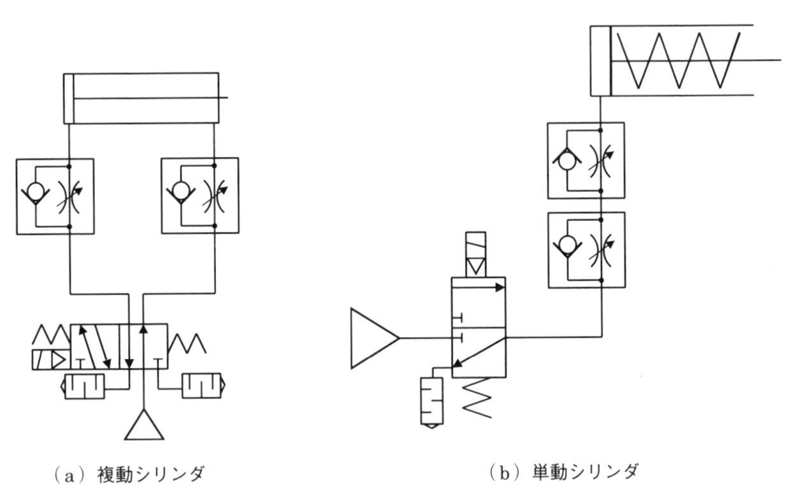

（a）複動シリンダ　　（b）単動シリンダ

図 7.1　速度制御回路

7.2 圧力制御回路（減圧回路）

図7.2 は，図7.1 (a) の基本回路に**チェック弁付きレギュレータ**を追加した回路である．チェック弁付きレギュレータにより，回路の片方向動作のみを減圧する．レギュレータを使用し動作が低圧でよい方向を減圧することにより，空気消費量を削減でき，省エネとなる．

図7.2 (a) は単純なクランプ回路である．この回路において，シリンダ径はシリンダ前進（クランプ）時の動作を考慮して，負荷率および使用空気圧力から決定される．ところが，シリンダ復帰動作ではクランプ時ほどの力は必要としないため，復帰ストローク側にチェック弁付きレギュレータを用いることにより，必要空気量を削減することができる*1．(b) も同様に推力を必要としない下降側動作を減圧することにより，省エネと下降動作時の飛出しを防止する（4章コラムも参照）．特に最近では，必要以上に圧力を上昇させない空気圧設備の低圧化は，省エネ推進活動のキーワードとなっている．

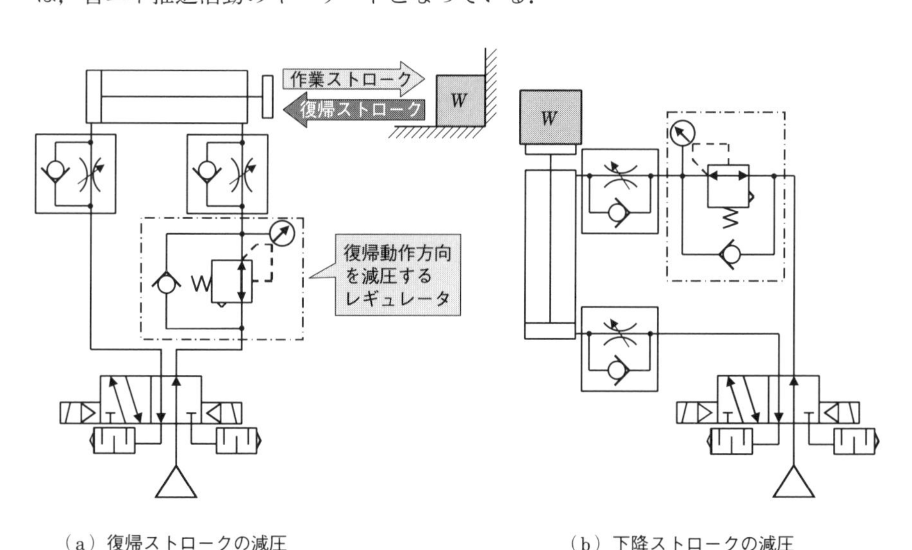

（a）復帰ストロークの減圧　　（b）下降ストロークの減圧

図7.2　減圧回路

*1　低圧化を行うことにより，大気圧換算した空気流量を削減することができる．

7.3　中間停止回路

✿ オールポートブロック形方向切換弁基本回路

図 7.3 は，**5 ポート 3 位置オールポートブロック形方向切換弁**の基本回路である．方向切換弁を非通電にすることにより，その位置での中間停止ができるため，シリンダの多点位置決めや非常停止が可能となる．オールポートブロック形方向切換弁を用いた場合は，内圧を封じ込めた状態での中間停止となる．したがってアクチュエータを外力で動作させることはできない．また，メンテナンスを考慮して，アクチュエータ側の残圧を排気するための残圧排気弁を設けておくとよい．負荷が小さくシリンダ速度も低速の場合，中間停止時のオーバラン量は少なく停止精度は比較的よいが，負荷が大きく高速動作では，オーバランが大きく，停止精度が悪くなる．

シリンダ取付け姿勢が垂直方向の場合，特に**メタルシール形方向切換弁**[*2]を

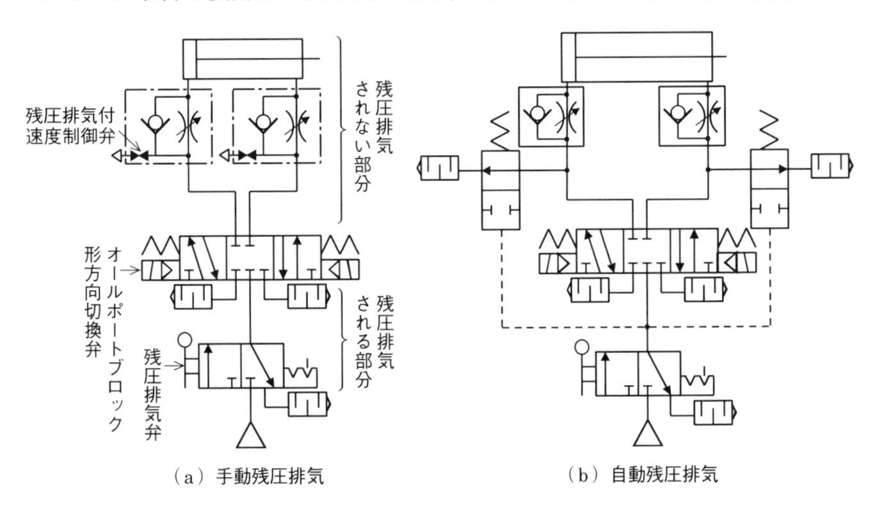

（a）手動残圧排気　（b）自動残圧排気

図 7.3　オールポートブロック形方向切換弁基本回路（残圧排気弁による保全作業の安全確保）

＊2　スプールとスリーブがそれぞれ金属（メタル）どうしで摺動し，切換えを行う仕組みの方向切換弁．スプールとスリーブの間にはわずかな隙間を確保してあるため，若干の空気漏れがある．これに対し摺動部にパッキンを用いて漏れを少なくしたものは弾性体シール形方向切換弁と呼ばれる．

用いると空気漏れによってピストンロッドが下降動作するので，空気漏れの少ない弾性体シール形の方向切換弁を用いる．ただし，使用しているうちにパッキンの摩耗によって微動する場合がある．

✿ ABR 形方向切換弁基本回路

図 7.4 (a) は，**ABR 形方向切換弁**の基本回路である．この方式の中間停止は残圧が排気された状態となり，外力操作が可能である．ただしメータアウト速度制御方式では飛出しが発生するため，一般にはメータイン速度制御方式を用いる．

(a) に示すシリンダが水平方向取付けの場合は負荷の慣性力の影響を大きく受けるので，中間停止時の停止精度はあまりよくない．

(b) に示すシリンダが垂直方向取付けの場合は，中間停止時負荷の自重でシリンダが下降動作するため，パイロットチェック弁を併用し，位置保持を行う．この場合は，オールポートブロック形方向切換弁単体による中間停止と比較して，位置保持性能が優れている．

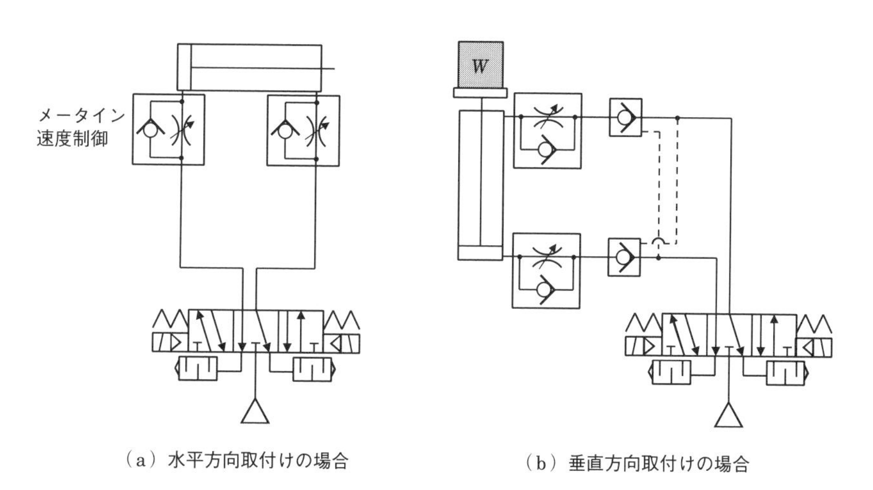

図 7.4　ABR 形方向切換弁基本回路

ABR 形方向切換弁は，他の切換弁と同一のマニホールドに組み込んだ場合，中間停止時，他の排気ポート圧力がシリンダに直接作用し，シリンダが誤動作する場合があるので注意が必要である．これを防止するには**図 7.5**（a）に示す背圧防止用のチェック弁付きマニホールドブロックを用いるか，（b）に示す排気ポートを単独配管とするマニホールドブロックを用い，他の系統と独立排気とする．

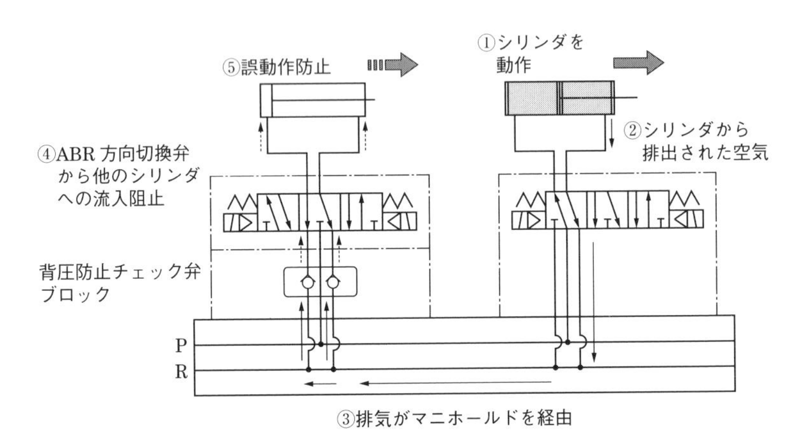

（a）排圧防止チェック弁による対策

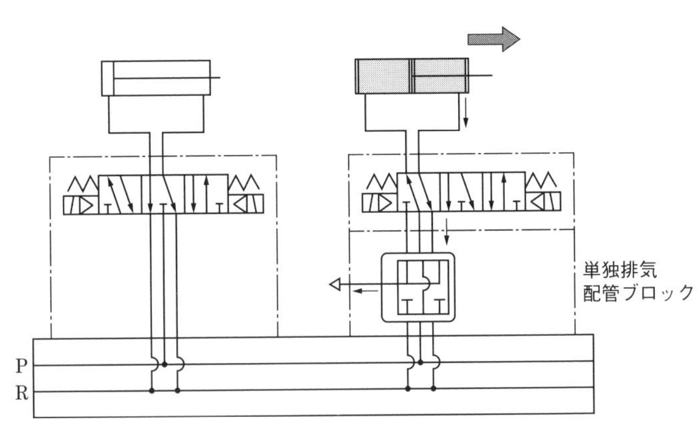

（b）単独排気配管ブロックによる対策

図 7.5　ABR 方向切換弁の誤動作防止回路

✿ PAB 形方向切換弁基本回路

PAB 形方向切換弁は，スリット式ロッドレスシリンダの中間停止用によく用いられる（図 4.23，p.207 参照）．

図 7.6（a）に示すように，水平方向取付けの片ロッドシリンダで用いる場合は，中間停止時，シリンダの受圧面積差により前進方向の力が発生するため，チェック弁付きレギュレータをシリンダのキャップ側に組み入れ，シリンダのヘッド側とキャップ側の力をバランスさせ中間停止を行う．また，（b）に示す垂直方向取付けでは負荷荷重と使用空気圧力との条件でキャップ側，ヘッド側いずれかにチェック弁付きレギュレータを組み入れ，力のバランスをとる．

PAB 形方向切換弁では，中間停止時にアクチュエータ側にも圧縮空気が供給されるため，メータアウト速度制御を用いても飛出しは発生しないが，速度制御弁の絞り具合や中間停止を行う位置によって停止性能が悪くなることがある．また，外力や負荷荷重の変化により，中間停止位置が変化することがある．

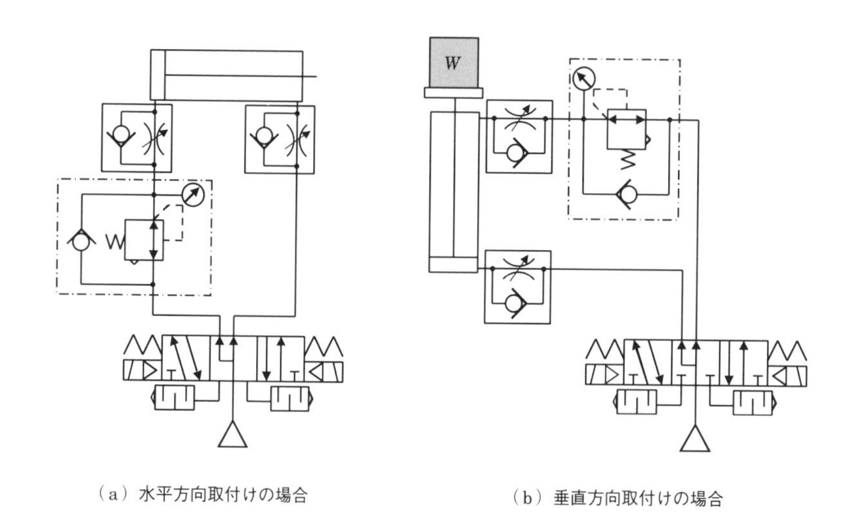

（a）水平方向取付けの場合　　（b）垂直方向取付けの場合

図 7.6　PAB 形方向切換弁基本回路

✿ 両方向ブレーキ付きシリンダ基本回路

図 7.7 に示すブレーキ付きシリンダの動作には，**PAB 形方向切換弁**と**チェック弁付きレギュレータ**を併用し，中間停止時の推力をバランスしてブレーキ解除時の飛出しを防止する．

図に示す回路のブレーキは，スプリングロック方式である．よって，動作時はシリンダのブレーキ機構部のブレーキ解除用 3 ポート弁 SOL 2 を通電することによりブレーキを解除し，同時にシリンダ動作用 PAB 形方向切換弁の SOL 1-A，B によって前進，後退動作を行う．また，停止時は SOL 1 の両ソレノイドを非通電にすると同時に，ブレーキ解除用 3 ポート弁 SOL 2 も非通電とし，ブレーキを作動させる．中間停止の回路としては最も信頼性が高い．

ブレーキ付きシリンダを停止精度よく有効活用するには，ブレーキ解除用 3 ポート弁の応答時間が短いことが重要である．またブレーキ解除用 3 ポート弁からブレーキまでの配管は短いことが望ましい．これらから，シリンダ本体にブレーキ解除用 3 ポート弁を一体化したブレーキ付きシリンダもある．

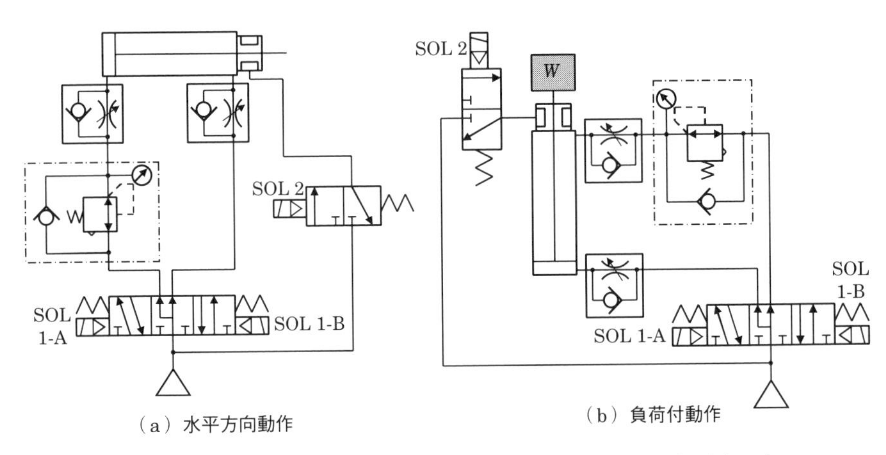

図 7.7　両方向ブレーキ付きシリンダ（スプリングロック方式）基本回路

7.4 落下防止回路

図 7.8 は**片方向ブレーキ付きシリンダ**の基本回路である．シリンダの押し方向，引き方向いずれか片方向動作のみブレーキが作動する．よって力が作用する方向が決まっているシリンダのトラブル対策や，残圧排気時の落下防止対策，あるいはクランプシリンダのゆるみ止めなどに使用される．

ブレーキ解除は，ブレーキ解除用のポートに圧縮空気を供給することにより行うため，図 7.7（p.264）の両方向ブレーキ付きシリンダの基本回路と同様の回路構成で使用することができる．さらに，中間停止が必要ない場合は，図に示すように方向切換弁を 2 位置弁として，スピードコントローラ（メータアウト制御）の背圧を利用してブレーキの解除を行うこともできる．この使い方であればブレーキ解除のための独立した切換弁は必要とせず，回路が簡単になる．

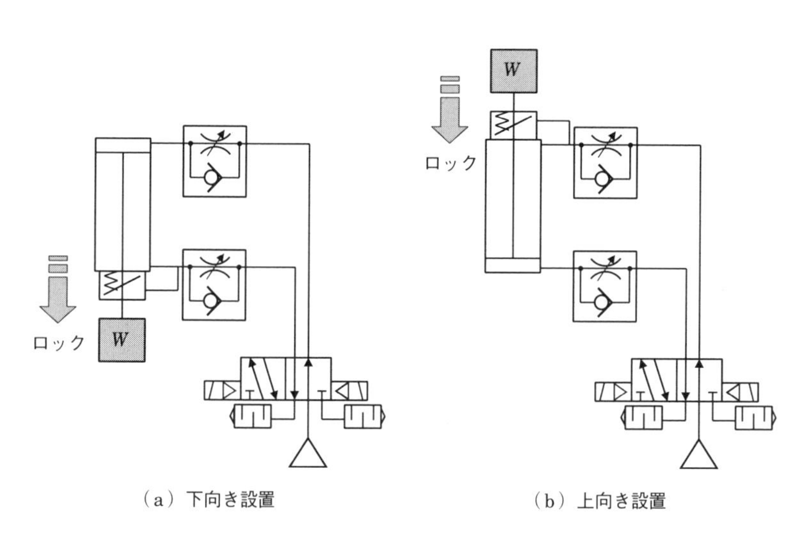

（a）下向き設置　（b）上向き設置

図 7.8 落下防止回路

7.5 吸着回路

図 7.9 に，エジェクタを用いて負圧を発生し，ワークを吸着する回路の例を示す．真空発生用 2 ポート弁 SOL 2 を ON にするとエジェクタに圧縮空気が供給され，パッドによりワークの吸着を行う．吸着の完了確認は，圧力スイッチで行う（6.2 節，p.252 参照）．

ワークの離脱時は，SOL 2 を OFF にすると同時に真空破壊用 2 ポート弁の SOL 1 を ON にし，パッド内に圧縮空気を供給し正圧にして，速やかにワークの離脱を行う．また，この際の圧縮空気の供給量はワークを吹き飛ばすことがないように，可変絞りにより調節が可能である．

パッド部には，切換弁保護やエジェクタの目詰り防止のためにサクションフィルタを使用する．また，これらの機能をまとめてユニット化したエジェクタユニットも市販されている．

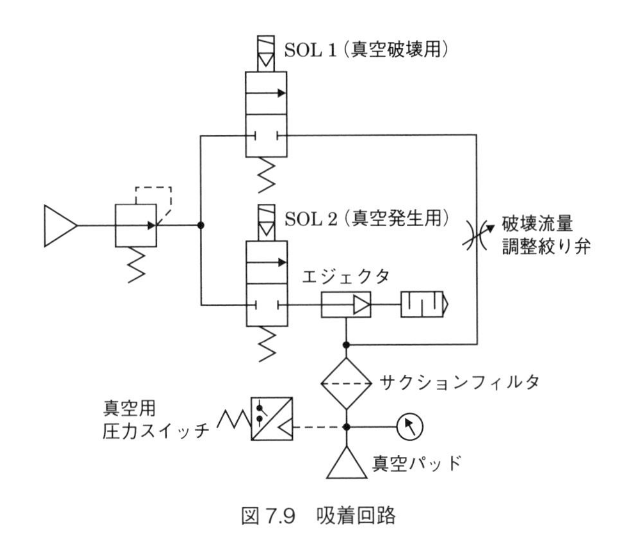

図 7.9　吸着回路

7.6　複数シリンダの動作回路

空気圧システムは一般に複数本のアクチュエータによって構成されている．複数のアクチュエータを用いる場合は，**図 7.10** に示すように基本的に一つの方向切換弁により一つのアクチュエータを個別に駆動し，さらにそれぞれのアクチュエータに対し，前述した基本回路から必要な機能の回路を組み合わせて用いる．

一般に空気圧システムのアクチュエータは，一つの動作の完了信号を次の動作のきっかけとしながら，各ステップの動作をあらかじめ決められた順序で，決められたタイミングによって行う．これを**シーケンス動作**と呼ぶ．このような動作を行うには，シリンダ本数が少ない場合はエアパイロット信号の組合せによって動作させることも可能であるが，シリンダ本数が多い場合は一般に **PLC**（Programable Logic Controller）を用いて制御を行う．この場合は，シリンダ動作完了の位置検出器としてシリンダスイッチやリミットスイッチを使用する．

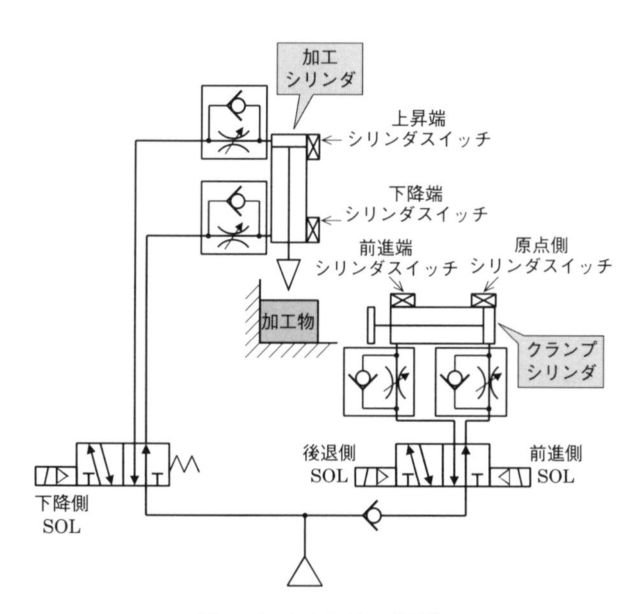

図 7.10　2 本シリンダ回路

8章

空気圧システムの設計手順

■自動化への適用例 ── 箱詰めロボット

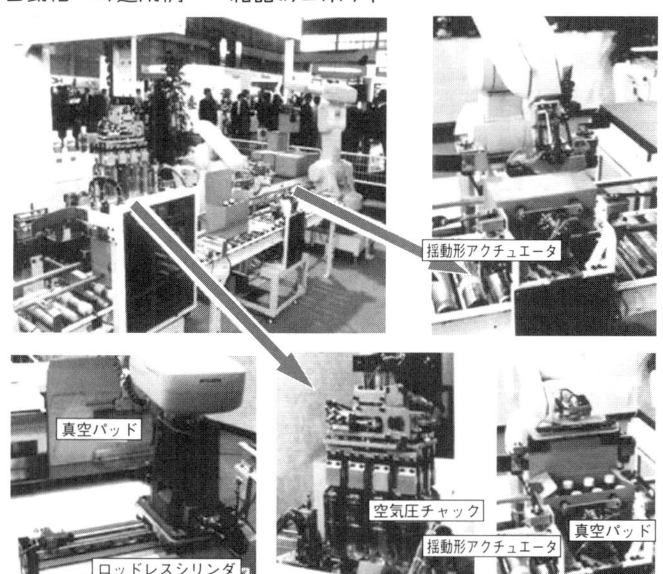

箱を組み立て，製品を入れてふたを閉めるまでを自動で行う装置である．箱の組立ては，真空パッドを用いた吸着により箱を広げて行う．このように吸着は，搬送以外にも，シート状のワークをはがす，あるいは1枚ずつに分離するような作業にも適している．横ぶたの曲げ･閉め作業には揺動アクチュエータを使用している．また，ロボットの水平移動には，ロッドレスシリンダを使用して省スペース化を図っている．

8.1 機器選定の手順

空気圧システムの一般的な機器選定手順フローを**図8.1**に示す．

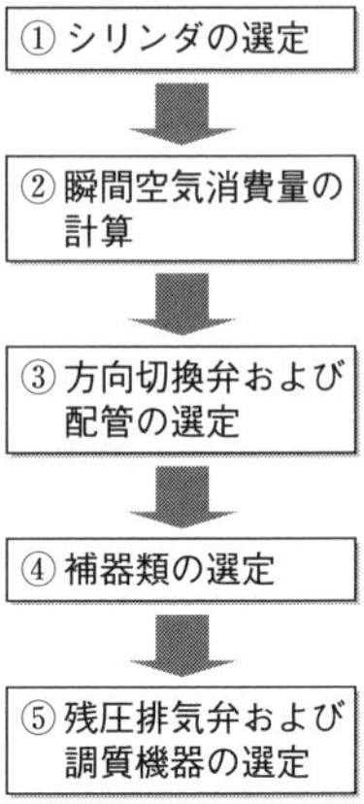

① 所用の出力，および使用空気圧力と負荷率より**シリンダ径**が，動作の距離から**シリンダストローク**が決まる

② シリンダ径とストロークおよび動作時間から**瞬間空気消費量**を算出する

③ 目的の動作から，方向切換弁の種類（2位置シングル，ダブル，または3位置など）が，瞬間空気消費量から動作に必要な**有効断面積**が決まる．以上より，方向切換弁のおおよそのサイズが決まる．さらに電気的仕様（DC，AC，配線方式など），配管方式（直接配管，ベース配管，マニホールド配管）を勘案し方向切換弁を決定する．また，配管距離から有効断面積を考慮して，適切な径の配管を選定する

④ スピードコントローラおよび継手，消音器など補器類を選定する

⑤ 必要に応じて残圧排気弁およびFRLユニットなどの調質機器，さらに空気圧源が必要な場合は，平均空気消費量をもとにコンプレッサの選定を行う

① シリンダの選定
↓
② 瞬間空気消費量の計算
↓
③ 方向切換弁および配管の選定
↓
④ 補器類の選定
↓
⑤ 残圧排気弁および調質機器の選定

図8.1　空気圧システム機器選定手順フロー

8.2節に示すシリンダ選定の計算は，実用上はカタログに記載されている選定グラフや表を参考にすればよい．また，選定したシリンダより推奨される方向切換弁，スピードコントローラ，配管の組合せが記載されている場合もある．空気圧機器メーカからは以上の機器選定を自動的に行うプログラム[*1]が配布されている場合もある．

以下に機器選定の例題を取り上げ，その手順を示す．

＊1　サイジングプログラム，サイジングソフトウェアなどと呼ばれる．

8.2 機器選定と空気圧回路の設計

例題

以下の空気圧回路の設計を行いなさい.

動　作	1. 負荷を垂直方向にリフトアップ 2. 負荷を水平方向にプッシュ 3. 2本のシリンダを同時に元位置へ
負荷重量	150 N（15 kg）
ストローク	リフトアップ 100 mm プッシュ 150 mm
時　間	リフトアップ 2 s プッシュ 3 s
動作の頻度	それぞれ 5 往復/1 min
使用空気圧力	0.5 MPa
給油・無給油	無給油
制　御	PLC

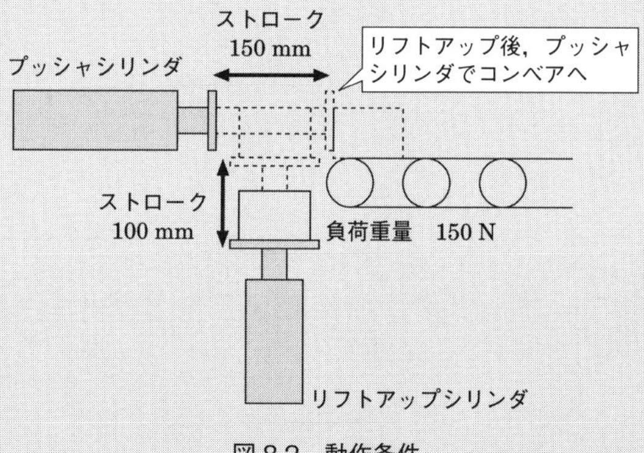

図 8.2　動作条件

✿ 回路の設計例

① いずれの動作も直線動作であるから，アクチュエータの種類は空気圧シリンダとなる
② 空気圧回路は，一般的な速度制御回路（メータアウト）とする
③ 垂直方向シリンダは，安全対策として片方向ブレーキ付きとする
④ 動作ストロークが短いのでシリンダの中間停止は考えない
⑤ リフトアップシリンダの動作は，制御系のトラブル発生を考慮してダブルソレノイド方向制御弁により行う．また，プッシャシリンダの動作は引込み方向を原点としたシングルソレノイド方向制御弁により行う．それぞれの方向切換弁は，ベース配管方式とする
⑥ 作業終了後は残圧排気を行うために，入口に残圧排気弁付きフィルタレギュレータを設置する

以上を考慮した回路例を**図 8.3** に，動作のタイムチャートを**図 8.4** に示す．

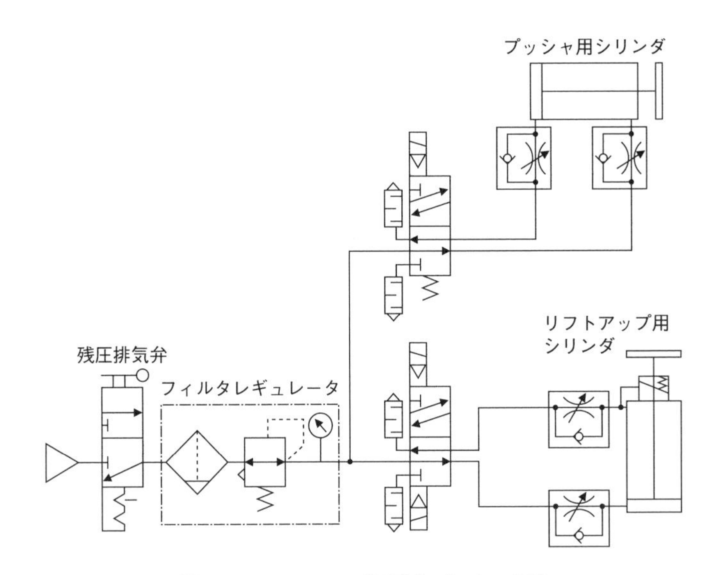

図 8.3　リフトアップ回路とプッシャ回路

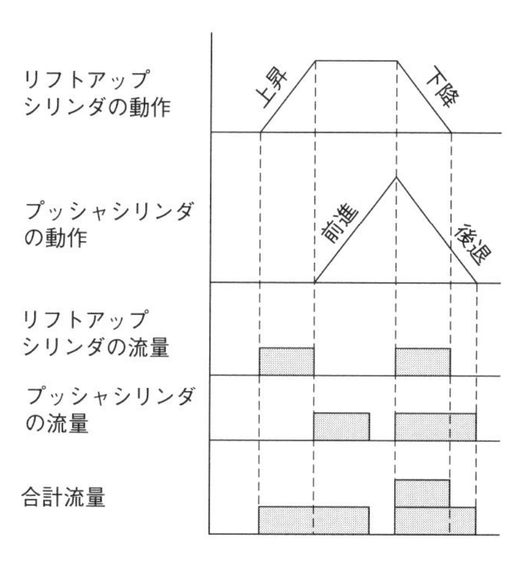

図 8.4　タイムチャート

シリンダの選定

シリンダの種類はリフトアップ用シリンダ，プッシャ用シリンダいずれも負荷の偏荷重などの耐横荷重性，および回り止めを考慮して，ガイドロッド付きシリンダを使うこととした．**ガイドロッド付きシリンダ**を**図 8.5** に示す．

ガイドロッド付きシリンダを使用する場合，負荷の重心とシリンダの軸心にズレがあると，ガイド部にすべり摩擦が生じ抵抗となるため推力が低下する．本例題ではリフトアップ用シリンダは軸心と負荷の軸心が合っているとして扱う．また，プッシャシリンダは偏心量を 30 mm とする．

まず，シリンダ径を決定する．垂直方向，および水平方向のすべり動作なので，1 章の表 1.3（p.145）よりいずれのシリンダも負荷率 η を 0.5 と見積もって理論推力の計算を行う．

シリンダの理論推力 F は式（1.9）より，$F = \dfrac{150\,[\mathrm{N}]}{0.5} = 300\,[\mathrm{N}]$ となる．また，使用空気圧力は 0.5 MPa なので，シリンダに必要な断面積 A は式（1.7）より，$A = \dfrac{300\,[\mathrm{N}]}{0.5\,[\mathrm{MPa}]} = 600\,[\mathrm{mm^2}]$ となる．したがって，シリンダ径 D は

$$\frac{\pi}{4} D^2 = 600\ [\mathrm{mm^2}]$$

より

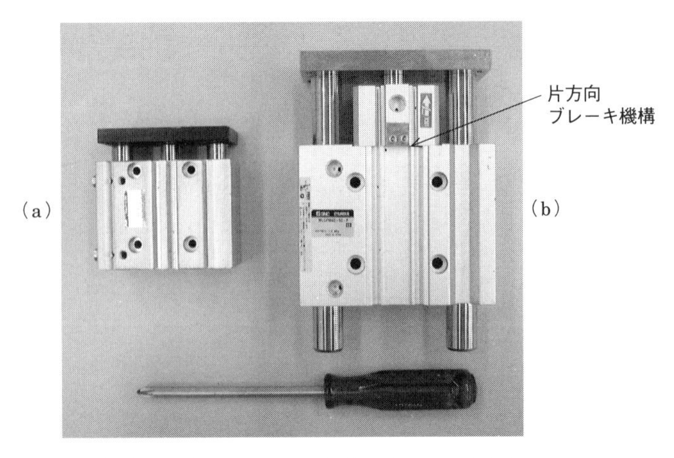

(a) 通常タイプ　　　(b) 片方向ブレーキ付き

図 8.5　ガイドロッド付きシリンダ

$$D = \sqrt{\frac{4 \times 600}{\pi}} = 27.6 \text{〔mm〕}$$

である．標準径の中から ϕ27.6 mm 以上で一番近いものを選定すると 32 mm となる．よって，リフトアップ用シリンダとしては，ガイドロッド付き複動シリンダ ϕ32 × 100 st，プッシャ用シリンダとしては 150 st を選定する．

実際のガイドロッド付きシリンダの選定では，前述したとおり，偏荷重やモーメントの状態によってガイドのすべり抵抗が変わってくるため，カタログに記載されているシリンダ選定グラフを参考にすればよい．例を**図 8.6** に示す．

ここに示したグラフの横軸は，シリンダの軸心に対する負荷の偏心距離，縦軸は負荷重量である．本例題では，偏心量はリフトアップ用シリンダは 0，プッシャ用シリンダは 30 mm として，負荷重量 15 kg のシリンダ径を読みとる．グラフではいずれも ϕ32 mm をやや超えた値となるが，このグラフはシリンダ平均速度を V = 200〔mm/s〕として見積もったものであるので，ここでは ϕ32 mm で問題ないと考える．

また，PLC で制御を行うことを考慮し，シリンダスイッチ付きとする．

✿ 瞬間空気消費量の決定

動作条件より，シリンダはストローク 100 mm，150 mm をそれぞれ 2 s およ

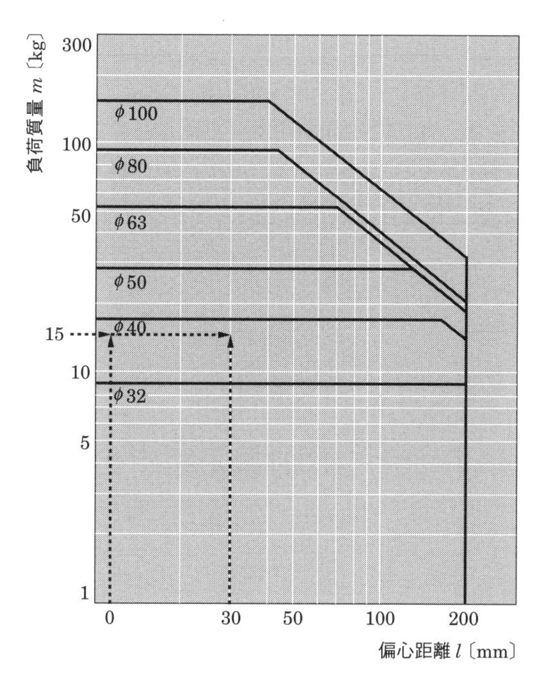

図 8.6 ガイドロッド付きシリンダの選定グラフ
（P＝0.5〔MPa〕，V＝200〔mm/s〕，ストローク＝50〔mm〕以上）

び 3 s で動作する．よって，平均速度はいずれも 50 mm/s となる．ところが実際のシリンダの動作は，動き始めはゆっくりで，その後徐々に加速しながらストロークエンドに到達する．したがって，仮にストロークの終端で速度 100 mm/s に達すると仮定し，瞬間空気消費量の計算を行う．

式（1.21）（p.162）より

$$Q_{\max} = \frac{\pi}{4} D^2 v \frac{P + 0.1013}{0.1013} \times 10^{-6} \times 60$$

$$= \frac{\pi}{4} \times 32^2 \times 100 \times \frac{0.5 + 0.1013}{0.1013} \times 10^{-6} \times 60$$

$$= 28.6 \ [l/\mathrm{min}\,(\mathrm{ANR})]$$

となり，それぞれのシリンダには瞬間的に約 30 l/min (ANR) の空気が流れると考えられる．

✿ 方向切換弁および配管の選定

方向切換弁および配管のサイズ（有効断面積）を決定する．まず，先ほど計算した瞬間空気消費量 30 l/min（ANR）を流すために必要な合成有効断面積を求める．

2次側圧力損失の許容値を使用空気圧力である 0.5 MPa より，10％（0.05 MPa）降下の 0.45 MPa と仮定する．1章の式（1.13）（p.152）

$$Q = 226S\sqrt{P_2(P_1 - P_2)}$$

より

$$S = \frac{30}{226\sqrt{0.45(0.5-0.45)}} = 0.9\ [\mathrm{mm}^2]$$

となる．したがって，使用する機器を直列接続した合成有効断面積が 0.9 mm^2 以上になるように機器の選定を行う．

図 8.3 の回路図から，スピードコントローラ，配管，方向切換弁，マフラの四つの機器の直列接続となる．したがって，個々の機器の有効断面積は 0.9 mm^2 の2倍であるおおむね 2 mm^2 以上のものを選定し，最終的にはスピードコントローラでストローク時間に合わせて調整する（1.7 節のコラム，p.157 参照）．

本例題では，先に説明したとおり，リフトアップ用シリンダは5ポート2位置ダブルソレノイド方向切換弁，プッシャ用シリンダは5ポート2位置シングルソレノイド方向切換弁（いずれもベース配管型）を選定する．PLC で制御することを考慮し，電磁パイロット弁とするが，制御電源の仕様から DC24V，AC100V 等を決定する．

配管は接続や取回しが簡単であることから，樹脂製のチューブを使用する．材質はナイロン，ポリウレタン，ソフトナイロンなどがある．材質によって，耐圧*2 や，最小曲げ半径などが異なるので，使用環境に合わせた適切なものを選定する．

必要チューブ長さは，いずれも 2 m とする．**図 8.7** に示す配管長さと有効断面積のグラフより，外径 4 mm，内径 3 mm 以上のチューブを選定する．

✿ 補器類の選定

スピードコントローラ，バルブに取り付ける消音器などの補器類を選定する．

＊2　温度により耐圧が変わるので，カタログにより使用環境での特性を確認しておく．

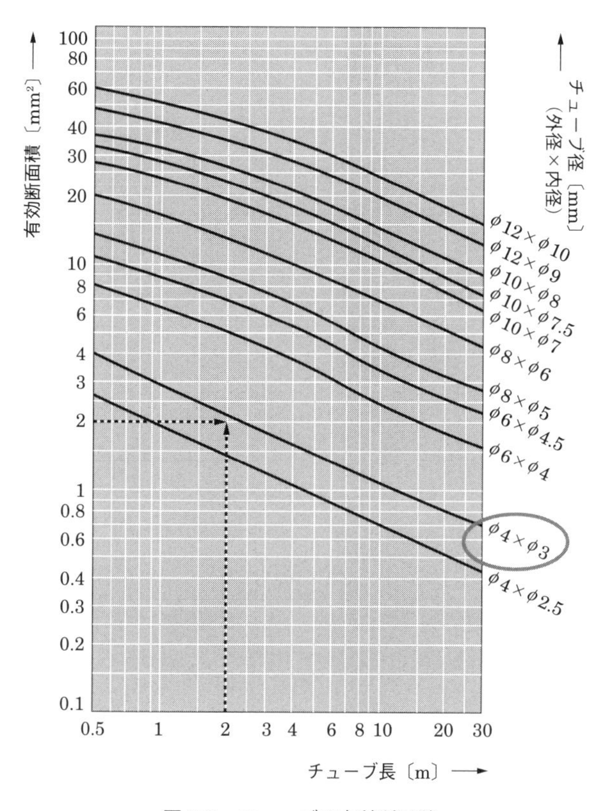

図 8.7　チューブの有効断面積

スピードコントローラは，**インライン形**と**ポート直結形**がある．ポート直結形の場合は，使用するシリンダの接続ポート径とチューブの径およびスピードコントローラの流量特性から選定を行う．ポート径は M3，M5（ミリサイズ），および 1/8，1/4，3/8，1/2，3/4，1（インチサイズ）などがあるが，シリンダのサイズによっておおむね決定される．ϕ32 のシリンダであれば 1/8 サイズ程度が一般的である．

スピードコントローラの流量特性は，一般にグラフで表される．1/8 ポート（シリンダ側）-ϕ4 ワンタッチ継手（チューブ側）スピードコントローラの流量特性の例を**図 8.8** に示す．

図 4.15（p.200）で説明したとおり，ニードルの回転数に対して流量変化がゆるやかな，破線で示された範囲で使用できるものを選定するが，本例題では，そ

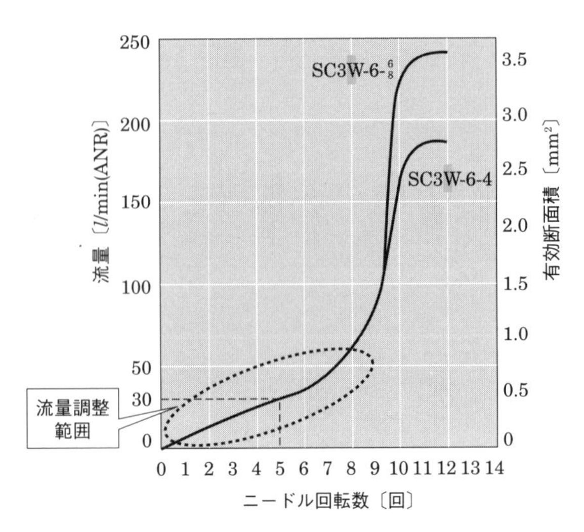

図 8.8　スピードコントローラ流量特性

れぞれのシリンダの瞬間流量が 30 l/min (ANR) であったのでこのスピードコントローラの流量調整範囲は適切である.

消音器は，方向切換部のポート径に合わせて選定を行う．先ほど選定した有効断面積 2 mm^2 程度の方向切換弁であれば，ポート径は 1/8 インチサイズ程度が一般的である．1/8 サイズの消音器では，その有効断面積はおおむね 5 ~ 10 mm^2 程度となる.

✿ 調質機器，残圧排気弁の選定

調質機器は瞬間空気消費量を考慮して選定する．本例題では無給油機器を使用することから，ルブリケータは用いない．よって図 8.3 (p.272) に示したように残圧排気弁と，フィルタレギュレータのユニットを用いることとする (図 4.39, p.218 参照).

また，図 8.4 に示したタイムチャートおよび本例題の「瞬間空気消費量の決定」の項より，調質機器にはシリンダの同時動作時に最大で 60 l/min (ANR) の空気が流れる．これを考慮して機器の選定を行う．選定したフィルタレギュレータの流量特性を**図 8.9** に示す．瞬間空気消費量である 60 l/min (ANR) を流した場合，0.05 ~ 0.1 MPa 程度の圧力降下がある.

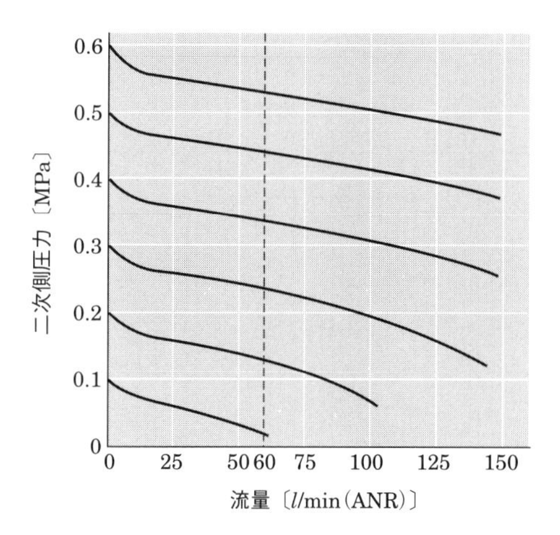

図 8.9　フィルタレギュレータ流量特性

最後に，コンプレッサ選定の目安にする平均空気消費量を計算しておく．選定したシリンダは $\phi 32 \times 100$ st および $\phi 32 \times 150$ st（いずれもロッド径 $\phi 16$ とする），使用空気圧力は 0.5 MPa，動作頻度は 1 分間に 5 往復なので，式 (1.22)，(1.23)，(1.24)（p.163）より

(a) リフトアップ用シリンダの平均空気消費量

$$Q_{m1} = \frac{\pi}{4} D^2 L \frac{P + 0.1013}{0.1013} \times 10^{-6} n$$

$$= \frac{\pi}{4} \times 32^2 \times 100 \times \frac{0.5 + 0.1013}{0.1013} \times 10^{-6} \times 5$$

$$= 2.4 \ [l/\mathrm{min(ANR)}]$$

$$Q_{m2} = \frac{\pi}{4} (D^2 - d^2) L \frac{P + 0.1013}{0.1013} \times 10^{-6} n$$

$$= \frac{\pi}{4} \times (32^2 - 16^2) \times 100 \times \frac{0.5 + 0.1013}{0.1013} \times 10^{-6} \times 5$$

$$= 1.8 \ [l/\mathrm{min(ANR)}]$$

$$Q_m = Q_{m1} + Q_{m2} = 2.4 + 1.8 = 4.2 \ [l/\mathrm{min(ANR)}]$$

(b) プッシャ用シリンダの平均空気消費量

$$Q_{m1} = \frac{\pi}{4} D^2 L \frac{P + 0.1013}{0.1013} \times 10^{-6} n$$

$$= \frac{\pi}{4} \times 32^2 \times 150 \times \frac{0.5 + 0.1013}{0.1013} \times 10^{-6} \times 5$$

$$= 3.6 \ [l/\mathrm{min}\,(\mathrm{ANR})]$$

$$Q_{m2} = \frac{\pi}{4} (D^2 - d^2) L \frac{P + 0.1013}{0.1013} \times 10^{-6} n$$

$$= \frac{\pi}{4} \times (32^2 - 16^2) \times 150 \times \frac{0.5 + 0.1013}{0.1013} \times 10^{-6} \times 5$$

$$= 2.7 \ [l/\mathrm{min}\,(\mathrm{ANR})]$$

$$Q_m = Q_{m1} + Q_{m2} = 3.6 + 2.7 = 6.3 \ [l/\mathrm{min}\,(\mathrm{ANR})]$$

(c) 合　計

$$4.2 + 6.3 = 10.5 \ [l/\mathrm{min}\,(\mathrm{ANR})]$$

となる．これに50％程度の余裕を見込んで，必要流量を約16 l/min (ANR) 以上とする．

以上，機器の選定について説明を行った．回路図および選定機器を**図 8.10**に示す．ここでは基本的な回路構成としたが，必要に応じてリフトアップ用シリンダの下降ストローク方向，プッシャ用シリンダの後退方向にチェック弁付き減圧弁などを組み合わせれば，さらに省エネルギーに配慮した回路構成となる．

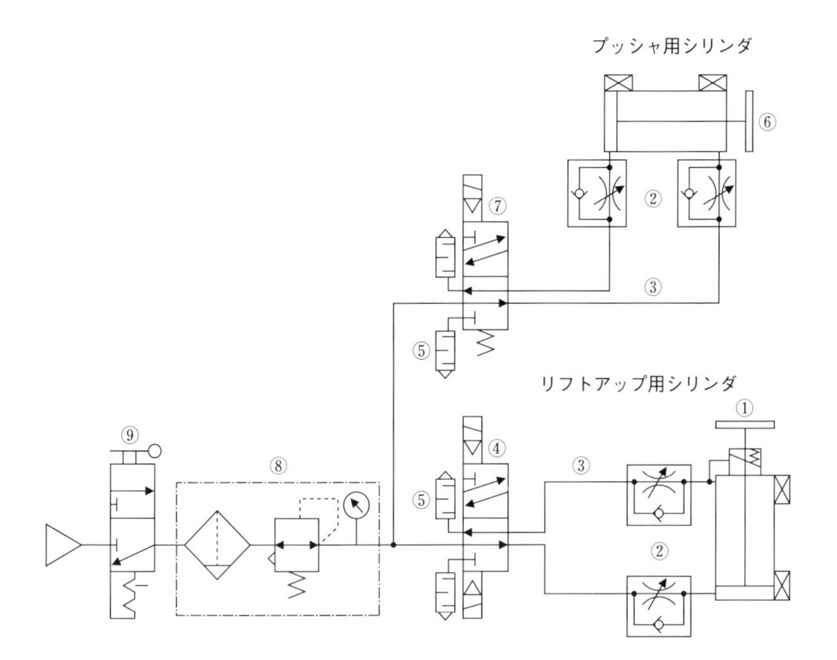

① ガイドロッド付きシリンダ（引き方向ブレーキ付き）：φ32×100 st，シリンダスイッチ付き
② ポート直結形ワンタッチ管継手付きスピードコントローラ（メータアウト）：1/8 φ4
③ 樹脂チューブ：外径 φ4×内径 φ3
④ 5ポート2位置ダブルソレノイド方向切換弁：有効断面積 2 mm² 以上
⑤ 消音器：1/8インチ
⑥ ガイドロッド付きシリンダ：φ32×150 st，シリンダスイッチ付き
⑦ 5ポート2位置シングルソレノイド方向切換弁：有効断面積 2 mm² 以上
⑧ フィルタレギュレータ
⑨ 残圧排気弁

図 8.10　リフタ回路の機器構成

参考文献

1. 日本油空圧工業会編：実用油圧ポケットブック，油空圧工業会
2. 日本油空圧学会編：油空圧技術便覧，日本油空圧学会
3. 市川，大島，萩本：日本機械学会論文集 740B「油圧弁の特性に関する研究」，日本機械学会
4. 油圧技術研究フォーラム編：これならわかる油圧の基礎技術，オーム社（2001）
5. 油圧機器カタログ「油圧機器作動原理図集」，油研工業
6. 空気圧機器カタログ「空圧シリンダ総合」第 5 版，CKD 社
7. 空気圧機器カタログ「F･R･L・補助機器総合」第 5 版，CKD 社
8. 空気圧機器カタログ「空圧バルブ総合」第 5 版，CKD 社
9. 空気圧機器カタログ「Best Pneumatics 1」第 4 版，SMC 社（2001）
10. 空気圧機器カタログ「Best Pneumatics 2」第 4 版，SMC 社（2001）
11. 空気圧機器カタログ「Best Pneumatics 3」第 4 版，SMC 社（2001）
12. 空気圧機器カタログ「Best Pneumatics 4」第 4 版，SMC 社（2001）
13. 省エネルギー空気圧システムへの提案，SMC 社
14. 中西康二：基礎から学ぶ空気圧技術，オーム社（2001）
15. コガネイ・エアトロニクス研究会：新・知りたいエアトロニクス，ジャパンマシニスト社（1998）
16. JIS ハンドブック 2001 15 油圧・空気圧，日本規格協会（2001）
17. 実用空気圧ポケットブック，日本油空圧工業会（1995）

索　引

あ行

か行

さ行

た行

な行

は行

ま行

や行

ら行

わ行

英数字

〈著者略歴〉

坂本俊雄（さかもと　としお）

［油圧回路編担当］
1957年　茨城大学工学部機械工学科卒業
1957年　トキコ（株）
1963年　油研工業（株）
1992年　中国合弁会社 楡次油研有限公司技術指導・総経理
1997年　（株）田原製作所 顧問

三木一伯（みき かずのり）

［空気圧回路編担当］
1995年　職業能力開発大学校研究課程工学研究科機械専攻修了
現　在　高齢・障害・求職者雇用支援機構
東海職業能力開発大学校
生産機械システム技術科教授

■主な著書
坂本，三木，他共著
これならわかるシリーズ
『油圧の基礎技術』
『油圧の実用技術』
『油圧のトラブルシューティング』
（オーム社）

見方・かき方　油圧／空気圧回路図（改訂2版）

2003年6月20日　第1版第1刷発行
2025年2月17日　改訂2版第1刷発行

著　者　坂本俊雄・三木一伯
発行者　村上和夫
発行所　株式会社 オーム社
郵便番号　101-8460
東京都千代田区神田錦町3-1
電話　03(3233)0641(代表)
URL　https://www.ohmsha.co.jp/

組版　新生社　　印刷・製本　三美印刷
ISBN978-4-274-23292-3　Printed in Japan